地下水数值模拟的多尺度有限单元法

● 谢一凡 吴吉春 鲁春辉 谢春红 著

DIXIASHUI SHUZHI MONI DE
DUOCHIDU YOUXIAN DANYUANFA

河海大学出版社
Hohai University Press
·南京·

图书在版编目(CIP)数据

地下水数值模拟的多尺度有限单元法 / 谢一凡等著. --南京：河海大学出版社，2021.12
 ISBN 978-7-5630-7417-4

Ⅰ.①地… Ⅱ.①谢… Ⅲ.①地下水－数值模拟－研究 Ⅳ.①P641.2

中国版本图书馆 CIP 数据核字(2021)第 273849 号

书　　名	地下水数值模拟的多尺度有限单元法
书　　号	ISBN 978-7-5630-7417-4
责任编辑	龚　俊
特约编辑	梁顺弟　许金凤
特约校对	丁寿萍
封面设计	张育智　周彦余
出版发行	河海大学出版社
地　　址	南京市西康路 1 号(邮编：210098)
电　　话	(025)83737852(总编室)　(025)83722833(营销部)
经　　销	江苏省新华发行集团有限公司
排　　版	南京布克文化发展有限公司
印　　刷	苏州市古得堡数码印刷有限公司
开　　本	718 毫米×1000 毫米　1/16
印　　张	11
字　　数	218 千字
版　　次	2021 年 12 月第 1 版
印　　次	2021 年 12 月第 1 次印刷
定　　价	98.00 元

前 言

PREFACE

  地下水流、达西渗流速度和溶质运移的数值模拟,是合理开发利用地下水资源,定量分析地下水资源与环境变化趋势,防治地下水污染的重要手段。应用数值方法模拟地下水问题有很多优点。首先,设备成本低且便于操作。仅需计算机即可进行模拟,无需专门建立一套物理模拟装置。其次,适用性较强。可以模拟地下水水头、渗流速度、污染物浓度等多种变量,并且能够处理多种复杂水文地质参数和研究区边界条件,适用于水量水质评估、地面沉降、海水入侵等多种地下水问题。再次,便于改进。能够根据地下水实际工作的具体条件和所遇问题,随时对算法与模型进行修改。最后,可以程序化处理模拟问题。对同类问题,仅需修改数值方法程序中的数据参数即可。

  多数地下水含水系统是非均质的,且含水介质的非均质性常常跨越多个尺度。应用有限元等传统方法模拟非均质介质中的地下水流问题或溶质运移问题时,要求单元内部介质的渗透系数为常数,需将研究区进行精细剖分,才能获得相对精确的解。若研究区域较大或者含水介质的非均质性较强时,精细剖分会导致求解过程耗费大量计算时间及存储空间。虽然并行技术等先进计算机技术能够缓解地下水数值模拟的高计算量问题,但还存在硬件成本、操作便利度等方面的问题。因而,科学工作者致力于寻求一些既可减少单元剖分又能保证求解精度的方法,多尺度有限单元法也应运而生。

  多尺度有限单元法能够通过构造满足局部微分算子的基函数抓住解的粗尺度特征,从而大幅降低计算消耗,解决了很多传统方法难以完成的地下水数值模拟工作。近年来,国内外科学工作者进行了大量针对地下水模拟领域的多尺度有限单元法改进,并成功将其应用于我国区域地面沉降模拟,显示该方法具有广阔的应用前景。然而,由于地下水流和溶质运移问题具有复杂性、多样性,应用传统多尺度有限单元法进行地下水数值模拟时还存在一些难题。1) 基函数构造成本过高。在求解时空尺度较大的地下水问题时,由于网格的数量和网格尺度的增大,该方法构造基函数的成本过高,限制了其计算效率的进一步提升。2) 无法保证达西渗流速度的连续性。和有限单元法相同,多尺度有限单元法无法直接获得连续的水头一阶导数,因而不能保证节点达西渗流速度的连续性,导致所计算的通过截面的流入、流出量不相等。3) 缺乏有效的地下水流和达西渗流速度的综合问题模拟方法。多尺度有限单元法在模拟地下水流和达西渗流速度的综合问题时需要应用大量计算消耗模拟地下水水头、达西渗流速度方程才能获得精确、连续的解。4) 缺乏有效的溶质运移模拟方法，且步骤较为繁琐。多尺度有限单元法在求解对流弥散方程时存在困难，缺乏有效处理数值弥散和数值振荡的手段，因而该方法用于溶质运移问题研究工作较少。

作者结合地下水科学与计算数学的背景知识，较为有效地解决了上述多尺度有限单元法的应用难点。本书的主要内容为

1) 对多尺度有限单元法的研究进展和基本原理进行了简介；

2) 针对基函数构造成本问题，构造了一种放射状的粗网格单元剖分方式，从而有效降低了基函数构造矩阵阶数，提出了改进多尺度有限单元法；发展了基函数的尺度提升技术并构造了粗、中、细三重网格，提出了三重网格多尺度有限单元法。这两种方法均能高效处理复杂条件下的地下水流问题。

3) 针对达西渗流速度连续性问题，通过结合传统达西渗流速度算法，提出了两种多尺度有限单元法的连续达西渗流速度模拟方法，能够有效保证达西渗流速度的连续性，且具有较高的精度和效率。

4) 针对地下水流和达西渗流速度的综合问题，提出了三重网格多尺度有限单元法的达西渗流速度算法，并构造了该方法的三维格式；构造了一种速度矩阵，提出了新型有限体积多尺度有限单元法的地下水流问题的基本格式，实现了地下水水头和连续达西渗流速度的同时求解。两种方法均能显著降低地下水流和达西渗流速度综合问题的计算消耗。

5) 针对地下水溶质运移问题，构造了弥散速度矩阵，结合有限体积法和Crank—Nicolson格式降低数值弥散与振荡，提出了有限体积—Yeh—多尺度有限单元法，能够较为高效、精确地处理对流占优等多种条件下的地下水溶质运移问题。

本书是作者谢一凡（河海大学水文水资源与水利工程科学国家重点实验室、河海大学水利水电学院，副教授）基于其博士毕业论文、博士后出站报告和其主持的国家自然科学基金青年项目结题报告中与作者吴吉春（南京大学地球科学与工程学院，教授）、鲁春辉（河海大学水文水资源与水利工程科学国家重点实验室、河海大学长江保护与绿色发展研究院、河海大学水利水电学院，教授）、谢春红（南京大学数学系，教授）等合作提出的多种新型多尺度有限单元法撰写而成的。全书大纲由所有作者共同商定，由谢一凡执笔，由吴吉春、鲁春辉、谢春红对全书审阅并提出修改意见。本书的插图绘制、格式调整等工作则由研究生谢镇泽、王益完成，在此向他们表示感谢。

本书获以下项目资助，国家重点研发项目"黄淮海地区地下水超采治理与保护

关键技术及应用示范"(National Key R&D Program of China)(2021YFC3200500)、国家重点研发项目"河湖水系连通与水安全保障关键技术"(National Key R&D Program of China)(2018YFC0407200)、国家自然科学基金青年项目"改进多尺度有限单元法求解复杂三维地下水流和溶质运移问题"(Youth Project of National Natural Science Foundation of China)(41702243)和中央高校基本科研业务费项目"裂隙地下水流问题的多尺度算法与模拟研究"(Fundamental Research Funds for the Central Universities)(B210202018)。在此,深表感谢!

限于作者的水平和研究深度,书中难免出现不足、疏漏甚至错误之处,恳请读者批评指正。

作者
2021年4月

目 录
CONTENTS

第1章　多尺度有限单元法的研究进展与基本原理 …………………… 001
1.1 地下水数值模拟方法概述 ………………………………………… 001
 1.1.1 地下水传统数值模拟方法简介 ………………………… 002
 1.1.2 地下水新兴数值模拟方法简介 ………………………… 005
1.2 多尺度有限单元法在地下水数值模拟中的研究进展 …………… 007
 1.2.1 多尺度有限单元法的国际研究进展 …………………… 007
 1.2.2 多尺度有限单元法的国内研究进展 …………………… 009
1.3 多尺度有限单元法的基本原理 …………………………………… 011
 1.3.1 多尺度有限单元法的基本步骤 ………………………… 011
 1.3.2 多尺度有限单元法的剖分 ……………………………… 011
 1.3.3 多尺度有限单元法的基函数的构造 …………………… 012
 1.3.4 多尺度有限单元法的基函数边界条件 ………………… 014
 1.3.5 多尺度有限单元法的超样本技术 ……………………… 014
 1.3.6 多尺度有限单元法模拟二维地下水稳定流问题的基本格式
  ………………………………………………………………… 015
 1.3.7 多尺度有限单元法模拟二维地下水非稳定流问题的基本格式
  ………………………………………………………………… 022
 1.3.8 多尺度有限单元法的系数矩阵存储方式 ……………… 025
 1.3.9 多尺度有限单元法的代数方程组解法 ………………… 027

第2章　模拟地下水流问题的新型多尺度有限单元法 ……………… 032
2.1 概述 ………………………………………………………………… 032
2.2 改进多尺度有限单元法 …………………………………………… 033
 2.2.1 算法简介 ………………………………………………… 033
 2.2.2 改进多尺度有限单元法的粗网格单元剖分方法 ……… 033
 2.2.3 改进多尺度有限单元法的基函数构造方法 …………… 035
 2.2.4 应用改进多尺度有限单元法模拟地下水流问题 ……… 036

2.3 三重网格多尺度有限单元法的二维格式 ·· 045
    2.3.1 算法简介 ··· 045
    2.3.2 三重网格多尺度有限单元法的粗网格单元剖分方法 ················· 045
    2.3.3 三重网格多尺度有限单元法的基函数 ·· 047
    2.3.4 应用三重网格多尺度有限单元法模拟地下水流问题 ················· 050

第3章　模拟地下水连续达西渗流速度的新型多尺度有限单元法 ·········· 063

3.1 概述 ·· 063
3.2 三次样条多尺度有限单元法 ·· 064
    3.2.1 算法简介 ··· 064
    3.2.2 三次样条多尺度有限单元法的网格构造 ···································· 064
    3.2.3 三次样条多尺度有限单元法模拟地下水达西渗流速度的基本格式
　　　　 ·· 065
    3.2.4 应用三次样条多尺度有限单元法模拟地下水达西渗流速度问题
　　　　 ·· 069
3.3 双重网格多尺度有限单元法 ·· 073
    3.3.1 算法简介 ··· 073
    3.3.2 双重网格多尺度有限单元法网格构造 ·· 074
    3.3.3 双重网格多尺度有限单元法模拟地下水达西渗流速度的基本格式
　　　　 ·· 074
    3.3.4 应用双重网格多尺度有限单元法模拟地下水达西渗流速度问题
　　　　 ·· 075

第4章　模拟地下水流和达西渗流速度综合问题的新型多尺度有限单元法
　　　　 ·· 080

4.1 概述 ·· 080
4.2 三重网格多尺度有限单元法的三维格式 ·· 081
    4.2.1 算法简介 ··· 081
    4.2.2 三重网格多尺度有限单元法的三维粗网格单元剖分方法 ········· 082
    4.2.3 三重网格多尺度有限单元法的基函数 ·· 083
    4.2.4 三重网格多尺度有限单元法模拟地下水水头和达西渗流速度的三维格式 ··· 086
    4.2.5 应用三重网格多尺度有限单元法模拟三维地下水流和达西渗流速度问题 ··· 088
4.3 新型有限体积多尺度有限单元法 ·· 100

4.3.1 算法简介 ··· 100
4.3.2 新型有限体积多尺度有限单元法的网格构造 ············ 100
4.3.3 新型有限体积多尺度有限单元法的粗尺度基本格式 ········ 103
4.3.4 新型有限体积多尺度有限单元法的细尺度基本格式 ········ 104
4.3.5 新型有限体积多尺度有限单元法的粗尺度达西渗流速度表达式
 ··· 108
4.3.6 应用新型有限体积多尺度有限单元法模拟地下水流和达西渗流速度问题 ··· 109

第5章 模拟地下水溶质运移问题的新型多尺度有限单元法 ············ 125
5.1 概述 ·· 125
5.2 有限体积-Yeh-多尺度有限单元法 ················· 126
5.2.1 算法简介 ······································· 126
5.2.2 有限体积-Yeh-多尺度有限单元法的网格构造 ··········· 126
5.2.3 构造基函数与弥散速度矩阵 ······················· 128
5.2.4 有限体积-Yeh-多尺度有限单元法模拟地下水溶质运移的基本格式
 ··· 130
5.2.5 应用有限体积-Yeh-多尺度有限单元法模拟地下水溶质运移问题
 ··· 133

参考文献 ·· 152

第1章

多尺度有限单元法的研究进展与基本原理

1.1 地下水数值模拟方法概述

地下水是地球上十分重要的水体，是水资源的重要组成部分。地下水以其良好的水质、稳定的供水条件，成为人类农业、工业和城市生活用水的重要来源。由于受到特殊地理位置的制约，地下水资源在我国的分布与土地资源和生产力布局不匹配，加之人类活动和气候变化的影响，我国水资源供需矛盾日益严重。为了满足经济快速发展的需求，我国部分地区存在过量开采地下水的情况，造成了地下水资源在数量和质量上的不断减少与恶化。此外，对地下水的不合理使用会引起土壤恶化、地面沉降、海水入侵、工程地质灾害等一系列环境地质问题。因此，为了实现地下水资源的可持续利用，地下水研究工作的重要性不言而喻。

应用水文地质、数学、计算机等科学技术方法，评估地下水与人类社会的相互影响、正确评价地下水资源状态、制定合理的地下水开发方案等工作是地下水研究的重要任务[1-2]。地下水系统数值模拟是地下水研究工作的重要手段之一，它能够定量分析地下水环境与资源的变化趋势，对地下水资源状态进行精确预测。经过近四十年的发展，我国地下水数值模拟技术经历了从无至有、从简单到复杂、从模仿到独立的艰难历程[3]。随着计算机技术和数值方法的发展，我国水文与水资源的科学工作者已经建立了各类地下水模型用于预报、管理、识别地下水资源状态，并能够对地下水流的分布以及溶质和热量的运移进行精确地模拟[4]。现今，地下水数值模拟已经超越一种计算手段的范畴，成为地下水研究工作不可或缺的一部分[5]。

地下水数值计算方法是地下水数值模拟技术的核心，研究和发展地下水数值计算方法对于地下水研究具有重要意义[1-3]。二十世纪中叶到二十世纪末，科学工作者在地下水数值计算中常用的数值法主要是有限差分法和有限单元法等传统方法。许多实际工作和数值模拟证明了这些方法能够对地下水问题进行精确数值离散并快速建立线性代数方程组,在我国地下水流研究工作方面发挥了重大作用。然而,伴随着经济的快速发展,科研工作者需要考虑更广区域、更长时间段、水文地质条件更为复杂的地下水问题:如中国[6]、墨西哥[7]的区域地面沉降问题,长期地下水污染预测问题[8],非线性地下水问题[9]等。在求解此类地下水问题时,由于含水介质常常是非均质的,有限差分法和有限单元法等传统方法常常需要精细剖分以保证单元网格不骑跨岩性分界线。同时,大尺度的研究区将导致需要求解的未知项个数增多,较长的研究周期和复杂水文地质条件则会带来迭代次数的增加。因此,在模拟大尺度复杂地下水时,传统方法常需要巨量的计算消耗来保证解的精度,并且对计算机硬件具有较高要求。随着经济发展对地下水模拟信息的精度和范围的需求日渐提高,对数值模拟方法的精度和效率提出了更高的要求。为了解决这一问题,科学工作者在传统方法基础上发展了许多新兴数值方法。多尺度有限单元法(MSFEM)[10]是其中的"佼佼者",在精度、效率、适用性等方面均较传统有限元法有较大的提升。

为便于对 MSFEM 进行深入探讨,本章将首先对地下水数值模拟的几种典型的传统算法和新兴算法进行简单的介绍,然后再着重阐述 MSFEM 的基本原理。在学习地下水数值模拟算法前,读者需要熟悉地下水数值模拟基本知识与流程,并了解一些基本的地下水流模拟模型、地下水溶质运移模拟模型,相关知识可以参考《地下水数值模拟》[5]一书。

1.1.1 地下水传统数值模拟方法简介

二十世纪中叶,基于计算机技术和应用数学技术的发展成果,国外科学家以当时的两种主流方法(有限差分法和有限单元法)为基础开发了一些地下水数值模拟软件,如美国地质调查局(USGS)开发的 MODFLOW、加拿大 Waterloo 公司开发的 Visual MODFLOW、美国军工部排水工程试验和美国 Brighara Yung University 环境模型研究实验室联合开发的 GMS、德国 Wasys 研究所开发的 FEFLOW 等。这些软件逐步将地下水的定性研究转化为定量研究,并且能够精确模拟地下水流问题[11-15]。由于数值模拟软件操作简单,能够较精确地求解常规条件下的地下水问题,因而有限差分法和有限单元法成为了地下水数值模拟中应用最为广泛的两种方法。

1.1.1.1 有限差分法

自二十世纪六十年代起,有限差分法就开始广泛应用于水文地质计算,起初使用最多的是用规则网格对渗流区进行剖分。由于规则剖分对水文地质自然边界的拟合能力较差,科学工作者提出了不规则网格有限差分法。张宏仁、吴旭光等对不规则有限差分法进行了推导、论证及地下水领域的推广等工作[16-23]。同时，国内科学工作者应用有限差分法及改进的有限差分法对地下水的实际问题进行了模拟和求解。韦绍英(1988)提出了解水文地质逆问题的不规则网格隐式差分方法[24]。郑健等(1989)应用不规则网格差分法对余粮堡灌区地下水资源进行了评价[25]。张恒堂(1992)利用有限差分法建立预报地下水位、泉水量和蒸发量的多输入多输出数值模型[26]。任理(1993)应用拉普拉斯变换有限差分法对地下水流问题进行了求解[27]。何亚丹等(1997)采用有限差分法预报石佛寺地区地下水水量[28]。王旭升(2008)提出了自流井有限差分模拟的校正模型[29]。李晓明等(2013)提出了时间分数阶对流-弥散方程的有限差分法[30]。豆海涛(2014)应用有限差分法对基于渗漏水的隧道渗流场进行了分析[31]。

美国地调局(USGS)开发 MODFLOW 是一种基于有限差分法的实用地下水软件。MODFLOW 模块化的设置为地下水模型的整合强化了数据的输入、传递、方案调整和空间分析等方面，并提供了判断地质边界、地貌单元和估算地表蒸发等工具，深受国内外科学工作者的喜爱[32-34]。

基于 MODFLOW，加拿大 Waterloo 公司开发了其升级版本 Visual MODFLOW，可以对三维地下水流以及溶质运移模型进行模拟评价，并且具有标准可视化的特性。Visual MODFLOW 不仅具有合理的菜单结构、友好的界面、强大的可视化特征等特性，而且能够降低模拟的复杂性，从而提高用户的操作效率。该软件的输入模块可以对网格、抽水井、参数、边界条件、质点、观察井等条件进行运算；运行模块则包含了 MODFLOW、MODPATH、MT3D 和 RT3D，能够较为精确地对地下水进行模拟；输出模块可直接输出等值线图、流速矢量图、水流路径图。由于 Visual MODFLOW 的方便简洁特性，该软件被国内外科学工作者广泛应用于地下水数值模拟[35-37]。

1.1.1.2 有限单元法

有限单元法的基本思路是采用有限个互不重叠的单元代替渗流区，并应用简单的函数表示单元节点上的水头分布，然后借助加权余量法或者变分原理离散微分方程。基于离散方法的不同，有限单元法又可分为雷利-里兹方法、伽辽金法、均衡法等。有限单元法是1943年Courant在一篇使用三角形区域的多项式函数来求解扭转问题的近似解的论文中提出的。1956年，Turner、Martin 及 Topp 等航空工程师及土木工程教授 Clough 发展了有限单元法。随后有限单元法在其他领域也得到了应用[38-41]。

随着计算机技术的发展，在二十世纪六七十年代，国外科学工作者开始将有限单元法大规模地应用于地下水数值模拟。Neuman 和 Witherspoon (1970)应用有限单元法求解承压水、非承压水及潜水流问题[42-43]，Guymon(1970)将有限单元法应用于对流弥散方程[44]。由于有限单元法求解地下水流问题时不满足局部质量守恒,由此可能引起模拟非稳定流时水头反常的问题。Neuman 等(1977)将贮水矩阵改为对角形式,从而改善了这一情况[45]。

1960 年左右,我国的冯康院士也独立推导了有限单元法的数学理论部分。因此,有限单元法在国内地下水领域中也得到了广泛应用。谢春红等(1979)应用有限单元对数插值法精确反映了井附近的地下水头分布[46]。薛禹群等(1981)应用三维流问题的里兹有限单元法求解矿山疏干问题[47]。此后,薛禹群等(1984)又应用有限单元法解预测矿坑涌水量[48]。吴毅强(1987)采用有限单元法评价了大同盆地地下水资源[49]。王媛和速宝玉(1995)对三维裂隙岩体渗流耦合模型进行了有限元模拟[50]。吴吉春(1996)应用改进特征有限单元法求解高度非线性的海水入侵问题[51]。魏加华(2000)对济宁市地下水与地面沉降进行了三维有限元模拟[52]。李存法(2003,2004)提出求解地下水非稳定流的显式有限单元法,并在武汉建银大厦深基坑降水工程进行了应用[53-54]。娄一青等(2007)对降雨条件下边坡地下水渗流进行了有限元分析[55]。董建华等(2012)应用有限单元法对兰州某深基坑进行三维模拟[56]。刘昌军等(2013)对台兰河地下水库辐射井抽水过程的非稳定渗流场进行了有限元分析[57]。

20 世纪 70 年代末,德国 WASY 公司开发了一种基于迦辽金有限单元法的软件 FEFLOW 用于三维地下水流模拟工作。FEFLOW 是功能最齐全的地下水模拟软件之一,可以用于地下水水质、水量、温度的数值模拟[58]。FEFLOW 具有图形人机对话、GIS 数据接口、自动剖分有限元网格、空间参数区域化等特点,同时具有快速精确的数值算法和图形视觉化技术。因此,FEFLOW 在国内外地下水数值模拟中应用也十分广泛。廖小青等(2005)应用 FEFLOW 模拟了黄河农场地区地下水入海量[59]。任印国等(2009)应用 FEFLOW 对石家庄市东部平原进行了地下水数值模拟[15]。Ma 等(2012)则建立了 Minqin 盆地的 FEFLOW 模型[60]。Soupios 等(2015)使用地球物理方法和 FEFLOW 考察了沿海农业地区的咸水状态[61]。Awan 等(2015)则使用 FEFLOW 建立了亚洲中部干旱地区的三维地下水模型[62]。

1.1.1.3 有限体积法

有限体积法的主要思想是将渗流区域划分为一组控制体积,通过对控制体的体积积分将渗流方程离散化。方程的未知数是网格点上的因变量的数值。为了求解出控制体积的积分,有限体积法需要假定解在网格点之间的变化规律。有限体积法的离散方程的物理意义是基于因变量在有限大小的控制体积中守恒的原理,如同其微分方程表示因变量在无限小的控制体积中的守恒一样。由于有限体积法的任一控制体积都满足因变量的积分守恒原则,具有思路简单直接和物理解释明确的优点,因而被国内外科学工作者广泛应用于地下水数值模拟中。Putti 等(1992)使用了三角形有限体积法的高密迎风格式进行地下水运移方程的求解[63]。Zhao 等(1994)建立了有限体积法的二维非稳定流模型[64]。Mingham 等(1998)应用有限体积法对浅水流运动进行了数值模拟[65]。Sleigh 等(1998)则提出了预测河口水流的有限体积法[66]。韩华和杨天行(1999)应用有限体积法建立了双重介质裂隙承压水流数学模型[67]。在 2001 年，韩华等提出了一种模拟基岩地下水流的摄动待定系数随机有限体积法[68]。王蕾等(2010)建立了基于不规则三角形网格和有限体积法的物理性流域水文模型[69]。此外，有限体积法在 Fluent、Flotherm 等计算流体力学软件中得到了广泛应用。

1.1.1.4 基于有限单元法及有限差分法求解达西渗流速度

1981 年，Yeh 基于伽辽金有限单元法建立了一种求解达西渗流速度的模型[70]。这种方法先应用有限单元法求解出网格节点上的水头，应用有限元技术直接求解达西运动方程，从而得到连续的达西渗流速度场。该方法的水头导数值是通过基函数和水头得到的。Yeh 这种有限元模型能够较为精确地求解达西渗流速度，比直接使用有限单元法的精度要高很多。

1984 年 Batu 提出了一种双重网格有限单元法，用于求解达西渗流速度[71]。该方法的主要思想是先应用有限单元法求解出网格节点的水头，然后将网格移动一个很小的距离，再次求解出一个水头。之后应用这两个水头得到水头一阶导数，再通过达西定律求解出渗流速度。双重网格有限单元法的精度和 Yeh 的伽辽金有限元模型相近。

1994 年，张志辉、薛禹群、吴吉春等提出了三次样条法用于求解达西渗流速度场[72]。该方法需要先使用 ADI 方法求解水头，然后在研究区的每条网格线上应用三次样条函数逼近水头。通过三次样条函数的一阶导数值代替水头的导数，三次样条法可以得到连续的水力梯度，从而保证达西渗流速度的连续性。三次样条法和 Yeh、Batu 的方法的比较结果显示这三种方法精度十分接近，但三次样条法具有较快的求解速度。

1.1.2 地下水新兴数值模拟方法简介

随着经济的发展，人们需要对地下水流进行更加详细、精确、高效地刻画。有限差分法和有限单元法在求解非均质介质地下水问题时，由于单元不应骑跨岩性分界线，都需要精细剖分才能获得较为精确的解。若研究区很大，精细剖分导致节点数目过多，需要大量的计算时间及空间，甚至超出普通计算机的容量[5]。为了解决这一问题，水文科学工作者发展了一些可以确保精度又无需增加剖分规模的方法，如：提升尺度法、区域分解法、有限层分析法、MSFEM 等。本小节主要介绍前三种数值方法，在本章的 1.2 和 1.3 节将详细介绍 MSFEM

的研究进展和基本原理。

1.1.2.1 提升尺度法

1993年，Indelman和Dagan提出了提升尺度法（Upscaling Method），并将之应用于非均质的各向异性的介质中[73-74]。提升尺度法是一种多重网格方法，在将研究区进行粗剖分后，对每个单元进行再次细分。提升尺度法的主要思想是应用能量消耗守恒原理在粗网格单元上构造等效渗透系数（Upscaling系数）。每一粗网格单元上的Upscaling系数均为常数，能够等效替代原渗透系数，从而提升系数的尺度。提升尺度法构造等效渗透系数的过程在单元和单元之间是不耦合的，能够节约大量计算成本，并适用于平行计算。得到等效渗透系数之后，应用有限单元法便可以在研究区上直接进行求解。此外，提升尺度法获得的等效渗透系数还可以作为资料存储，在之后的研究工作中使用。

提升尺度法能够有效处理地下水含水系统的非均质性，因而被广泛应用于水资源实际工作和数值模拟中。Wen和Gómez-Hernández（1998）讨论了交错带的提升尺度公式[75]。Holden和Nielsen（1998）应用提升尺度法对水库模型进行了数值模拟[76]。胡良军等（2002）则在构筑黄土高原区域水土流失评价数据库过程中使用了提升尺度法[77]。Severino和Santini（2005）则应用提升尺度法对非饱和带稳定流问题进行了模拟[78]。董立新等（2008）结合Upscaling技术对土地利用覆盖信息提取进行了研究[79]。Zhou等（2010）建立了三维地下水的提升尺度法模型[80]。Fiori等（2011）则应用提升尺度法建立了高度非均质介质中的三维稳定流模型[81]。Liao等（2020）结合傅立叶分析，运用提升尺度法求解三维非均质各向异性介质中的椭圆型问题，并指出该方法可以延拓于模拟多相流问题[82]。

1.1.2.2 区域分解法

区域分解法（Domain Decomposition Method）是一种能够求解地下水数值解的新兴方法，是在德国数学家Schwarz提出的Schwarz交替法的基础上形成的。根据区域划分方法的不同，区域分解法主要分为重叠型、非重叠型、虚拟区域法和多水平方法等类型。区域分解法的主要思想是将渗流区分解为若干个子问题，并可以在不同子问题中采用不同的地下水模型，然后将整个渗流区的问题转化为子问题求解。若子区域是规则形状的，区域分解法还可以在子区域上采取多种快速算法提高计算效率[83]。总而言之，区域分解法具有将大型问题小型化、复杂问题简单化、非均质问题均质化等特点。因此区域分解法在空气动力学、流体力学、地下水数值模拟中均有应用。Kuznetsov（1990）应用区域分解法对大区域的对流弥散问题进行了研究[84]。储德林和胡显承（1993）提出了一种非重迭型区域分解预处理共轭梯度法[85]。Willien 等（1998）应用区域分解算法建立了沉积盆地模型，解决了有断层分割时地层的最优界面问题[86]。王浩然等（2005）基于区域分解法建立了有限元地下水模型[87]。Golas 和 Narain（2012）应用区域分解法模拟了大区域的水流速度[88]。Skogestad 等（2013）则对多孔介质中的非线性流建立了区域分解法模型[89]。王佩等（2012）应用区域分解预处理器对地下水数值模拟进行了分析与研究[90]。Dolean 等（2014）提出了一种两层的区域分解计算用于求解高度非均质介质中的达西方程[91]。Li 和 Zhou（2019）应用质量守恒区域分解法求解非饱和土壤中的水流问题[92]。

1.1.2.3 有限层分析法

有限层分析法是一种半解析数值法，它的主要思路是将三维层状介质中的地下水流问题转化为一维问题，然后再进行求解。有限层分析法能够在不降低计算精度的情况下大大减少计算工作量。因此，该方法也常常应用于国内外地下水数值模拟工作中。Smith 等（1992）提出了地下水流动问题的有限层分析法[93]。诸宏博等（2008）则探讨了承压含水层中的有限层分析法[94]。Wang 等（2009）建立了不稳定流的有限层分析法模型[95]。刘运航等（2010）提出拉普拉斯变换有限层分析方法用于模拟三维地下水非稳定流[96]。Xu 等（2011）则对地下水向水平井的三维流动进行了有限层分析法的数值模拟[97]。王少伟（2020）等提出了地下水流并行有限层分析方法并进行了同伦反演研究[98]。

1.2 多尺度有限单元法在地下水数值模拟中的研究进展

MSFEM[10]能够有效地求解非均质地下水问题。MSFEM 具有较高的精度，并且通过超样本技术减少谐振误差后，其精度有时能够超越精细剖分的有限单元法[10,99-101]。MSFEM 的基本思想起源于由 Babuska 等提出的广义有限单元法，他们针对特殊二维问题引入了一种非多项式形式的基函数，给出了 MSFEM 的雏形[102-104]。1997 年，Hou 和 Wu 扩展了这一思想，提出了 MSFEM 用于求解复合材料以及多孔介质中的椭圆型问题。通过引入 Petrov-Galerkin 公式，Hou 等成功消除 MSFEM 的单元尺度与实际物理尺度共振引起的谐振误差，提高了 MSFEM 的精度。随后，Hou 和 Efendiev 等给出了关于 MSFEM 的大量数值证明，完善了 MSFEM 的理论体系。由于 MSFEM 在数值模拟中的优越性，许多科学工作者对 MSFEM 进行了改进与发展[105-144]。

1.2.1 多尺度有限单元法的国际研究进展

Hou and Wu 在 1997 年提出了 MSFEM 的基本框架。1999 年 Hou 等给出

了在快速振荡介质中的 MSFEM 的收敛性证明。此后,许多科学工作者对多尺度方法进行了一系列研究改进工作,发表了大量高质量论文,证明了 MSFEM 在求解非均质地下水问题时具有很高的效率。

Chen 和 Hou(2003)提出了混合多尺度有限单元法,该方法将水头和达西渗流速度同时作为未知项进行迭代求解,具有很高的计算精度和适用性[108]。该方法的基函数是通过求解局部纽曼边值问题得到的。在假设渗透系数具有局部周期性质的条件下,基于均质化理论,Chen 和 Hou 给出了混合多尺度有限单元法收敛性证明及误差估计。Chen 和 Hou 还应用混合多尺度有限单元法对多孔介质中的地下水运移进行模拟,证明了该方法的精度。此后,N. Zhang 等(2016)、Q. Zhang 等(2017)提出了多种有效的处理裂隙的混合多尺度有限元模型[109-110]。

Jenny 等(2003)提出了多尺度有限体积法(MSFVM)用于求解多孔介质中的多尺度椭圆型问题[111]。该方法的主要思想是通过构造粗网格单元的导水系数抓住局部微分算子的性质,从而获得稳定的水头及速度场。MSFVM 使用了两类基函数,第一种用于求解导水系数,第二种用于求解细尺度的速度场。MSFVM 的导水系数的构造作为进行数值模拟的前置步骤,仅仅需要求解一次。MSFVM 的导水系数是在局部求解的,适合平行计算。此外,这些导水系数可以应用于任何有限体积法的编码中,可以用于多点流量的离散化过程,为今后的工作提供了便捷。在 2003 年的工作中,Jenny 的数值实验证明了 MSFVM 十分精确与高效,并讨论了 MSFVM 应用于多相流的可能。Hajibeygi 等(2008)提出了迭代 MSFVM 通过引入修正函数将算法的应用范围扩展到高度非均质、各向异性的椭圆型问题,系统地减小了 MSFVM 的误差,并且可以在任意迭代次数后重建速度场[112]。基于 MSFVM,科学工作者开发了一系列多尺度求解器,将其应用范围拓展到更复杂的条件,如不可压缩非均匀流问题[113]和裂隙多孔介质问题等[114-116]。

He 和 Ren(2005)有机结合了有限体积离散和 MSFEM,提出了有限体积多尺度有限单元法(FVMSFEM)[117]。该方法在粗尺度上应用有限体格式,在细尺度上应用 MSFEM 的基函数抓住介质的细尺度信息,并获得有限体边界通量,具有很高的计算精度和效率。他们应用 FVMSFEM 对多孔介质中的非稳定流进行模拟,结果显示 FVMSFEM 具有比 MSFEM 更高的精度和效率。此后,Xie 等(2019、2021)在 FVMSFEM 的框架上提出了速度矩阵[118]和弥散速度矩阵[119],分别用于高效模拟地下水流的水头与达西渗流速度的综合问题和溶质运移的浓度与弥散速度的问题。

Efendiev 等(2006)提出了 MSFEM 的全局边界条件,并提出了适合求解多孔介质中的两相流问题的基本格式[100]。该方法在初始时刻使用全局的细尺度水头决定基函数的边界条件，提高了大范围的多孔介质的两相流问题解的精度，对石油工程领域[120]有重要意义。基函数的全局边界条件的使用能够令基函数抓住大范围区域的信息，而不是仅仅抓住局部粗网格单元内部的信息。在 Efendiev 的工作中，他们对具有通道的介质进行了数值模拟，结果显示这种 MS-FEM 能够抓住大范围区域的信息，从而获得更为精确的解。

Efendiev 等（2013）提出了广义多尺度有限单元法（GMSFEM）[121]，用于模拟复杂系统上未经尺度分离的问题。该方法的主要思想是构造一个离线空间，并通过对离线空间的谱分解快速构造在线空间，从而节约大量的计算消耗。基于 GMSFEM 的优越性，科学工作者提出了许多 GMSFEM 的改进方法。Ghommem 等（2013）结合 GMSFEM 和区域分解法构造了用于非均质性较强介质中降阶流量模型的可靠局部-全局方法[122]。Gao 等（2015）提出了一种模拟弹性波传播的 GMSFEM[123-124]，该方法中使用连续伽辽金方法来求解细尺度信息。He 等在 2019 年提出了简化的广义多尺度有限单元法用于模拟参数化的非稳定地下水问题[125]。Chung 等（2014、2016）提出了许多 GMSFEM 的改进方法，例如自适应 GMSFEM[126-127]，混合 GMSFEM[128]，和稀疏 GMSFEM[129]。

Xie 等提出了改进多尺度有限单元法（MMSFEM）[101]、三重网格多尺度有限单元法（ETMSFEM）[130-131]等有效的 MSFEM 基函数优化算法，可以在获得较好精度的同时大幅提高 MSFEM 的计算效率，能够在微机或小型工作站上实现大尺度地下水水头问题的模拟，显著降低计算硬件门槛，提高决策的时效性。通过结合 Yeh 的伽辽金模型[70]等传统达西渗流速度算法，Xie 等还提出了多种 MSFEM 达西渗流速度算法[132-133]。Wu 等和 Shi 等多次应用 MSFEM 模拟了我国苏锡常和长江三角洲地区的地面沉降问题，显示该方法能够适用于实际大尺度问题，并能显著降低大尺度地下水问题的计算消耗，具有广阔的应用前景[134-137]。Shi 等应用基于多尺度有限单元法的卡尔曼滤波器避免了正向预测中的细尺度模拟，提高了大尺度的地下水问题的计算效率[138]。

近年来，研究人员提出了一些改进的 MSFEM 方法来模拟溶质运移问题，显示 MSFEM 方法在对流弥散方程时具有巨大的潜力[139-144]。同时，一些其他的多尺度方法能够适用于对流弥散方程，比如非均质多尺度方法（HMM）[145-146]、变分多尺度方法（VMM）[147-148]等。

1.2.2 多尺度有限单元法的国内研究进展

MSFEM 能够较好模拟非均质、大尺度地下水流问题，国内很多科学工作者对 MSFEM 进行了研究、发展与应用。二十世纪末，南京大学水科学系应用 MSFEM 对地面沉降的实例进行了数值模拟[5,149-150]。例如，其中一个研究区面积为 530 km²，垂向计算深度仅为 300 m 左右，共有 6 个含水层及 6 个弱透水层。运用MSFEM求解这一问题,采用了六面体剖分。在垂直方向上将12个含水层划分为6层,即1个含水层和1个弱透水层为1层,每层厚度约50 m;水平方向上采用了等距四边形网格剖分。由于缺失面积不同,各层的单元数也不同。第1~6层分别被剖分为3 674、3 659、3 651、3 639、3 509、1 864个单元,共19 996个单元25 000个节点。根据抽水试验,室内土工试验和岩性给出初值,再通过模型识别、校验,得到多尺度模型的渗透系数及贮水率。此模型的模拟时间从1986年4月到1998年12月,以每3个月为1个时段,共计51个时段。该模型能够全面反映沉降过程中不同土层所具有的不同变形特征,以及这种变形特征随时间、空间的变化特点。模型结果显示,应用MSFEM求解区域地面沉降问题非常有效,能够节约大量计算成本,并能够保证模拟值和观测值精确吻合。此外,于军等(2007)也应用MSFEM建立了苏锡常地区非线性地面沉降耦合模型,并考虑了土体的变化特征[151]。罗跃、叶淑君等(2014)还应用MSFEM对围海造陆区工后地区的地下水流进行了数值模拟[152],通过6个算例检验了MS-FEM在模拟此类高度非均质场地时的可能误差及其适用范围,证明了MSFEM处理非均质介质中地下水流问题的能力。叶淑君等(2014)应用MSFEM求解二维地下水稳定流及非稳定流问题,并对渗透系数连续、突变、渐变三种情况的地下水流运动进行了模拟[153]。他们还将MSFEM和传统有限单元法进行了比较,结果表明MSFEM比有限单元法更高效,既可节省大量计算时间,又获得了较高的精度。谢一凡等(2015,2020)应用三次样条技术、双重网格技术等方法改进了MSFEM,从而令MSFEM能够获得连续的达西渗流速度[154-155]。

贺新光和任理(2009)提出了一种求解非均质多孔介质中非饱和水流问题的自适应多尺度有限元方法[156-157],该方法能在粗尺度网格上精确而有效地获得非均质多孔介质中非饱和水流问题的解。自适应多尺度有限元方法的主要思想是应用经过修改的皮卡迭代格式处理方程的非线性性,并通过构造自适应基函数捕捉方程系数中的时空变异性。贺新光和任理应用这种方法对具有随机对数正态分布参数的非饱和地下水流问题进行了数值试验。试验结果显示:在第一类和第二类边界条件下,该方法能够有效抓住细尺度解的大尺度结构,表明自适应多尺度有限元方法的粗、细尺度解具有较好的一致性。2019年,黄梦杰和贺新光为了求解非均质多孔介质中的随机水流问题,通过构造一组独立于随机参数之外的降基函数,生成了一个降阶的多尺度模型,提出了多尺度有限元降基方法,通过数值实验证明该方法在能够保证计算精度的同时,明显提高计算效率[158]。

张娜、张庆福、姚军、黄朝琴等针对裂缝性介质、油藏问题,提出了Darcy/Stokes-Brinkman方程的多尺度混合有限元计算格式、裂缝性介质多尺度深度学习模型、可压缩流体流动多尺度混合有限元数值方法等多种有效的MSFEM数值模型[159-162]。

林琳等(2005)建立了饱和-非饱和带的多尺度有限单元法的拟三维模型[163]。王利业和欧阳洁(2007)将多尺度有限体积元法应用于地下水数值模拟中[164]。李霄琳(2015)等提出了非均质材料的光滑多尺度有限元法并应用于地下水流动分析、裂隙岩体渗流分析等问题[165]。

1.3 多尺度有限单元法的基本原理

1.3.1 多尺度有限单元法的基本步骤

MSFEM 的主要思想是通过求解退化的椭圆型问题构造基函数，从而将细尺度信息反映到宏观粗尺度上；在得到基函数后，MSFEM 可以直接在宏观粗尺度上构造总刚度矩阵，进而直接在宏观尺度上进行数值模拟。MSFEM 的基本原理及主要步骤如下：

第一步，单元剖分。1) 按照地下水问题的需求精度，将研究区剖分为有限个粗网格单元。各个单元相交的节点为粗尺度节点，位于研究区内部不和边界相交的节点为内点，位于研究区边界的为边界节点。对于二维问题，粗网格单元的形状可以是三角形、四边形、曲边四边形等；三维问题的粗网格单元可以是四面体、六面体等。2) 在粗网格单元上重复这一步骤，将粗网格单元剖分为细网格单元。

第二步，构造基函数。MSFEM 是通过应用有限元法求解粗网格单元上的退化椭圆型问题构造基函数的。MSFEM 的基函数一般是非线性的，它能够抓住渗流的物理实质，并反映到宏观尺度上。

第三步，形成代数方程组。对地下水问题应用伽辽金法或者里兹法形成有限元方程，并离散到粗网格单元上。在各粗网格单元上将方程进一步离散到细网格单元上，得到单元刚度矩阵。集合所有粗网格单元的单元刚度矩阵，形成总刚度矩阵，处理边界条件、源汇项等定解条件，得到地下水问题的代数方程组。

第四步，求解代数方程组。根据代数方程组的性质，应用直接法、迭代法等方法进行求解，获得地下水问题的解。

1.3.2 多尺度有限单元法的剖分

类似有限元法，MSFEM 能够很好适应各种不规则的区域。MSFEM 具有粗、细尺度两层网格。首先，MSFEM 需要先对研究区进行粗尺度剖分，剖分方法和有限元完全一样。例如，设研究区为矩形，粗网格单元为三角形，MSFEM 的粗尺度剖分方式如图 1-1。

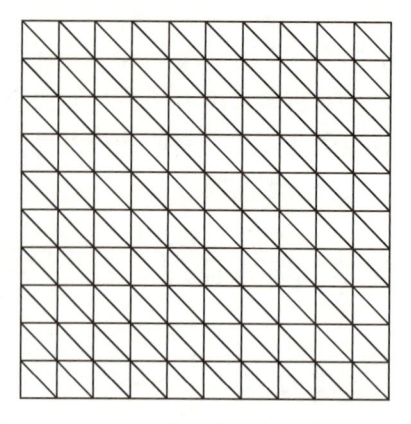

图 1-1　MSFEM 的研究区粗尺度剖分方式

设在对研究区进行粗尺度剖分后,得到 γ 个三角形粗网格单元 $\triangle_{ijk}$ 。然后,MSFEM 需要再对每一个粗网格单元进行细分,设细网格单元为三角形,细尺度剖分方式如图 1-2 所示。

需要说明的是,MSFEM 的粗、细网格单元不局限于三角形单元,本节仅给出了 MSFEM 对于规则单元的示例剖分方式。在二维情形下 MSFEM 还可以使用矩形单元或其他形状的单元进行剖分;三维情形下可以使用三棱柱、四面体等形状进行剖分。在研究区、粗网格单元不规则时,MSFEM 粗、细尺度剖分可以参考各种有限元法对不规则区域的剖分方式。

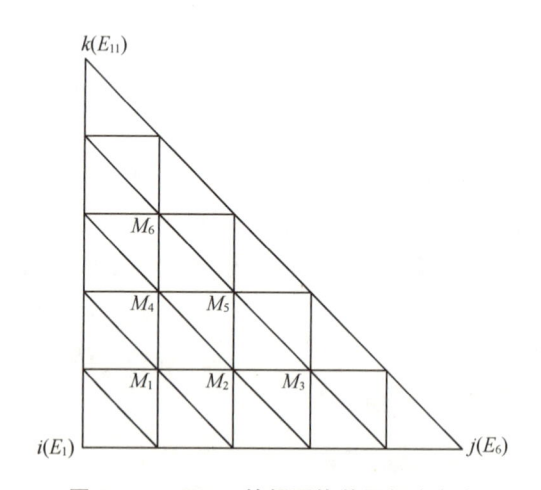

图 1-2　MSFEM 的粗网格单元剖分方式

1.3.3　多尺度有限单元法的基函数的构造

MSFEM 的基函数是通过求解退化的椭圆型问题来构造的[10]。首先引入一些符号的定义:示例粗网格单元为三角形单元 $\triangle_{ijk}$,$\triangle_{ijk}$ 被剖分为 ζ 个细网格单元,具有 p 个内部节点;$\triangle_{ijk}$ 顶点为 i、j、k,对应的基函数为 Ψ_i、Ψ_j、Ψ_k。本节以 Ψ_i 为例介绍 MSFEM 基函数的构造过程。在 $\triangle_{ijk}$ 上,考虑关于 Ψ_i 退化的椭圆型问题

$$-\nabla \cdot (K \nabla \Psi_i) = 0 \tag{1-1}$$

式中:K 为渗透系数。基函数 Ψ_i 可采取线性、振荡、全局等边界条件[10]。

根据伽辽金变换,可以得到一个关于 Ψ_i 的具有 p 个方程的方程组

$$J_{M_\tau} = \iint_{\triangle_{ijk}} (K \nabla \Psi_i) \cdot \nabla N_{M_\tau} \mathrm{d}x \mathrm{d}y = 0, \tau = 1, 2, \cdots, p \tag{1-2}$$

式中:N_{M_τ} 是关于节点 M_τ 的线性基函数。

假设某一细网格单元 $\triangle_l$ 的节点按逆时针是 a、b、c。在 $\triangle_l$ 上,Ψ_i 可以被表示为

$$\Psi_i(x,y) = \Psi_i(a)N_a + \Psi_i(b)N_b + \Psi_i(c) \quad N_c(x,y) \in \triangle_l \tag{1-3}$$

式中:N_a、N_b、N_c 分别为关于节点 a、b、c 的线性基函数,其表达式为

$$N_a = \frac{1}{2S_{\triangle_l}}(a_a^{(l)} + b_a^{(l)}x + c_a^{(l)}y) \tag{1-4}$$

$$N_b = \frac{1}{2S_{\triangle_l}}(a_b^{(l)} + b_b^{(l)}x + c_b^{(l)}y) \tag{1-5}$$

$$N_c = \frac{1}{2S_{\triangle_l}}(a_c^{(l)} + b_c^{(l)}x + c_c^{(l)}y) \tag{1-6}$$

其中,

$$\begin{aligned} a_a^{(l)} &= x_b y_c - x_c y_b, a_b^{(l)} = x_c y_a - x_a y_c, a_c^{(l)} = x_a y_b - x_b y_a \\ b_a^{(l)} &= y_b - y_c, b_b^{(l)} = y_c - y_a, b_c^{(l)} = y_a - y_b \\ c_a^{(l)} &= x_c - x_b, c_b^{(l)} = x_a - x_c, c_c^{(l)} = x_b - x_a \end{aligned} \tag{1-7}$$

在确定 Ψ_i 的边界条件后,将式(1-3)代入(1-2),可以获得一个方程组

$$\alpha_{\tau 1}\Psi_i(M_1) + \alpha_{\tau 2}\Psi_i(M_2) + ,\cdots, + \alpha_{\tau p}\Psi_i(M_p) = f_\tau, \tau = 1,2,\cdots,p \tag{1-8}$$

式中:$\alpha_{\tau j}$、f_τ 是通过式(1-2)得到的常数。令 $\boldsymbol{A} = \alpha_{\tau j}$,$\boldsymbol{\Psi} = [\Psi_i(M_1), \Psi_i(M_2), \cdots, \Psi_i(M_p)]^T$,$\boldsymbol{f} = [f_1, f_2, \cdots, f_p]^T$,方程组(1-8)可以被写为

$$\boldsymbol{A}\boldsymbol{\Psi} = \boldsymbol{f} \tag{1-9}$$

式中:A 是对称正定矩阵。通过求解方程组(1-9),可以获得 Ψ_i 在所有内点的值。根据式(1-3)可以得到 Ψ_i 在细网格单元 $\triangle_l$ 上的表达式。

1.3.4 多尺度有限单元法的基函数边界条件

MSFEM 的结果对基函数的边界条件十分敏感[10,99—101]。MSFEM 的基函数的边界条件有两种主要类型:线性边界条件和振荡边界条件。线性边界条件主要用于渗透系数为常数或者缓慢变化的介质中的水流问题的计算,振荡边界条件则适用于非均质介质中的水流模拟。

基函数的线性边界条件和有限单元法的基函数边界条件一样,在边界上呈线性变化。在粗网格单元 $\triangle_{ijk}$ 的边界 ij 上,基函数的线性边界条件表达式为

$$\Psi_i(x)\mid ij = \frac{x_j - x}{x_j - x_i} \tag{1-10}$$

模拟非均质地下水问题时,基函数的振荡边界条件能够更加准确地描述基函数在边界上的变化。振荡边界条件在边界 ij 符合一维退化的椭圆型问题

$$\Psi_i(x)\mid ij = \frac{\int_x^{x_j} \frac{\mathrm{d}r}{K(r)}}{\int_{x_i}^{x_j} \frac{\mathrm{d}r}{K(r)}} \tag{1-11}$$

若渗透系数 K 在边界 ij 上为常数,则振荡边界条件将转化为线性边界条件。因此,求解均质地下水流问题时使用线性边界条件即可。如果在边界 ij 有渗透系数的间断点,振荡边界条件需要将从 x 到 x_j 的积分分段求解再相加。Efendiev 等在 2006 年[100]提出了基函数的全局边界条件。全局边界条件是用细尺度的水头构造而成的,能够抓住解在全研究区的信息,从而提高解的精度。但全局边界条件需要已知初始时刻水头,因此该边界条件更适用于需迭代多次的情况。

1.3.5 多尺度有限单元法的超样本技术

在求解地下水问题时,如果介质的物理尺度和网格大小相近会产生共振效应,引起谐振误差[10]。Hou 和 Wu 在 1997 年工作中提出了超样本技术[10],可以减少 MSFEM 的谐振误差。超样本技术的主要思想是将粗网格单元放大,在放大的单元 $\triangle_{IJK}$ 上求解临时基函数 Φ_I、Φ_J、Φ_K,再利用临时基函数得到原单元的基函数。

根据 Hou 和 Wu 在 1997 年工作[10],原基函数 Ψ_i、Ψ_j、Ψ_k 可被临时基函数 Φ 线性表示

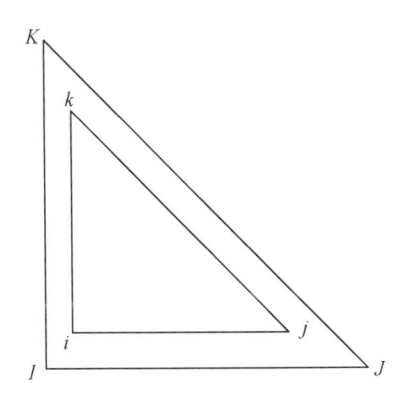

图 1-3　MSFEM 的超样本格式

$$\begin{aligned}\Psi_i(x,y) &= C_{11}\Phi_I + C_{12}\Phi_J + C_{13}\Phi_K \\ \Psi_j(x,y) &= C_{21}\Phi_I + C_{22}\Phi_J + C_{23}\Phi_K \\ \Psi_k(x,y) &= C_{31}\Phi_I + C_{32}\Phi_J + C_{33}\Phi_K\end{aligned} \tag{1-12}$$

式中：系数 C 为常数，是通过如下关系获得的

$$\Psi_a(x_b, y_b) = \delta_{ab} \quad (a,b = i,j,k)$$

若 $a = b$，

$$\delta_{ab} = 1$$

若 $a \neq b$，

$$\delta_{ab} = 0$$

以 Ψ_i 为例，系数 C_{11}、C_{12}、C_{13} 符合下式

$$\begin{aligned}\Psi_i(x_i, y_i) &= C_{11}\Phi_I(x_i, y_i) + C_{12}\Phi_J(x_i, y_i) + C_{13}\Phi_K(x_i, y_i) = 1 \\ \Psi_i(x_j, y_j) &= C_{11}\Phi_I(x_j, y_j) + C_{12}\Phi_J(x_j, y_j) + C_{13}\Phi_K(x_j, y_j) = 0 \\ \Psi_i(x_k, y_k) &= C_{11}\Phi_I(x_k, y_k) + C_{12}\Phi_J(x_k, y_k) + C_{13}\Phi_K(x_k, y_k) = 0\end{aligned} \tag{1-13}$$

1.3.6　多尺度有限单元法模拟二维地下水稳定流问题的基本格式

实际地下水流仅存在于介质中的空隙空间中，而介质其余部分均为岩石颗粒。为了描述多孔介质中地下水流的运动，科学工作者引入了"典型单元体的概念"[166-167]，将多孔介质看成连续的介质，地下水看成连续的流体。

在饱和水流区取一边长为 $\Delta x \Delta y \Delta z$ 的单元体，根据质量守恒原理，单位时间流入与流出单元体 $\Delta x \Delta y \Delta z$ 的液体质量差等于单元体内质量的变化

$$-\left[\frac{\partial \rho v_x}{\partial x}+\frac{\partial \rho v_y}{\partial y}+\frac{\partial \rho v_z}{\partial z}\right]\Delta x\Delta y\Delta z = \frac{\partial}{\partial t}[\rho\phi\Delta x\Delta y\Delta z] \qquad (1-14)$$

式中：ρ 为液体密度，v_x、v_y、v_z 分别为 x、y、z 方向的渗流速度，ϕ 为有效孔隙度。公式左侧为单位时间流入与流出单元体的液体的总质量差，而右端表示单元体液体变化的质量总量。

基于式(1-14)可以得到承压水及潜水的稳定流和非稳定流方程[5]。1.3.6 节和1.3.7节将分别介绍应用 MSFEM 求解二维地下水地下水稳定流和非稳定流水头的具体过程。

二维地下水稳定流可由如下方程描述

$$\begin{cases} -\dfrac{\partial}{\partial x}\left(K\dfrac{\partial H}{\partial x}\right)-\dfrac{\partial}{\partial y}\left(K\dfrac{\partial H}{\partial y}\right)=W, (x,y)\in\Omega \\ H|_{\Gamma_1}=g(x,y), \\ K\dfrac{\partial H}{\partial n}\bigg|_{\Gamma_2}=q, \end{cases} \qquad (1-15)$$

式中：K 为渗透系数，H 为水头，W 为源汇项，$g(x,y)$ 为狄利克雷边界水头，q 为纽曼边界上的单位面积的流量，Ω 为研究区，被剖分为 γ 个三角形单元 $\triangle_{ijk}$。

对式(1-15)中的控制方程采用伽辽金方法进行变换，在左右两端均乘以基函数 Ψ_θ，并在研究区上积分，可得

$$\iint_\Omega \left[\frac{\partial}{\partial x}\left(K\frac{\partial H}{\partial x}\right)+\frac{\partial}{\partial y}\left(K\frac{\partial H}{\partial y}\right)+W\right]\Psi_\theta \mathrm{d}x\mathrm{d}y = 0 \qquad (1-16)$$

式中：$\theta=1,2,\cdots,n$。n 为研究区未知节点个数。

根据伽辽金变换，对式(1-16)应用格林公式可得

$$\begin{aligned}&\iint_\Omega \left[\left(K\frac{\partial H}{\partial x}\right)\frac{\partial \Psi_\theta}{\partial x}+\left(K\frac{\partial H}{\partial y}\right)\frac{\partial \Psi_\theta}{\partial y}\right]\mathrm{d}x\mathrm{d}y \\ &=\iint_\Omega W\Psi_\theta \mathrm{d}x\mathrm{d}y+\int_{\Gamma_2} K\frac{\partial H}{\partial n}\Psi_\theta \mathrm{d}x\mathrm{d}y, \theta=1,2,\cdots,n\end{aligned} \qquad (1-17)$$

将式(1-15)的边界条件代入可得

$$\begin{aligned}&\iint_\Omega \left[\left(K\frac{\partial H}{\partial x}\right)\frac{\partial \Psi_\theta}{\partial x}+\left(K\frac{\partial H}{\partial y}\right)\frac{\partial \Psi_\theta}{\partial y}\right]\mathrm{d}x\mathrm{d}y \\ &=\iint_\Omega W\Psi_\theta \mathrm{d}x\mathrm{d}y+\int_{\Gamma_2} q\Psi_\theta \mathrm{d}s, \theta=1,2,\cdots,n\end{aligned} \qquad (1-18)$$

将式(1-18)离散到各粗网格单元上，可得[10]

$$\sum_{1}^{\gamma}\iint_{\triangle_{ijk}}\left[\left(K\frac{\partial H}{\partial x}\right)\frac{\partial \Psi_{\theta}}{\partial x}+\left(K\frac{\partial H}{\partial y}\right)\frac{\partial \Psi_{\theta}}{\partial y}\right]\mathrm{d}x\mathrm{d}y-\sum_{1}^{\gamma}\iint_{\triangle_{ijk}}W\Psi_{\theta}\mathrm{d}x\mathrm{d}y-\sum_{1}^{\gamma}\int_{\Gamma_{3}}q\Psi_{\theta}\mathrm{d}s$$
$$=0, \theta=1,2,\cdots,n \tag{1-19}$$

式中：Γ_3 为粗网格单元 $\triangle_{ijk}$ 与边界 Γ_2 的交界部分。若不交界，则上式最后一项为 0。

根据 Hou 和 Wu 的工作[10]，在粗网格单元 $\triangle_{ijk}$ 上水头 H 可以表示为

$$H(x,y)=H_i\Psi_i(x,y)+H_j\Psi_j(x,y)+H_k\Psi_k(x,y),(x,y)\in\triangle_{ijk} \tag{1-20}$$

式中：H_i、H_j、H_k 为在顶点 i、j、k 的水头，Ψ_i、Ψ_j、Ψ_k 为顶点 i、j、k 的 MSFEM 基函数。

若 MSFEM 不采用超样本技术，则在各 $\triangle_{ijk}$ 上将式(1-20)代入式(1-19)，再离散到细网格单元上，结合基函数 Ψ_i、Ψ_j、Ψ_k 的线性基函数展开公式(1-3)可以获得式(1-19)的具体形式，求解即可获得水头值。若 MSFEM 采用了超样本技术式(1-12)，在粗网格单元 $\triangle_{ijk}$ 上，则式(1-20)可以写为

$$H(x,y)=H_i(C_{11}\Phi_I+C_{12}\Phi_J+C_{13}\Phi_K)+H_j(C_{21}\Phi_I+$$
$$C_{22}\Phi_J+C_{23}\Phi_K)+H_k(C_{31}\Phi_I+C_{32}\Phi_J+C_{33}\Phi_K) \tag{1-21}$$

由此，在粗网格单元 $\triangle_{ijk}$ 上，水头 H 在 x 和 y 方向的导数值可以分别被表示为

$$\frac{\partial H}{\partial x}=H_i\left(C_{11}\frac{\partial \Phi_I}{\partial x}+C_{12}\frac{\partial \Phi_J}{\partial x}+C_{13}\frac{\partial \Phi_K}{\partial x}\right)+H_j\left(C_{21}\frac{\partial \Phi_I}{\partial x}+C_{22}\frac{\partial \Phi_J}{\partial x}+\right.$$
$$\left. C_{23}\frac{\partial \Phi_K}{\partial x}\right)+H_k\left(C_{31}\frac{\partial \Phi_I}{\partial x}+C_{32}\frac{\partial \Phi_J}{\partial x}+C_{33}\frac{\partial \Phi_K}{\partial x}\right) \tag{1-22}$$

$$\frac{\partial H}{\partial y}=H_i\left(C_{11}\frac{\partial \Phi_I}{\partial y}+C_{12}\frac{\partial \Phi_J}{\partial y}+C_{13}\frac{\partial \Phi_K}{\partial y}\right)+H_j\left(C_{21}\frac{\partial \Phi_I}{\partial y}+C_{22}\frac{\partial \Phi_J}{\partial y}+\right.$$
$$\left. C_{23}\frac{\partial \Phi_K}{\partial y}\right)+H_k\left(C_{31}\frac{\partial \Phi_I}{\partial y}+C_{32}\frac{\partial \Phi_J}{\partial y}+C_{33}\frac{\partial \Phi_K}{\partial y}\right) \tag{1-23}$$

令 $\Psi_\theta=\Psi_i$，则式(1-19)在粗网格单元 $\triangle_{ijk}$ 上的分量为

$$\iint_{\triangle_{ijk}}\left[\left(K\frac{\partial H}{\partial x}\right)\frac{\partial \Psi_i}{\partial x}+\left(K\frac{\partial H}{\partial y}\right)\frac{\partial \Psi_i}{\partial y}-W\Psi_i\right]\mathrm{d}x\mathrm{d}y-\int_{\Gamma_3}q\Psi_i\mathrm{d}s$$
$$=\iint_{\triangle_{ijk}}\left\{K\left[H_i\left(C_{11}\frac{\partial \Phi_I}{\partial x}+C_{12}\frac{\partial \Phi_J}{\partial x}+C_{13}\frac{\partial \Phi_K}{\partial x}\right)+\right.\right.$$
$$\left. H_j\left(C_{21}\frac{\partial \Phi_I}{\partial x}+C_{22}\frac{\partial \Phi_J}{\partial x}+C_{23}\frac{\partial \Phi_K}{\partial x}\right)+H_k\left(C_{31}\frac{\partial \Phi_I}{\partial x}+C_{32}\frac{\partial \Phi_J}{\partial x}+C_{33}\frac{\partial \Phi_K}{\partial x}\right)\right]$$

$$\left(C_{11}\frac{\partial\Phi_I}{\partial x}+C_{12}\frac{\partial\Phi_J}{\partial x}+C_{13}\frac{\partial\Phi_K}{\partial x}\right)+K\Big[H_i\Big(C_{11}\frac{\partial\Phi_I}{\partial y}+C_{12}\frac{\partial\Phi_J}{\partial y}+C_{13}\frac{\partial\Phi_K}{\partial y}\Big)+$$

$$H_j\Big(C_{21}\frac{\partial\Phi_I}{\partial y}+C_{22}\frac{\partial\Phi_J}{\partial y}+C_{23}\frac{\partial\Phi_K}{\partial y}\Big)+H_k\Big(C_{31}\frac{\partial\Phi_I}{\partial y}+C_{32}\frac{\partial\Phi_J}{\partial y}+C_{33}\frac{\partial\Phi_K}{\partial y}\Big)\Big]$$

$$\left(C_{11}\frac{\partial\Phi_I}{\partial y}+C_{12}\frac{\partial\Phi_J}{\partial y}+C_{13}\frac{\partial\Phi_K}{\partial y}\right)\Big\}\mathrm{d}x\mathrm{d}y-\iint\limits_{\triangle_{ijk}}W(C_{11}\Phi_I+C_{12}\Phi_J+$$

$$C_{13}\Phi_K)\mathrm{d}x\mathrm{d}y-\int_{\Gamma_3}q(C_{11}\Phi_I+C_{12}\Phi_J+C_{13}\Phi_K)\mathrm{d}s \qquad (1\text{-}24)$$

令 $\Psi_\theta=\Psi_j$,则式(1-19)在粗网格单元 $\triangle_{ijk}$ 上的分量为

$$\iint\limits_{\triangle_{ijk}}\Big[\Big(K\frac{\partial H}{\partial x}\Big)\frac{\partial\Psi_j}{\partial x}+\Big(K\frac{\partial H}{\partial y}\Big)\frac{\partial\Psi_j}{\partial y}-W\Psi_j\Big]\mathrm{d}x\mathrm{d}y-\int_{\Gamma_3}q\Psi_j\mathrm{d}s$$

$$=\iint\limits_{\triangle_{ijk}}\Big\{K\Big[H_i\Big(C_{11}\frac{\partial\Phi_I}{\partial x}+C_{12}\frac{\partial\Phi_J}{\partial x}+C_{13}\frac{\partial\Phi_K}{\partial x}\Big)+H_j\Big(C_{21}\frac{\partial\Phi_I}{\partial x}+C_{22}\frac{\partial\Phi_J}{\partial x}+$$

$$C_{23}\frac{\partial\Phi_K}{\partial x}\Big)+H_k\Big(C_{31}\frac{\partial\Phi_I}{\partial x}+C_{32}\frac{\partial\Phi_J}{\partial x}+C_{33}\frac{\partial\Phi_K}{\partial x}\Big)\Big]\Big(C_{21}\frac{\partial\Phi_I}{\partial x}+C_{22}\frac{\partial\Phi_J}{\partial x}+$$

$$C_{23}\frac{\partial\Phi_K}{\partial x}\Big)+K\Big[H_i\Big(C_{11}\frac{\partial\Phi_I}{\partial y}+C_{12}\frac{\partial\Phi_J}{\partial y}+C_{13}\frac{\partial\Phi_K}{\partial y}\Big)+$$

$$H_j\Big(C_{21}\frac{\partial\Phi_I}{\partial y}+C_{22}\frac{\partial\Phi_J}{\partial y}+C_{23}\frac{\partial\Phi_K}{\partial y}\Big)+H_k\Big(C_{31}\frac{\partial\Phi_I}{\partial y}+C_{32}\frac{\partial\Phi_J}{\partial y}+C_{33}\frac{\partial\Phi_K}{\partial y}\Big)\Big]$$

$$\Big(C_{21}\frac{\partial\Phi_I}{\partial y}+C_{22}\frac{\partial\Phi_J}{\partial y}+C_{23}\frac{\partial\Phi_K}{\partial y}\Big)\Big\}\mathrm{d}x\mathrm{d}y-\iint\limits_{\triangle_{ijk}}W(C_{21}\Phi_I+C_{22}\Phi_J+$$

$$C_{23}\Phi_K)\mathrm{d}x\mathrm{d}y-\int_{\Gamma_3}q(C_{21}\Phi_I+C_{22}\Phi_J+C_{23}\Phi_K)\mathrm{d}s \qquad (1\text{-}25)$$

令 $\Psi_\theta=\Psi_k$,则式(1-19)在粗网格单元 $\triangle_{ijk}$ 上的分量为

$$\iint\limits_{\triangle_{ijk}}\Big[\Big(K\frac{\partial H}{\partial x}\Big)\frac{\partial\Psi_k}{\partial x}+\Big(K\frac{\partial H}{\partial y}\Big)\frac{\partial\Psi_k}{\partial y}-W\Psi_k-\int_{\Gamma_3}q\Psi_k\mathrm{d}s\Big]$$

$$=\iint\limits_{\triangle_{ijk}}\Big\{K\Big[H_i\Big(C_{11}\frac{\partial\Phi_I}{\partial x}+C_{12}\frac{\partial\Phi_J}{\partial x}+C_{13}\frac{\partial\Phi_K}{\partial x}\Big)+H_j\Big(C_{21}\frac{\partial\Phi_I}{\partial x}+C_{22}\frac{\partial\Phi_J}{\partial x}+$$

$$C_{23}\frac{\partial\Phi_K}{\partial x}\Big)+H_k\Big(C_{31}\frac{\partial\Phi_I}{\partial x}+C_{32}\frac{\partial\Phi_J}{\partial x}+C_{33}\frac{\partial\Phi_K}{\partial x}\Big)\Big]\Big(C_{31}\frac{\partial\Phi_I}{\partial x}+$$

$$C_{32}\frac{\partial\Phi_J}{\partial x}+C_{33}\frac{\partial\Phi_K}{\partial x}\Big)+K\Big[H_i\Big(C_{11}\frac{\partial\Phi_I}{\partial y}+C_{12}\frac{\partial\Phi_J}{\partial y}+C_{13}\frac{\partial\Phi_K}{\partial y}\Big)+$$

$$H_j\Big(C_{21}\frac{\partial\Phi_I}{\partial y}+C_{22}\frac{\partial\Phi_J}{\partial y}+C_{23}\frac{\partial\Phi_K}{\partial y}\Big)+H_k\Big(C_{31}\frac{\partial\Phi_I}{\partial y}+C_{32}\frac{\partial\Phi_J}{\partial y}+C_{33}\frac{\partial\Phi_K}{\partial y}\Big)\Big]$$

$$\Big(C_{31}\frac{\partial\Phi_I}{\partial y}+C_{32}\frac{\partial\Phi_J}{\partial y}+C_{33}\frac{\partial\Phi_K}{\partial y}\Big)\Big\}\mathrm{d}x\mathrm{d}y-\iint\limits_{\triangle_{ijk}}W(C_{31}\Phi_I+C_{32}\Phi_J+$$

$$C_{33}\Phi_K)\mathrm{d}x\mathrm{d}y - \int_{\Gamma_3} q(C_{31}\Phi_I + C_{32}\Phi_J + C_{33}\Phi_K)\mathrm{d}s \tag{1-26}$$

根据式(1-24)~式(1-26),可以获得一个线性方程组

$$B_{\theta i}H_i + B_{\theta j}H_j + B_{\theta k}H_k = F_\theta, \theta = i,j,k \tag{1-27}$$

其中,当 $\theta = i$ 时系数

$$B_{ii} = \iint_{\triangle_{ijk}} \left\{ K\left[\left(C_{11}\frac{\partial \Phi_I}{\partial x} + C_{12}\frac{\partial \Phi_J}{\partial x} + C_{13}\frac{\partial \Phi_K}{\partial x}\right)\left(C_{11}\frac{\partial \Phi_I}{\partial x} + C_{12}\frac{\partial \Phi_J}{\partial x} + \right.\right.\right.$$

$$\left. C_{13}\frac{\partial \Phi_K}{\partial x}\right)\right] + K\left[\left(C_{11}\frac{\partial \Phi_I}{\partial y} + C_{12}\frac{\partial \Phi_J}{\partial y} + C_{13}\frac{\partial \Phi_K}{\partial y}\right)\left(C_{11}\frac{\partial \Phi_I}{\partial y} + C_{12}\frac{\partial \Phi_J}{\partial y} + \right.\right.$$

$$\left.\left. C_{13}\frac{\partial \Phi_K}{\partial y}\right)\right]\right\}\mathrm{d}x\mathrm{d}y \tag{1-28}$$

$$B_{ij} = \iint_{\triangle_{ijk}} \left\{ K\left[\left(C_{11}\frac{\partial \Phi_I}{\partial x} + C_{12}\frac{\partial \Phi_J}{\partial x} + C_{13}\frac{\partial \Phi_K}{\partial x}\right)\left(C_{21}\frac{\partial \Phi_I}{\partial x} + C_{22}\frac{\partial \Phi_J}{\partial x} + \right.\right.\right.$$

$$\left. C_{23}\frac{\partial \Phi_K}{\partial x}\right)\right] + K\left[\left(C_{11}\frac{\partial \Phi_I}{\partial y} + C_{12}\frac{\partial \Phi_J}{\partial y} + C_{13}\frac{\partial \Phi_K}{\partial y}\right)\left(C_{21}\frac{\partial \Phi_I}{\partial y} + C_{22}\frac{\partial \Phi_J}{\partial y} + \right.\right.$$

$$\left.\left. C_{23}\frac{\partial \Phi_K}{\partial y}\right)\right]\right\}\mathrm{d}x\mathrm{d}y \tag{1-29}$$

$$B_{ik} = \iint_{\triangle_{ijk}} \left\{ K\left[\left(C_{11}\frac{\partial \Phi_I}{\partial x} + C_{12}\frac{\partial \Phi_J}{\partial x} + C_{13}\frac{\partial \Phi_K}{\partial x}\right)\left(C_{31}\frac{\partial \Phi_I}{\partial x} + C_{32}\frac{\partial \Phi_J}{\partial x} + \right.\right.\right.$$

$$\left. C_{33}\frac{\partial \Phi_K}{\partial x}\right)\right] + K\left[\left(C_{11}\frac{\partial \Phi_I}{\partial y} + C_{12}\frac{\partial \Phi_J}{\partial y} + C_{13}\frac{\partial \Phi_K}{\partial y}\right)\left(C_{31}\frac{\partial \Phi_I}{\partial y} + C_{32}\frac{\partial \Phi_J}{\partial y} + \right.\right.$$

$$\left.\left. C_{33}\frac{\partial \Phi_K}{\partial y}\right)\right]\right\}\mathrm{d}x\mathrm{d}y \tag{1-30}$$

当 $\theta = j$、k 时的系数 B 的表达式和上述 $\theta = i$ 时的系数 B 表达式类似。

MSFEM 需要将系数 B 离散到细网格单元上,来得到其最终的表达式。由于 $\triangle_l$ 也是超样本单元的子单元,因而,根据式(1-3),可以得到临时基函数 Φ_I 在 $\triangle_l$ 上的表达式

$$\Phi_I(x,y) = \Phi_I(a)N_a + \Phi_I(b)N_b + \Phi_I(c)N_c \tag{1-31}$$

相应的 Φ_J、Φ_K 的表达式为

$$\Phi_J(x,y) = \Phi_J(a)N_a + \Phi_J(b)N_b + \Phi_J(c)N_c \tag{1-32}$$

和

$$\Phi_K(x,y) = \Phi_K(a)N_a + \Phi_K(b)N_b + \Phi_K(c)N_c \tag{1-33}$$

根据式(1-3)~式(1-7)，可以得到基函数 Φ_I 在 x 和 y 方向的导数

$$\frac{\partial \Phi_I(x,y)}{\partial x} = \frac{1}{2 S_{\triangle_l}} [\Phi_I(a)b_a + \Phi_I(b)b_b + \Phi_I(c)b_c] \quad (1-34)$$

和

$$\frac{\partial \Phi_I(x,y)}{\partial y} = \frac{1}{2 S_{\triangle_l}} [\Phi_I(a)c_a + \Phi_I(b)c_b + \Phi_I(c)c_c] \quad (1-35)$$

类似的，基函数 Φ_J、Φ_K 在 x 和 y 方向的导数为

$$\frac{\partial \Phi_J(x,y)}{\partial x} = \frac{1}{2 S_{\triangle_l}} [\Phi_J(a)b_a + \Phi_J(b)b_b + \Phi_J(c)b_c] \quad (1-36)$$

$$\frac{\partial \Phi_J(x,y)}{\partial y} = \frac{1}{2 S_{\triangle_l}} [\Phi_J(a)c_a + \Phi_J(b)c_b + \Phi_J(c)c_c]$$

$$\frac{\partial \Phi_K(x,y)}{\partial x} = \frac{1}{2 S_{\triangle_l}} [\Phi_K(a)b_a + \Phi_K(b)b_b + \Phi_K(c)b_c]$$

$$\frac{\partial \Phi_K(x,y)}{\partial y} = \frac{1}{2 S_{\triangle_l}} [\Phi_K(a)c_a + \Phi_K(b)c_b + \Phi_K(c)c_c] \quad (1-37)$$

三角形粗网格单元 $\triangle_{ijk}$ 被剖分为 ζ 个细网格单元 $\triangle_l$，将式(1-28)的系数 B_{ii} 离散到细网格单元上可得[5,19]

$$B_{ii} = \sum_{l=1}^{\zeta} \iint_{\triangle_l} \left[K^l \left(C_{11} \frac{\partial \Phi_I}{\partial x} + C_{12} \frac{\partial \Phi_J}{\partial x} + C_{13} \frac{\partial \Phi_K}{\partial x} \right)^2 + K^l \left(C_{11} \frac{\partial \Phi_I}{\partial y} + C_{12} \frac{\partial \Phi_J}{\partial y} + C_{13} \frac{\partial \Phi_K}{\partial y} \right)^2 \right] \mathrm{d}x \mathrm{d}y$$

$$= \sum_{l=1}^{\zeta} \left\{ K^l \left[\frac{C_{11}}{2S_{\triangle_l}} (\Phi_I(a)b_a + \Phi_I(b)b_b + \Phi_I(c)b_c) + \frac{C_{12}}{2S_{\triangle_l}} (\Phi_J(a)b_a + \Phi_J(b)b_b + \Phi_J(c)b_c) + \frac{C_{13}}{2S_{\triangle_l}} (\Phi_K(a)b_a + \Phi_K(b)b_b + \Phi_K(c)b_c) \right]^2 + K^l \left[\frac{C_{11}}{2S_{\triangle_l}} (\Phi_I(a)c_a + \Phi_I(b)c_b + \Phi_I(c)c_c) + \frac{C_{12}}{2S_{\triangle_l}} (\Phi_J(a)c_a + \Phi_J(b)c_b + \Phi_J(c)c_c) + \frac{C_{13}}{2S_{\triangle_l}} (\Phi_K(a)c_a + \Phi_K(b)c_b + \Phi_K(c)c_c) \right]^2 \right\} \mathrm{d}x \mathrm{d}y \quad (1-38)$$

式中，$S_{\triangle_l}$ 为三角单元 $\triangle_l$ 的面积，K^l 为 $\triangle_l$ 上的渗透系数值。其余系数 B 的表达式和式(1-38)类似，这里不再赘述。

此外，式(1-27)中的右端项 F 的表达式为

$$F_i = \iint_{\triangle_{ijk}} W(C_{11}\Phi_I + C_{12}\Phi_J + C_{13}\Phi_K) \mathrm{d}x \mathrm{d}y + \int_{\Gamma_3} q(C_{11}\Phi_I + C_{12}\Phi_J + C_{13}\Phi_K) \mathrm{d}s$$

$$F_j = \iint_{\triangle_{ijk}} W(C_{21}\Phi_I + C_{22}\Phi_J + C_{23}\Phi_K)\mathrm{d}x\mathrm{d}y + \int_{\Gamma_3} q(C_{21}\Phi_I + C_{22}\Phi_J + C_{23}\Phi_K)\mathrm{d}s$$

$$F_k = \iint_{\triangle_{ijk}} W(C_{31}\Phi_I + C_{32}\Phi_J + C_{33}\Phi_K)\mathrm{d}x\mathrm{d}y + \int_{\Gamma_3} q(C_{31}\Phi_I + C_{32}\Phi_J + C_{33}\Phi_K)\mathrm{d}s$$

(1-39)

以 F_i 为例，介绍一下右端项展开的表达式。其中 F_i 的第一项关于源汇项 W 的积分展开式为

$$\iint_{\triangle_{ijk}} W(C_{11}\Phi_I + C_{12}\Phi_J + C_{13}\Phi_K)\mathrm{d}x\mathrm{d}y$$

$$= \sum_{l=1}^{\zeta} W^l \frac{S_{\triangle_l}}{3}[(C_{11}(\Phi_I(a) + \Phi_I(b) + \Phi_I(c)) + C_{12}(\Phi_J(a) + \Phi_J(b) + \Phi_J(c)) + C_{13}(\Phi_K(a) + \Phi_K(b) + \Phi_K(c)))]$$

(1-40)

F_i 的第二项，关于纽曼边界条件 q 的积分展开式为

$$\int_{\Gamma_3} q(C_{11}\Phi_I + C_{12}\Phi_J + C_{13}\Phi_K)\mathrm{d}s$$

$$= \sum_{l=1}^{\zeta} \int_{\Gamma_3 \cap \triangle_l} q^l[(C_{11}(\Phi_I(a)N_a + \Phi_I(b)N_b + \Phi_I(c)N_c) + C_{12}(\Phi_J(a)N_a + \Phi_J(b)N_b + \Phi_J(c)N_c) + C_{13}(\Phi_K(a)N_a + \Phi_K(b)N_b + \Phi_K(c)N_c))]\mathrm{d}s$$

(1-41)

设细网格单元 $\triangle_l$ 的边界 $ab = \Gamma_3 \cap \triangle_l$，$ab$ 长度为 L_{ab}，则 $\triangle_l$ 上的分量

$$\int_{\Gamma_3 \cap \triangle_l} q^l[(C_{11}(\Phi_I(a)N_a + \Phi_I(b)N_b + \Phi_I(c)N_c) + C_{12}(\Phi_J(a)N_a + \Phi_J(b)N_b + \Phi_J(c)N_c) + C_{13}(\Phi_K(a)N_a + \Phi_K(b)N_b + \Phi_K(c)N_c))]\mathrm{d}s$$

$$= \frac{L_{ab}q^l}{2}(C_{11}\Phi_I(a) + C_{11}\Phi_I(b) + C_{12}\Phi_J(a) + C_{12}\Phi_J(b) + C_{13}\Phi_K(a) + C_{13}\Phi_K(b))$$

(1-42)

令 $A = [B]$，$H = [H_i, H_j, H_k]^T$，$F = [F_i, F_j, F_k]^T$，线性方程组(127)可以被写为

$$AH = F \quad (1\text{-}43)$$

矩阵 A 为粗网格单元 $\triangle_{ijk}$ 上的刚度矩阵，是对称正定的。联立所有单元刚度矩阵，可以得到研究区 Ω 上的总刚度矩阵。通过求解以总刚度矩阵为系数矩阵的方程组，可以得到水头 H 在各个粗网格节点的值。

虽然 MSFEM 需要额外的计算量去构造基函数,但若传统有限单元法单元个数等于 MSFEM 的细网格单元总数,那么传统有限单元法所需的计算量远远大于 MSFEM[10]。这是由于传统有限单元法是在细尺度上模拟地下水水头的,求解项包括细尺度节点上的水头,而 MSFEM 则是在粗尺度上模拟地下水水头,仅需求解粗尺度节点上的水头(粗尺度节点数目远少于细尺度节点数目),而细尺度的水头是通过式(1-20)得到的。此外,当 x、y 方向的渗透系数不一致时,仅需分别将上述公式中 x、y 方向的相关项中的渗透系数 K 分别写成 K_x、K_y 即可。

1.3.7 多尺度有限单元法模拟二维地下水非稳定流问题的基本格式

基于式(1-14),二维地下水非稳定流可由如下方程描述

$$\begin{cases} \dfrac{\partial}{\partial x}\left(K\dfrac{\partial H}{\partial x}\right)+\dfrac{\partial}{\partial y}\left(K\dfrac{\partial H}{\partial y}\right)+W=S_s\dfrac{\partial H}{\partial t}, (x,y)\in\Omega \\ H(x,y,0)=H_0, \\ H|_{\Gamma_1}=g(x,y), \\ K\dfrac{\partial H(x,y,t)}{\partial n}\bigg|_{\Gamma_2}=q \end{cases} \quad (1\text{-}44)$$

式中:K 为渗透系数,H 为水头,S_s 为贮水率,W 为源汇项,H_0 为初始水头,$g(x,y)$ 为狄利克雷边界 Γ_1 上的水头函数,q 为纽曼边界 Γ_2 上的单位宽度流量。Ω 为研究区,被剖分为 γ 个三角形单元 $\triangle_{ijk}$,研究区的含水层是等厚的。

对式(1-44)采用伽辽金方法进行变换,可得其伽辽金方程为

$$\iint\limits_{\Omega}\left[\dfrac{\partial}{\partial x}\left(K\dfrac{\partial H}{\partial x}\right)+\dfrac{\partial}{\partial y}\left(K\dfrac{\partial H}{\partial y}\right)+W-S_s\dfrac{\partial H}{\partial t}\right]\Psi_\theta \mathrm{d}x\mathrm{d}y=0, \theta=1,2,\cdots,n \quad (1\text{-}45)$$

式中:$\theta=1,2,\cdots,n$。n 为研究区未知节点个数。

应用格林公式可得

$$\iint\limits_{\Omega}\left[\left(K\dfrac{\partial H}{\partial x}\right)\dfrac{\partial \Psi_\theta}{\partial x}+\left(K\dfrac{\partial H}{\partial y}\right)\dfrac{\partial \Psi_\theta}{\partial y}-W\Psi_\theta+S_s\dfrac{\partial H}{\partial t}\Psi_\theta\right]\mathrm{d}x\mathrm{d}y$$
$$=\int_{\Gamma_2}K\dfrac{\partial H}{\partial n}\Psi_\theta \mathrm{d}x\mathrm{d}y, \theta=1,2,\cdots,n \quad (1\text{-}46)$$

将式(1-44)的边界条件代入可得

$$\iint\limits_{\Omega}\left[\left(K\dfrac{\partial H}{\partial x}\right)\dfrac{\partial \Psi_\theta}{\partial x}+\left(K\dfrac{\partial H}{\partial y}\right)\dfrac{\partial \Psi_\theta}{\partial y}-W\Psi_\theta+S_s\dfrac{\partial H}{\partial t}\Psi_\theta\right]\mathrm{d}x\mathrm{d}y$$
$$=\int_{\Gamma_2}q\Psi_\theta \mathrm{d}s, \theta=1,2,\cdots,n \quad (1\text{-}47)$$

将式(1-47)离散到粗网格单元上,可得

$$\sum_{1}^{\gamma}\left\{\iint_{\Omega}\left[\frac{\partial}{\partial x}\left(K\frac{\partial H}{\partial x}\right)+\frac{\partial}{\partial y}\left(K\frac{\partial H}{\partial y}\right)-W+S_s\frac{\partial H}{\partial t}\right]\Psi_\theta \mathrm{d}x\mathrm{d}y-\int_{\Gamma_3}q\Psi_\theta \mathrm{d}s\right\}$$
$$=0, \theta=1,2,\cdots,n, \Gamma_3=\triangle_{ijk}\cap\Gamma_2 \tag{1-48}$$

式中:Γ_3 为粗网格单元 $\triangle_{ijk}$ 与边界 Γ_2 的交界部分。若不交界,则上式最后一项为 0。

根据式(1-20)、式(1-21)可以得到表达式

$$\frac{\partial H}{\partial t}=\frac{\partial H_i}{\partial t}(C_{11}\Phi_I+C_{12}\Phi_J+C_{13}\Phi_K)+\frac{\partial H_j}{\partial t}(C_{21}\Phi_I+C_{22}\Phi_J+$$
$$C_{23}\Phi_K)+\frac{\partial H_k}{\partial t}(C_{31}\Phi_I+C_{32}\Phi_J+C_{33}\Phi_K) \tag{1-49}$$

若 $\Psi_\theta=\Psi_i$,则式(1-48)在粗网格单元 $\triangle_{ijk}$ 上的分量为

$$\iint_{\triangle_{ijk}}\left[\left(K\frac{\partial H}{\partial x}\right)\frac{\partial \Psi_i}{\partial x}+\left(K\frac{\partial H}{\partial y}\right)\frac{\partial \Psi_i}{\partial y}-W\Psi_i+S_s\frac{\partial H}{\partial t}\Psi_i\right]\mathrm{d}x\mathrm{d}y-\int_{\Gamma_3}q\Psi_i \mathrm{d}s$$
$$=\iint_{\triangle_{ijk}}\left\{K\left[H_i\left(C_{11}\frac{\partial \Phi_I}{\partial x}+C_{12}\frac{\partial \Phi_J}{\partial x}+C_{13}\frac{\partial \Phi_K}{\partial x}\right)+\right.\right.$$
$$H_j\left(C_{21}\frac{\partial \Phi_I}{\partial x}+C_{22}\frac{\partial \Phi_J}{\partial x}+C_{23}\frac{\partial \Phi_K}{\partial x}\right)+H_k\left(C_{31}\frac{\partial \Phi_I}{\partial x}+C_{32}\frac{\partial \Phi_J}{\partial x}+C_{33}\frac{\partial \Phi_K}{\partial x}\right)\right]$$
$$\left(C_{11}\frac{\partial \Phi_I}{\partial x}+C_{12}\frac{\partial \Phi_J}{\partial x}+C_{13}\frac{\partial \Phi_K}{\partial x}\right)+K\left[H_i\left(C_{11}\frac{\partial \Phi_I}{\partial y}+C_{12}\frac{\partial \Phi_J}{\partial y}+C_{13}\frac{\partial \Phi_K}{\partial y}\right)+\right.$$
$$H_j\left(C_{21}\frac{\partial \Phi_I}{\partial y}+C_{22}\frac{\partial \Phi_J}{\partial y}+C_{23}\frac{\partial \Phi_K}{\partial y}\right)+H_k\left(C_{31}\frac{\partial \Phi_I}{\partial y}+C_{32}\frac{\partial \Phi_J}{\partial y}+C_{33}\frac{\partial \Phi_K}{\partial y}\right)\right]$$
$$\left.\left(C_{11}\frac{\partial \Phi_I}{\partial y}+C_{12}\frac{\partial \Phi_J}{\partial y}+C_{13}\frac{\partial \Phi_K}{\partial y}\right)\right\}\mathrm{d}x\mathrm{d}y+\iint_{\triangle_{ijk}}\left\{S_s\left[\frac{\partial H_i}{\partial t}(C_{11}\Phi_I+C_{12}\Phi_J+C_{13}\Phi_K)+\right.\right.$$
$$\frac{\partial H_j}{\partial t}(C_{21}\Phi_I+C_{22}\Phi_J+C_{23}\Phi_K)+\frac{\partial H_k}{\partial t}(C_{31}\Phi_I+C_{32}\Phi_J+C_{33}\Phi_K)\right]$$
$$(C_{11}\Phi_I+C_{12}\Phi_J+C_{13}\Phi_K)\Big\}\mathrm{d}x\mathrm{d}y-\iint_{\triangle_{ijk}}W(C_{11}\Phi_I+C_{12}\Phi_J+C_{13}\Phi_K)\mathrm{d}x\mathrm{d}y-$$
$$\int_{\Gamma_3}q(C_{11}\Phi_I+C_{12}\Phi_J+C_{13}\Phi_K)\mathrm{d}s \tag{1-50}$$

类似的,可以得到 $\Psi_\theta=\Psi_j$ 或 Ψ_k 的表达式。由此,可以获得一个线性方程组

$$[B_{\theta i}H_i+B_{\theta j}H_j+B_{\theta k}H_k]+\left[P_{\theta i}\frac{\partial H_i}{\partial t}+P_{\theta j}\frac{\partial H_j}{\partial t}+P_{\theta k}\frac{\partial H_k}{\partial t}\right]=F_\theta$$
$$\tag{1-51}$$

式中:当 $\theta = i$ 时系数 B 的表达式为式(1-28)~式(1-30),其余系数 B 类似。

当 $\theta = i$ 时,系数 P 的表达式为

$$P_{ii} = \iint\limits_{\triangle_{ijk}} S_s [(C_{11}\Phi_I + C_{12}\Phi_J + C_{13}\Phi_K)(C_{11}\Phi_I + C_{12}\Phi_J + C_{13}\Phi_K)] \mathrm{d}x\mathrm{d}y \tag{1-52}$$

$$P_{ij} = \iint\limits_{\triangle_{ijk}} S_s [(C_{11}\Phi_I + C_{12}\Phi_J + C_{13}\Phi_K)(C_{21}\Phi_I + C_{22}\Phi_J + C_{23}\Phi_K)] \mathrm{d}x\mathrm{d}y \tag{1-53}$$

$$P_{ik} = \iint\limits_{\triangle_{ijk}} S_s [(C_{11}\Phi_I + C_{12}\Phi_J + C_{13}\Phi_K)(C_{31}\Phi_I + C_{32}\Phi_J + C_{33}\Phi_K)] \mathrm{d}x\mathrm{d}y \tag{1-54}$$

根据式(1-31)~式(1-33),在粗网格单元 $\triangle_{ijk}$ 上 P_{ii} 的表达式为

$$\begin{aligned} P_{ii} &= \iint\limits_{\triangle_{ijk}} S_s [(C_{11}\Phi_I + C_{12}\Phi_J + C_{13}\Phi_K)(C_{11}\Phi_I + C_{12}\Phi_J + C_{13}\Phi_K)] \mathrm{d}x\mathrm{d}y \\ &= \sum_{l=1}^{\zeta} \iint\limits_{\triangle_l} S_s [C_{11}(\Phi_I(a)N_a + \Phi_I(b)N_b + \Phi_I(c)N_c) + C_{12}(\Phi_J(a)N_a + \\ &\quad \Phi_J(b)N_b + \Phi_J(c)N_c) + C_{13}(\Phi_K(a)N_a + \Phi_K(b)N_b + \Phi_K(c)N_c)]^2 \mathrm{d}x\mathrm{d}y \end{aligned} \tag{1-55}$$

在粗网格单元 $\triangle_l$ 上,线性基函数 N_a、N_b、N_c 相互之间乘积的积分为

$$\iint\limits_{\triangle_l} N_a N_a \mathrm{d}x\mathrm{d}y = \frac{S_{\triangle_l}}{6} \tag{1-56}$$

$$\iint\limits_{\triangle_l} N_a N_b \mathrm{d}x\mathrm{d}y = \iint\limits_{\triangle_l} N_b N_a \mathrm{d}x\mathrm{d}y = \frac{S_{\triangle_l}}{12} \tag{1-57}$$

$$\iint\limits_{\triangle_l} N_a N_c \mathrm{d}x\mathrm{d}y = \iint\limits_{\triangle_l} N_c N_a \mathrm{d}x\mathrm{d}y = \frac{S_{\triangle_l}}{12} \tag{1-58}$$

式中:$S_{\triangle_l}$ 为三角单元 $\triangle_l$ 的面积。

将式(1-56)~式(1-58)代入式(1-55)可得

$$\begin{aligned} P_i i &= \iint\limits_{\triangle_{ijk}} S_s [(C_{11}\Phi_I + C_{12}\Phi_J + C_{13}\Phi_K)(C_{11}\Phi_I + C_{12}\Phi_J + C_{13}\Phi_K)] \mathrm{d}x\mathrm{d}y \\ &= \sum_{l=1}^{\zeta} \iint\limits_{\triangle_l} S_s \Big[\frac{S_{\triangle_l}}{6}(C_{11}\Phi_I(a) + C_{12}\Phi_J(a) + C_{13}\Phi_K(a))^2 + \end{aligned}$$

$$\begin{aligned}
&\frac{S_{\triangle_l}}{12}(C_{11}\Phi_I(a)+C_{12}\Phi_J(a)+C_{13}\Phi_K(a))(C_{11}\Phi_I(b)+C_{12}\Phi_J(b)+C_{13}\Phi_K(b))+\\
&\frac{S_{\triangle_l}}{12}(C_{11}\Phi_I(a)+C_{12}\Phi_J(a)+C_{13}\Phi_K(a))(C_{11}\Phi_I(c)+C_{12}\Phi_J(c)+C_{13}\Phi_K(c))+\\
&\frac{S_{\triangle_l}}{12}(C_{11}\Phi_I(b)+C_{12}\Phi_J(b)+C_{13}\Phi_K(b))(C_{11}\Phi_I(a)+C_{12}\Phi_J(a)+C_{13}\Phi_K(a))+\\
&\frac{S_{\triangle_l}}{6}(C_{11}\Phi_I(b)+C_{12}\Phi_J(b)+C_{13}\Phi_K(b))^2+\frac{S_{\triangle_l}}{12}(C_{11}\Phi_I(b)+C_{12}\Phi_J(b)+\\
&C_{13}\Phi_K(b))(C_{11}\Phi_I(c)+C_{12}\Phi_J(c)+C_{13}\Phi_K(c))+\frac{S_{\triangle_l}}{12}(C_{11}\Phi_I(c)+C_{12}\Phi_J(c)+\\
&C_{13}\Phi_K(c))(C_{11}\Phi_I(a)+C_{12}\Phi_J(a)+C_{13}\Phi_K(a))+\frac{S_{\triangle_l}}{12}(C_{11}\Phi_I(c)+\\
&C_{12}\Phi_J(c)+C_{13}\Phi_K(c))(C_{11}\Phi_I(b)+C_{12}\Phi_J(b)+C_{13}\Phi_K(b))+\\
&\frac{S_{\triangle_l}}{6}(C_{11}\Phi_I(c)+C_{12}\Phi_J(c)+C_{13}\Phi_K(c))^2\Big]\mathrm{d}x\mathrm{d}y
\end{aligned} \qquad (1\text{-}59)$$

其余系数 P 的表达式和 P_{ii} 类似。此外,式(1-51)右端项系数 F 的表达式和式(1-39)相同。

令 $\boldsymbol{A}=[B]$,$\boldsymbol{H}=[H_i,H_j,H_k]^T$,$\boldsymbol{P}=[P]$,$\dfrac{\mathrm{d}\boldsymbol{H}}{\mathrm{d}t}=\left[\dfrac{\partial H_i}{\partial t},\dfrac{\partial H_j}{\partial t},\dfrac{\partial H_k}{\partial t}\right]^T$,$\boldsymbol{F}=[F_i,F_j,F_k]^T$,方程组(151)可以被写为

$$\boldsymbol{AH}+\boldsymbol{P}\frac{\mathrm{d}\boldsymbol{H}}{\mathrm{d}t}=\boldsymbol{F} \qquad (1\text{-}60)$$

将研究区所有粗网格单元上的单元方程组式(1-60)叠加,可以得到研究区上的总方程组。通过求解总方程组可以得到各时段各个节点上的水头。上述流程为含超样本技术的基本公式,若无需使用超样本技术,则在上述公式中无需将基函数进行超样本展开。此外,当主方向 x、y 的渗透系数 K_x、K_y 不相等时,仅需将上述公式中与 x、y 方向的有关项中的渗透系数 K 分别写成 K_x、K_y 即可。

1.3.8 多尺度有限单元法的系数矩阵存储方式

采用 MSFEM 求解地下水流问题时,得到的总刚度矩阵的阶数很高。如果研究区域很大,计算数据的存储会占用大量的计算机内存,需要大型计算机、计算集群等比较昂贵的计算硬件的支持。例如,设某研究区共有 3 000 个未知数,则总单元刚度矩阵具有 3 000×3 000 = 9 000 000 个元素,会占用很多的存储空间。即使系数矩阵是对称的,只需要存储一半,仍然需要较大空间。因此,本节将介绍一种压缩存储方式,可以高效存储 MSFEM 总方程的系数矩阵。

设 MSFEM 的总方程的系数矩阵为 A,其具有如下几点性质:

(1)高度的稀疏性。应用 MSFEM 求解地下水问题时,系数矩阵 A 常常具有非常高的阶数。然而 A 中的元素基本为零。这是因为在多尺度粗网格尺度中,一个节点仅仅相关几个节点。因此,A 中每行的非零元素个数有限,其余均为零元素。对于一般二维平面问题,A 一行中非零元素的个数不到矩阵阶数的 10%。因此,可以利用矩阵的稀疏性,尽可能地在存储时把零元素排除掉。

(2)对称性。根据变分原理,MSFEM 形成的系数矩阵是对称的。因此,在求解时只需上半或者下半矩阵,另一半矩阵可以通过对称性得到。

(3)非零元素分布的规则性。只要节点编号选择恰当,可以令系数矩阵 A 中的非零元素的分布具有规律。在一般情况下,可以令非零元素在系数矩阵的对角线附近呈带状分布。

根据以上性质,MSFEM 的系数矩阵可以应用变带宽存储技术。所谓带宽是指在系数矩阵每行中,从第一个非零元素起,到对角线为止的元素个数。记第 i 行的带宽符号为 $n[i]$,矩阵的阶数为 n,则

$$n[i] \leqslant n \tag{1-61}$$

矩阵 A 中各行元素的总和

$$MR = \sum_{1}^{n} n[i] \tag{1-62}$$

变带宽存储矩阵使用数组 $G[MR]$ 存储系数中的非零元素,此时仅仅存储整个矩阵 A 的下半部分(包括对角线)。将每行的元素按顺序存储至 $G[MR]$ 中,每行实际只存储从左边第一个非零元素起到对角线为止的所有元素。逐行累加对所有元素编号后,应用 $M[i]$ 表示每行最后一个元素(即对角线元素)的编号。一般的,$M[0] = 0$。第 i 行的元素共有 $n[i]$ 个,即

$$M[i-1]+1, M[i-1]+2, \cdots, M[i-1]+n[i] = M[i] \tag{1-63}$$

然而,仅仅解决编号问题是不够的,还必须将系数矩阵 A 中的元素和 G 中的元素一一对应。设 a_{ij} 为系数矩阵 A 中的一个元素,位于第 i 行第 j 列,编号为 m,则

$$M[i-1] < m < M[i] \tag{1-64}$$

元素 a_{ij} 和 a_{ii} 之间具有 $i-j$ 个元素,即

$$m+i-j = M[i] \tag{1-65}$$

则列号 j 的表达式

$$j = m + i - M[i] \tag{1-66}$$

编号 m 的表达式为

$$m = \sum_{p=1}^{i} n[p] - (i-j) \tag{1-67}$$

反之，知道编号 m 和 $M[i]$ 也可以知道元素 a_{ij} 的行号和列号。因此，变带宽存储实际是通过两个矩阵存储系数矩阵的，一个负责存储带宽元素，一个负责存储带宽。本书中所有的数值方法均使用了带宽存储技术，可以节约大量存储成本。

1.3.9 多尺度有限单元法的代数方程组解法

前面几节可以看出，应用 MSFEM 求解地下水流问题最终一般归结为求解具有对称正定系数矩阵的方程组[5]。根据林成森的《数值计算方法》[168-169]，线性方程组的求解方法主要分为直接法和迭代法。本节将介绍若干属于这两类方法的线性方程组的解法。

设需要求解的方程组为

$$\boldsymbol{AH} = \boldsymbol{F} \tag{1-68}$$

式中：$\boldsymbol{A} = [a_{ij}]$ 为对称正定矩阵，$\boldsymbol{H}$ 为由 n 个未知量组成的未知矢量，$\boldsymbol{F}$ 为已知的右端矢量。$\boldsymbol{A}$ 是非奇异的，方程组(1-68)具有唯一解。

记方程组(1-68)的增广矩阵为

$$[\boldsymbol{A}, \boldsymbol{F}] \tag{1-69}$$

方程组(1-69)和(1-68)是相互对应的。

1.3.9.1 直接高斯消去法

对线性方程组作以下变换：

（1）交换方程组中任意两个方程的顺序；

（2）方程组中任意一个方程乘以某一个非零数；

（3）方程组中任意一个方程减去某倍数的另一个方程获得的新方程组均与原方程是等价的。

高斯消去法的主要原理就是反复应用以上运算，将原方程化为上三角形式然后会逐一求解。对于一般的 $n \times n$ 阶线性方程组，高斯消去法的主要步骤是：

第一步：设 $a_{11} \neq 0$，将增广矩阵式(1-69)的第一列元素 a_{21}、a_{31}，$\cdots$，a_{n1} 消为零。记经过第一步消元的矩阵为 $\boldsymbol{A}^1 = [a_{ij}^1]$。

第二步：设 $a_{k-1,k-1} \neq 0$，将增广矩阵式(1-69)的第二列元素消为零。记经过第二步消元的矩阵为 $\boldsymbol{A}^{k-1} = [a_{ij}^{k-1}]$。

第三步：仿造此继续消元，直到 $a_{kk}^{k-1} = 0, k \geqslant 2$。

若 $a_{kk}^{k-1} = 0$，则与它同列的元素 $a_{k+1,k}^{k-1}, a_{k+2,k}^{k-1}, \cdots, a_{n,k}^{k-1}$ 中至少有一个元素 $a_{r,k}^{k-1}$ 为零。否则系数 A 是奇异的。这样交换第 k 行和第 r 行，然后重复第二步。

第四步，在反复进行第二步和第三步后可以将系数矩阵 A 化为一个上三角矩阵，通过求解这个上三角矩阵就能够得到方程组的解

$$x_k = \frac{(b_k^{k-1} - \sum_{j=k+1}^{n} a_{k,j}^{k-1} x_j)}{a_{kk}^{k-1}}, k = n, n-1, \cdots, 1 \tag{1-70}$$

应用高斯消去法求解一个 n 阶线性方程组总共需要进行的程序法运算次数为

$$\frac{1}{3}n^3 + n^2 - \frac{1}{3}n \tag{1-71}$$

1.3.9.2 直接三角分解法

根据高斯消去法，可以将系数矩阵 A 化为上三角形式。设高斯消去法中由上节中的变换（1）、（2）、（3）组成的变换矩阵为 $\boldsymbol{L}$，则

$$\boldsymbol{A} = \boldsymbol{L}\boldsymbol{U} \tag{1-72}$$

根据林成森的《数值计算方法》[168-169]，矩阵 $\boldsymbol{L}$ 是一个下三角矩阵。

则方程组(1-68)可以被写为

$$\boldsymbol{L}\boldsymbol{U}\boldsymbol{H} = \boldsymbol{F} \tag{1-73}$$

求解方程组(1-68)等价于求解下面两个方程组

$$\boldsymbol{L}\boldsymbol{Y} = \boldsymbol{F} \tag{1-74}$$

和

$$\boldsymbol{U}\boldsymbol{H} = \boldsymbol{Y} \tag{1-75}$$

在地下水流问题中，MSFEM 得到的系数矩阵 $\boldsymbol{A}$ 是实对称正定的，因此 $\boldsymbol{A}$ 一定可以被分解为

$$\boldsymbol{A} = \boldsymbol{L}\boldsymbol{L}^T \tag{1-76}$$

式中：$\boldsymbol{L}$ 为非奇异的下三角矩阵，$\boldsymbol{L}^T$ 为 $\boldsymbol{L}$ 的转置，并且当 $\boldsymbol{L}$ 的主对角元均为正数时，这种分解方式是唯一的。式(1-76)这种分解方式称为 Cholesky 分解法，能

够快速分解对称正定矩阵。下面将介绍如何确定矩阵 $\boldsymbol{L}$ 中的元素。

由于式(1-76)中 $\boldsymbol{L}$ 的元素和 $\boldsymbol{L}^T$ 中的元素相等,可以得到

$$\sum_{k=1}^{j} l_{ik} l_{jk} = a_{ij}, i > j \tag{1-77}$$

和

$$\sum_{k=1}^{i} l_{ik} l_{ik} = a_{ii} \tag{1-78}$$

即

$$\sum_{k=1}^{j-1} l_{ik} l_{jk} + l_{ij} l_{jj} = a_{ij}, i > j \tag{1-79}$$

以及

$$\sum_{k=1}^{i-1} l_{ik} l_{ik} + l_{ii} l_{ii} = a_{ii} \tag{1-80}$$

从而可以得到元素 l_{ij} 的表达式

$$i = j, l_{ij} = (a_{ii} - \sum_{k=1}^{i-1} l_{ik} l_{ik})^{\frac{1}{2}}$$

$$i > j, l_{ij} = \frac{a_{ij} - \sum_{k=1}^{j-1} l_{ik} l_{jk}}{l_{jj}}$$

$$i = j, l_{ij} = 0 \tag{1-81}$$

在本书中,MSFEM 及有限单元法的系数矩阵均是使用 Cholesky 分解法求解的,下面将简介编写 Cholesky 分解法程序的步骤

步骤一:输入系数矩阵 $\boldsymbol{A}$ 的阶数 n,以及所有元素

步骤二: $l_{11} = \sqrt{a_{11}}, a_{11} = l_{11}$

步骤三:对行 $i = 2, \cdots, n$,逐行进行

$$l_{i1} = \frac{a_{i1}}{l_{11}}, a_{i1} = l_{i1}$$

步骤四:对列 $j = 2, \cdots, n$,逐列进行步骤五、六

步骤五: $l_{jj} = (a_{jj} - \sum_{k=1}^{j-1} l_{jk} l_{jk})^{\frac{1}{2}}, a_{jj} = l_{jj}$

步骤六:对行 $i = j + 1, \cdots, n$,逐行进行

$$l_{ij} = \frac{(a_{ij} - \sum_{k=1}^{j-1} l_{ik} l_{jk})}{a_{jj}}, a_{ij} = l_{ij}$$

步骤七：$l_{nn} = (a_{nn} - \sum_{k=1}^{n-1} l_{nk} l_{nk})^{\frac{1}{2}}, a_{nn} = l_{nn}$

步骤八：输出 a_{ij}

此时，系数矩阵 A 已经分解完毕，然后可以根据式(1-74)、(1-75)求得水头。

关于 Y 和 H 求解公式分别为

$$Y_i = \frac{f_i - \sum_{k=1}^{i-1} l_{ik} Y_k}{l_{ii}}, i = 1, 2, \cdots, n \tag{1-82}$$

和

$$H_i = \frac{Y_i - \sum_{k=i+1}^{n} l_{ki} Y_k}{l_{ii}}, i = n, n-1, \cdots, 1 \tag{1-83}$$

1.3.9.3　Jacobi 迭代法

在地下水流问题中，MSFEM 得到的系数矩阵 A 是实对称正定的。因此，系数矩阵 A 是非奇异的，且主对角元素 $a_{ii} \neq 0$ 可以分解为

$$A = D - (D - A) \tag{1-84}$$

式中：$D = \text{diag}(a_{11}, a_{12}, \cdots, a_{nn})$。于是方程组(1-68)可以写成

$$DH = (D - A)H + F \tag{1-85}$$

即

$$H = (I - D^{-1}A)H + D^{-1}F \tag{1-86}$$

令

$$B = I - D^{-1}A, g = D^{-1}F \tag{1-87}$$

则式(1-86)可以被写成

$$H = BH + g \tag{1-88}$$

这样，可以得到 Jacobi 迭代法的线性迭代公式

$$H_k = BH_{k-1} + g, k = 1, 2, \cdots \tag{1-89}$$

在应用Jacobi迭代法求解方程组时，需要事先设定允许误差或最大迭代次数。然后，反复应用迭代公式(1-89)，直到水头的误差达到允许误差或者迭代次数达到设定的上限。

1.3.9.4　Gauss-Seidel迭代法

Gauss-Seidel迭代法也是一种用于求解线性方程组的迭代方法，其迭代次数比Jacobi迭代法稍快。首先，高斯迭代法需要将系数矩阵A分解为

$$A = D(I-L) - DU \tag{1-90}$$

式中：$D= \text{diag}(a_{11},a_{12},\cdots,a_{nn})$。$L$为$(I-D^{-1}A)$的左下半的三角矩阵，$U$为$I-D^{-1}A$的右上半的三角矩阵[1-69]。

根据式(1-87)，有

$$B = L+U \tag{1-91}$$

于是方程组(1-68)可以写成

$$D(I-L)H = DUH + F \tag{1-92}$$

即

$$H = (I-L)^{-1}UH + (I-L)^{-1}D^{-1}F \tag{1-93}$$

这样，可以得到高斯迭代法的线性迭代公式

$$H_k = (I-L)^{-1}UH_{k-1} + (I-L)^{-1}D^{-1}F, k=1,2,\cdots \tag{1-94}$$

即

$$H_k = LH_k + UH_{k-1} + D^{-1}F, k=1,2,\cdots \tag{1-95}$$

从而，可以很容易得到高斯迭代法计算H_k每个分量的公式

$$H_i^{(k)} = \frac{1}{a_{ii}}(b_i - \sum_{j=1}^{i-1} a_{ij} H_j^{(k)} - \sum_{j=i+1}^{n} a_{ij} H_j^{(k-1)}) \tag{1-96}$$

和应用Jacobi迭代法求解方程组时一样，高斯迭代法需要事先设定允许误差或最大迭代次数。然后，反复应用迭代公式(1-94)，直到水头的误差达到允许误差或者迭代次数达到设定的上限。

第 2 章

模拟地下水流问题的新型多尺度有限单元法

2.1 概述

如前所述,数值模拟是合理开发地下水资源、定量分析地下水资源变化趋势的重要手段,对于实际非均质地下水流问题具有重要意义。MSFEM 可以通过在粗网格单元上求解退化的椭圆型问题来构造基函数,从而抓住研究区域的细尺度信息以有效处理地下水含水介质的非均质性。许多研究工作已经证明了它在模拟地下水水流问题时的准确性和较有限单元法的优越性[99,170]。

大尺度地下水问题模拟成本很高,对算法和计算硬件有非常高的要求,如中国[6]、墨西哥[7]等地区的地面沉降问题、长期的地下水水污染预测问题[8]、非线性问题地下水潜水流问题[9]等。虽然 MSFEM 在解此类问题时比有限元等传统方法更高效,但仍需较高的消耗用于构造基函数。随着经济的快速发展,研究者对地下水问题的时空尺度和模拟精度要求不断增加,基函数高额的构造成本会对大尺度地下水流问题数值模拟会产生极大的阻碍,一定程度限制了 MSFEM 的应用空间。虽然并行技术等先进计算机技术能够缓解计算压力,但使用过程复杂且存在限制:共享内存多处理器技术硬件需求昂贵,计算集群计算技术则受带宽的限制。因此,必须研究高效的基函数构造算法,从根本上解决大尺度地下水模拟中的高额基函数构造成本问题。

目前,国内外关于 MSFEM 基函数算法的研究主要集中在提高解的精度方面:Hou 等(1977)提出应用超样本技术[10]构造基函数降低谐振误差;Efendiev 等(2006)应用初始水头构造的基函数全局边界能获得比振荡边界更高的精度[100]。然而,基函数构造效率的研究还处于初级阶段。Hou 等的研究表明基函数的构造成本跟构造方程组的阶数成正比[10],因而降低基函数构造方程组的阶数将能有效降低基函数的构造消耗。同时,尺度提升技术能将高阶问题转化为粗尺度上的低阶问题,从而降低解方程的计算消耗,相关方法有 MSFEM[10]、

Upscaling 法[73-74]、区域分解法[171]等。因此,当基函数构造方程组阶数较高时,采用提升尺度技术构造基函数也是一个有效方法。

本章介绍的两种解地下水流问题的新型多尺度有限单元法分别对应于上述思路。一种是改进多尺度有限单元法(MMSFEM)[101],设计了一种放射状的 MSFEM 的粗网格剖分以减少基函数内点数,能够显著降低基函数的构造方程组的阶数。另一种是三重网格多尺度有限单元法(ETMSFEM)[130],在构造基函数时融入了区域分解法进行尺度提升,可以提高基函数的构造效率。数值实验结果表明:两种方法均能显著降低基函数的构造消耗,进一步提高 MSFEM 的计算效率。

2.2 改进多尺度有限单元法

2.2.1 算法简介

MMSFEM 和 MSFEM 的主要区别在于粗网格单元的细分方法。一方面与传统的细分方法不同,MMSFEM 细分是放射状的,因而仅需要较少的内部节点即可获得与传统细分方式相同数量的细网格单元。通过这种新型的放射状细剖分方式,MMSFEM 能够显著降低构造基函数时所需求解的退化椭圆问题的方程组阶数,从而节约大量的基函数构造成本。另一方面,在以往的研究工作中,科学工作者已经证明了基函数的边界条件的准确度能够显著影响 MSFEM 的精度。因而,MMSFEM 的放射状细剖分方法使用更多的边界节点来捕捉边界上的细尺度信息,以确保基函数的准确性,由于边界上的基函数值可以通过线性插值或者解一维的椭圆型问题(即振荡的基函数边界条件)获得,计算消耗很低,几乎可以忽略。此外,MMSFEM 还能够采用 Hou 和 Wu(1997)[10]提出的超样本方法消除物理尺度和网格尺度之间的共振误差,进一步地提高计算精度。

本节将详细阐述 MMSFEM 的基本原理,再应用参数连续、渐变、突变的二维地下水稳定流和非稳定流问题,二维潜水流问题、具有多尺度系数的二维地下水稳定流问题对其进行数值模拟检验。结果表明:在相同条件下,MMSFEM 的精度与 MSFEM 十分相近,但所需的 CPU 时间仅为 MSFEM 的 10%。在使用超样本技术后,MMSFEM 的精度会超过精细剖分的有限元法。

2.2.2 改进多尺度有限单元法的粗网格单元剖分方法

MMSFEM 的研究区剖分方法和 MSFEM 相同,但具有不同的粗网格单元的剖分方法。MSFEM 的粗网格单元采用传统规则剖分方法(图 2-1)。当粗网格单元需要精细剖分时,该剖分方法需要大量内点。由于粗网格单元内点数即为基函数构造方程组的未知项数,故较高的内点数会导致构造方程组的矩阵阶数升高,降低计算效率。和传统细剖分方法相比,MMSFEM 采用了放射状的粗网格单元剖分方法,能够用更少的内点个数将粗网格单元剖分为同样数目的细网格单元,能够在不降低基函数所能提取的细尺度信息的条件下显著减少内点数目。因此,放射状的粗网格单元剖分方法可以节约大量计算成本,提高基函数的构造效率。例如,同样将粗网格单元分成 25 个细单元,MSFEM 需要 6 个内部节点(图 2-1),而 MMSFEM 只需要 3 个内部节点(图 2-2)。因此,在构造基函数时,MMSFEM 所需求解的退化椭圆型问题的方程组阶数也会从 6×6 降低为 3×3,可以节约大量计算消耗。如,若应用高斯消去法解 6×6、3×3 方程组,根据式(1-71)可知解方程组所需运算次数分别为 106 和 17。

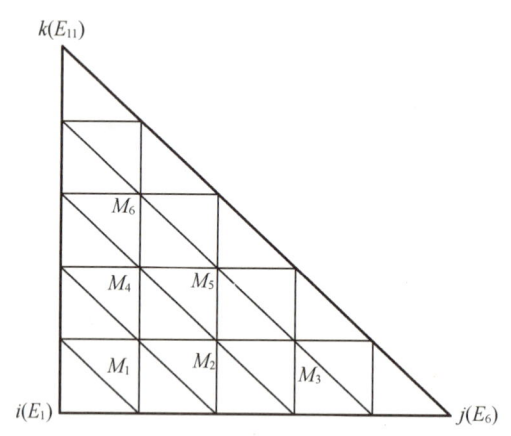

图 2-1　MSFEM 粗网格单元常规剖分示意图

(细网格单元个数为 25)

设粗网格单元为三角形,下面介绍 MMSFEM 的放射状粗网格剖分方法的流程。1) 根据粗网格所需被剖分的细单元数(γ)、问题的需求精度、渗透系数分布等情况,设 MMSFEM 的粗网格单元需要 p 个内部节点,记为 M_1、M_2、…、M_p,记 MMSFEM-p 为具有 p 个内部节点的 MMSFEM。然后,确定内部节点的位置,一般情况下内点在粗网格单元内部均匀分布。2) 根据所需要剖分的细网格单元数目,将粗网格单元的边界分成 m 等份。3) 连接各内点和与其最靠近的边界节点,形成放射状的粗网格剖分。例如,图 2-3 是 MMSFEM-1 粗网格单元细剖分示意图,其中内点 M_1 的横、竖坐标分别为 $x_{M_1}=(x_i+x_j+x_k)/3$,$y_{M_1}=(y_i+y_j+y_k)/3$,粗网格单元每边被分为 9 份,共 27 个细网格单元,也就是 $p=1$,$m=9$,$\gamma=3\times m=27$。图 2-2 是 MMSFEM-3 的粗网格单元细剖分示意图,其中三个内点的坐标为 $M_1(x,y)=(x_i+(x_j-x_i)/3,y_i+(y_k-y_i)/3)$;$M_2(x,y)=(x_i+(x_j-x_i)/2,y_i+(y_k-y_i)/3)$;$M_3(x,y)=(x_i+(x_j-x_i)/3,y_i+(y_k-y_i)/2)$,粗网格单元每边被分为 7 份,共 25 个细网格单元,即 $p=3$,

$m=7, \gamma=3\times m+4=25$。需要指出的是:虽然在图 2-2 和图 2-3 中使用了均匀分布的内部节点,但实际内部节点的数量和位置可以根据渗透系数、粗网格单元和细单元的形状、计算效率等因素来决定。

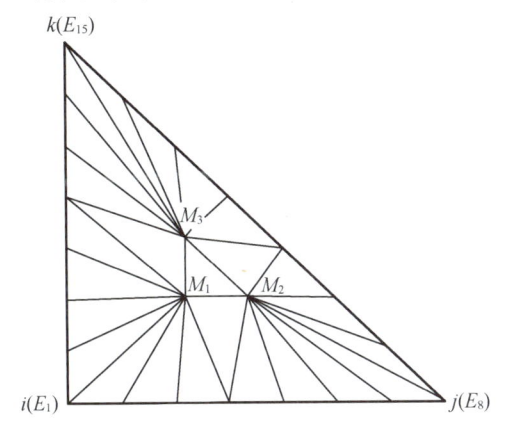

图 2-2　MMSFEM-3 粗网格单元细分示意图

(细网格单元个数为 25)

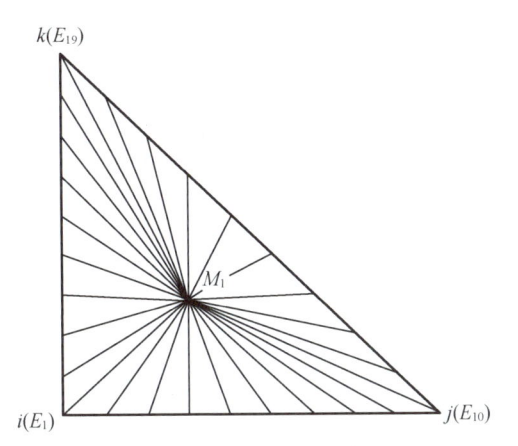

图 2-3　MMSFEM-1 粗网格单元细分示意图

(细网格单元个数为 27)

2.2.3　改进多尺度有限单元法的基函数构造方法

与 MSFEM 相似,MMSFEM 的基函数是通过求解退化的椭圆型问题来构造的,它可以抓住解的粗尺度特性。MMSFEM 的基函数构造过程与 MSFEM 基本一致,即在粗网格单元上考虑式(1-1),对其进行伽辽金变分为式(1-2),再代入基函数的展开式(1-3),联立基函数的边界条件 (1.3.4 节),即可获得基函数的构造方程组(1-9),具体可以参见 1.3.3 节。MMSFEM 与 MSFEM 的主要区别是,由于采用了新的粗网格单元细分,MMSFEM 形成的基函数构造方程组(1-9)的阶数极低,显著降低了基函数的构造成本。如,在图 2-3 的剖分下,MMSFEM 只需求解一个 1×1 的方程来获得基函数;而在图 2-2 的剖分下,MMSFEM 只需求解一个 3×3 方程组即可。

在获得基函数值后,MMSFEM 可以利用 1.3.6 节和 1.3.7 节的公式来处理地下水稳定流和非稳定流问题,而 MMSFEM 的水头细尺度解则可以通过式(1-20)获得。

2.2.4　应用改进多尺度有限单元法模拟地下水流问题

为了检验 MMSFEM 的有效性,本小节应用 MMSFEM 模拟了多种不同情况下地下水流问题的数值算例,并和传统有限元法、MSFEM 进行了比较。结果显示 MMSFEM 适用于以下情况:具有连续参数的二维地下水稳定流问题;具有渐变参数地下水稳定流和非稳定流问题;具有突变参数的地下水稳定流和非稳定流问题;具有非线性参数的地下水潜水稳定流问题(boussinesq 方程)以及具有多尺度变化参数的地下水稳定流问题。本节各方法的程序都是用 C++ 编写的,没有采用并行计算,并采用相同的代数方程组的求解方法;所有程序在同一台电脑上运行,以保证其 CPU 时间的可比较性。同时,为了展示基函数多次构造时所需的计算消耗,本书的非稳定流算例中的 MSFEM 和其他多尺度方法均在每时间步构造了基函数。在实际应用时,若基函数构造相关参数与边界条件不随时间变化,各多尺数方法仅需在首个时间步构造一次基函数。结果显示:MMSFEM 与 MSFEM 的精度相近,但其需要的 CPU 时间更少,表明 MMSFEM 具有更高的计算效率。MMSFEM 能够使用式(1-20)获得的水头细尺度解,且具有较高精度。

本节使用以下简写符号:采用线性基函数的有限元法(LFEM);精细剖分的 LFEM(LFEM-F);采用线性基函数边界条件的 MSFEM(MSFEM-L);采用振荡基函数边界条件的 MSFEM(MSFEM-O);采用超样本方法的 MSFEM-O(MSFEM-os-O);在粗网格单元细分中使用 p 个内部节点的 MMSFEM(MMSFEM-p);采用线性基函数边界条件的 MMSFEM-p(MMSFEM-p-L);采用振荡基函数边界条件的 MMSFEM-p(MMSFEM-p-O);采用超样本方法的 MMSFEM-p-O(MMSFEM-p-os-O)。

2.2.4.1　具有连续变化参数的二维地下水稳定流问题

情形一:

二维地下水稳定流由椭圆型方程式(1-15)描述,研究区 $\Omega = [50, 150 \text{ m}] \times [50, 150 \text{ m}]$,渗透系数 $K(x,y) = x^2$,$W = 0$。同时,本情形具有解析解 $H = x^2 - 3y^2$。研究区四边的第一类边界条件由解析解设定,即 $g(x,y) = x^2 - 3y^2$。

本情形将测试基函数的振荡边界条件、超样本等技术是否能够有效作用于

MMSFEM 以提升水头精度。LFEM-F 将研究区剖分为 1 800 个三角形单元，其他方法将研究区剖分为 200 个三角形单元。为了保证 MSFEM 和 MMSFEM 的基函数具有相同的边界条件，MSFEM 和 MMSFEM 均将粗网格单元边界剖分为 3 等份，即 MSFEM 和 MMSFEM 均将每个粗网格单元剖分为 9 个三角形细网格单元。本例中 MMSFEM-1-os-O 的超样本单元为粗网格单元的 1.01 倍。

图 2-4 在截面 $y=100$ m 处将上述方法所获的水头值的绝对误差进行了比较。图 2-4 显示 LFEM 具有最大的误差；MSFEM-L 和 MMSFEM-1-L 的结果十分接近，且它们的精度均高于 LFEM；MMSFEM-1-O、MSFEM-O 和 LFEM-F 的精度相近，且都高于 MSFEM-L 和 MMSFEM-1-L，显示 MMSFEM、MSFEM 的基函数使用振荡边界条件能够提高解的精度；MMSFEM-1-os-O 获得了最精确的结果。与 Hou 和 Wu（1997）[10] 以及 Ye 等（2004）[153] 工作中的结果相似，MMSFEM-1-os-O 的解比 LFEM-F 更精确，显示超样本技术能够有效提升 MMSFEM 的计算精度，能够令其在一定程度上替代 LFEM-F。由于 MSFEM 和 MMSFEM 的剖分都较粗，故它们使用的 CPU 时间均在 1 s 以内。因此，在剖分份数较粗时，MMSFEM 计算效率的优势并不能很好地展现。

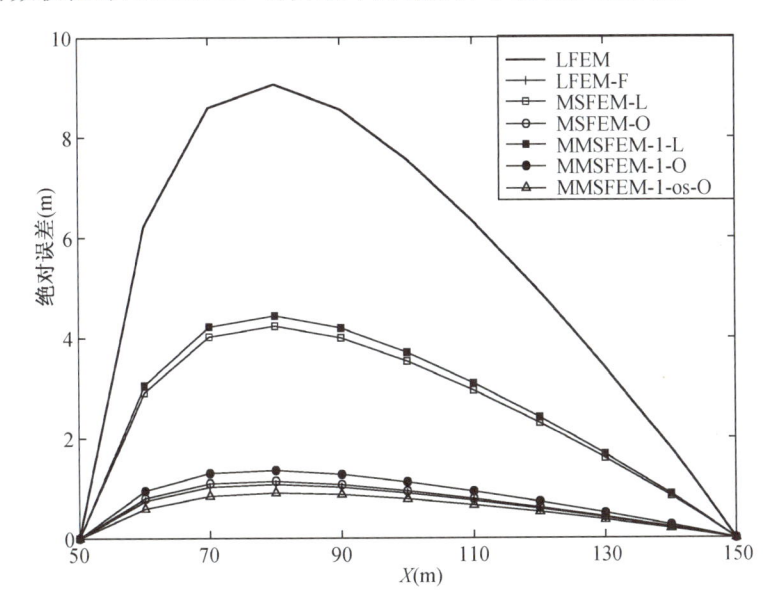

图 2-4 情形一的各数值法在截面 $y=100$ m 处的水头绝对误差

情形二：

本情形是为了测试 MMSFEM 在地下水问题在具有源汇项和非均质性较强的渗透系数时，是否能够获得精确的粗、细尺度水头值。本例由式（1-15）描述，其中 $\Omega=[0,1\text{ m}]\times[0,1\text{ m}]$，渗透系数 $K(x,y)=\dfrac{1}{2+P\sin[\pi(x+y)]}$，本算例研究区四边的第一类边界条件为0,源汇项 W 由解析解 $H = xy(1-x)(1-y)$ 代入式(1-15)的控制方程确定。

令 $P = 1.99$,即 $\max K/\min K = 800$。如图 2-2(MMSFEM-3)和图 2-1(MSFEM)所示,MMSFEM-3 和 MSFEM 将研究区域 Ω 离散成 800 个三角形粗网格单元,再将每个粗网格单元细分成 25 个细网格单元。与情形一类似,当基函数采用线性或振荡边界条件时,MMSFEM-3 解的精度与 MSFEM 几乎相同,MMSFEM-3-os-O 精度最高。在此情形下,MMSFEM-3 的 CPU 时间不到 MSFEM 的 4.8%,MMSFEM-3-os-O 的 CPU 时间不到 MSFEM 的 9.6%。和情形一相比,本例的 MMSFEM 与 MSFEM 的 CPU 时间的差距有所上升,这是因为两种方法使用了更密的剖分。虽然本例的剖分并不精细,但 MMSFEM 已经显示了其比 MSFEM 具有更高的计算效率。

在求解粗尺度水头后,MMSFEM-3-L 可以利用得到的粗尺度解和基函数,通过式(1-20)获得细尺度水头值。本情形将应用 MMSFEM-3-L 的基函数分别结合 MMSFEM-3-L 的水头和解析解水头代入式(1-20)以获得水头的细尺度解,以测试 MMSFEM-3-L 的细尺度水头的精度并探索误差的主要来源。取示例粗网格单元 $\triangle_{ijk}$,其顶点分别为 $V_i(0.45\ \text{m}, 0.5\ \text{m})$、$V_j(0.4\ \text{m}, 0.5\ \text{m})$、$V_k(0.45\ \text{m}, 0.55\ \text{m})$。记由应用 MMSFEM-3-L 的粗尺度水头求解得到的细尺度水头为"细水头1",记由应用解析解水头求解得到的细尺度水头为"细水头2"。表 2-1 展示了细水头 1、2 在 $\triangle_{ijk}$ 的内点 $M_1(0.466\ 7\ \text{m}, 0.516\ 7\ \text{m})$、$M_2(0.475\ \text{m}, 0.516\ 7\ \text{m})$、$M_3(0.466\ 7\ \text{m}, 0.525\ \text{m})$ 上的值。从表中可以看出,细水头 1 的误差非常小。这是由于细水头 1 是通过解析解水头和 MMSFEM-3-L 基函数获得的,去除了粗尺度水头引起的误差,仅包含了基函数和公式本身的误差。因此,高精度的细水头 1 也说明了 MMSFEM-3-L 构造的基函数的精度较高。另一方面,虽然细水头 2 的精度略低于细水头 1,但两者相差不大。由此,可知 MMSFEM-3-L 的粗尺度水头引入的误差值很小,MMSFEM-3-L 能够通过式(1-20)较精确地获得水头的细尺度解。

表 2-1　各方法的粗网格单元内部节点的细尺度水头值

节点	解析解(m)	细水头 1(m)	细水头 2(m)
M_1	0.062 15	0.062 13	0.062 06
M_2	0.062 27	0.062 28	0.062 26
M_3	0.062 07	0.062 07	0.062 06

2.2.4.2　具有渐变参数的二维地下水稳定流问题

世界上大部分城镇多位于冲积平原上,在这些城市的周围经常会有农业灌溉需求[172]，对于冲积平原的研究具有重要意义。本例来源于 Ye 等在 2004 年的工作[153]，是基于山前冲积平原的算例。控制方程如式(1-15)所示，研究区域 $\Omega = [0,10\text{ km}] \times [0,10\text{ km}]$，源汇项 $W=0$。研究区左右边界为定水头边界，水头值分别为 10 m 和 0 m，上下边界为隔水边界。渗透系数从左到右，从 1 m/d 逐渐变化到 251 m/d，即 $K(x,y) = \dfrac{40+x}{40}\text{m/d}$。

LFEM-F 将研究区域 Ω 被划分为 125 000 个三角形单元，LFEM、MSFEM-L、MSFEM-O、MMSFEM-3-L 和 MMSFEM-3-O 将研究区域划分为 1 250 个单元。MSFEM 和 MMSFEM 的基函数的边界条件相同，所有粗网格单元的每条边均被划分为 7 等份，则 MSFEM、MMSFEM-3 分别将每一粗网格单元划分为 49 个、25 个三角形细网格单元。由于本例无解析解，故将 LFEM-F 的解作为标准进行参照。

图 2-5 展示了上述方法在截面 $y=5\,200$ m 处的水头值，显示各方法的精度从高到低依次为：MSFEM-O、MMSFEM-3-O、MMSFEM-3-L、MSFEM-L 和 LFEM。当基函数采用线性边界条件时，MMSFEM-3 和 MSFEM 的精度非常接近。当基函数采用振荡边界条件时，MMSFEM-3-O 的精度低于 MSFEM-O，但要比 MSFEM-L 更高，这是由于 MMSFEM-3-O 的粗网格剖分份数较少而导致的。然而，MMSFEM 的 CPU 时间仅为 MSFEM 的 1.79%，能够节约大量的计算消耗。此外，若将 MSFEM 的每个粗网格单元也划分成与 MMSFEM 相同的

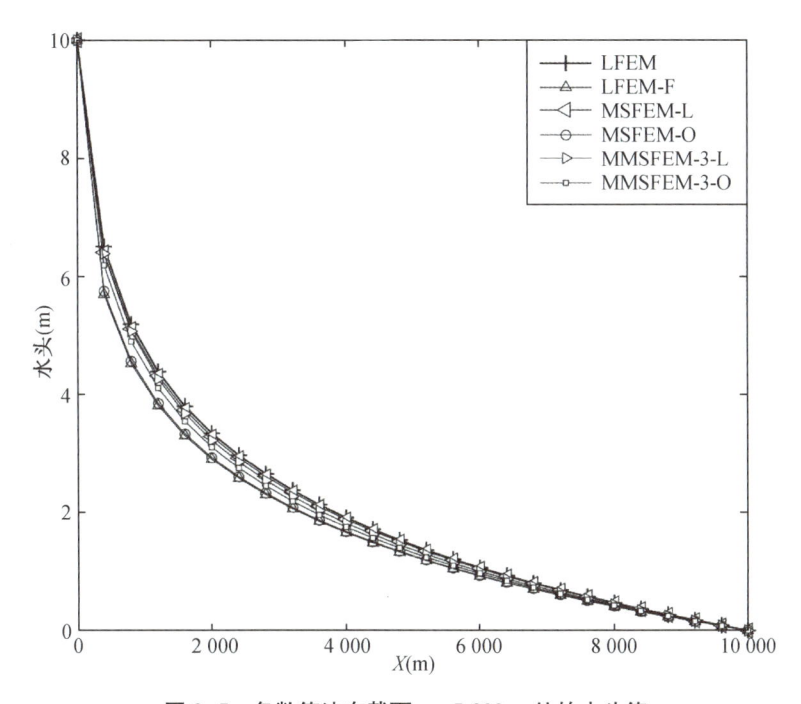

图 2-5　各数值法在截面 $y=5\,200$ m 处的水头值

25 个细网格单元,则 MMSFEM-3 和 MSFEM 的结果几乎完全相同,此时 MSFEM 的 CPU 时间有所降低,但此时 MMSFEM 的 CPU 时间依然仅为 MSFEM 的 2.04%。这一结果显示了 MMSFEM 具有比 MSFEM 更高的计算效率。

2.2.4.3 具有渐变参数的二维地下水非稳定流问题

本例具有与例 2.2.4.2 具有相同的研究区域、边界条件和渗透系数,控制方程如式(1-44)所示。在研究区的(5 200 m,5 200 m)处有一口抽水井,抽水量为 1 000 m³/d,抽水时间为 5 d,时间步长为 1 d。含水层厚度为 10 m,贮水率从左到右逐渐由 10^{-5}/m 变化到 10^{-6}/m,初始水头为线性分布,即 $H_0(x,y) = 10 - x/1\,000$ m。

LFEM-F 将研究区 Ω 剖分为 125 000 个单元,其他方法将区域 Ω 剖分为 1 250 个单元。MSFEM 和 MMSFEM-3 均将每个粗网格单元分为 100 个三角形细网格单元。由于本例无解析解,故将 LFEM-F 作为标准进行参照。

图 2-6 展示了各方法在截面 $y=5\,200$ m 处的水头值,结果显示 MSFEM-O 的最优,MMSFEM-3-O 比 MSFEM-O 略低,LFEM 的精度最差。然而,本例 MMSFEM-3-O 的 CPU 时间仅为 MSFEM-O 的 1.00%。同时,虽然各方法在井附近均无法获得精确的解,但 MSFEM-O 和 MMSFEM-3-O 的精度依然高于 LFEM。以往的研究表明,可以通过在井附近进行网格加密来提高精度[173]。此外,由于本例为非稳定流问题,抽水时间为 5 d,时间步长为 1 d,故本例中 MSFEM-O 的 CPU 时间约为例 2.2.4.2 中 MSFEM-O 的 5 倍。因此,在非稳定流问题中,MMSFEM 能够节约比稳定流条件下更多的计算消耗。

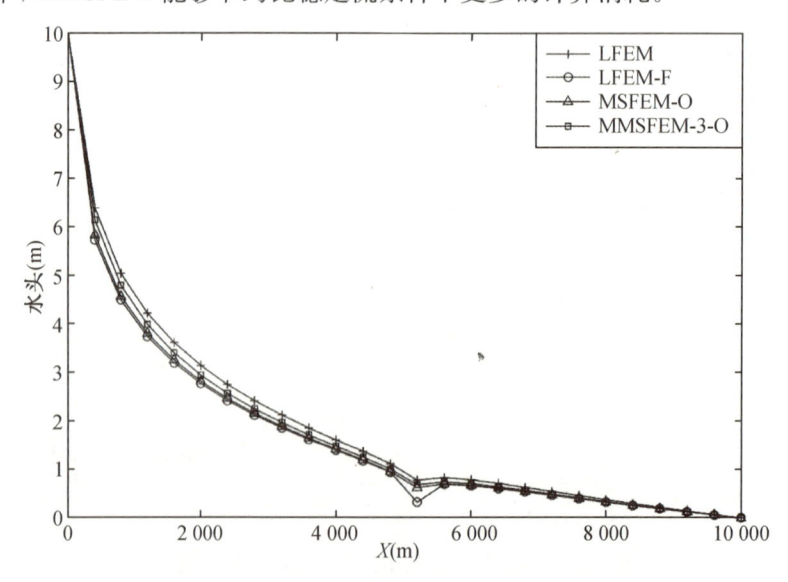

图 2-6 各数值法在截面 $y=5\,200$ m 处的水头值

2.2.4.4 具有突变参数的二维地下水稳定流问题

在地下水流问题中,研究区域通常包含几种不同的介质,在不同介质的交界面处渗透系数会发生突变。本例的研究区域、边界条件以及均与例 2.2.4.2 相同,控制方程如式(1-15)所示。在本例中,渗透系数 $K(x,y)$ 在 $x=2\,480$ m 截面处发生突变,即若 $x<2\,480$ m,$K(x,y)=2$ m/d;若 $x>2\,480$ m,$K(x,y)=1\,000$ m/d,源汇项 $W=0$。

本例的 LFEM-F 将研究区 Ω 剖分为 125 000 个单元,并作为标准作为参照,其余方法将研究区分为 200 个单元。为了保证 MSFEM 和 MMSFEM-3 的基函数的边界条件相同,它们均将每个粗网格单元的每条边分成 10 个相等的部分,即 MSFEM 将每一粗网格单元分为 100 (10×10) 个三角形细网格单元,MMSFEM-3 将每一粗网格单元分为 34 (10×3+4) 个三角形细网格单元。

图 2-7 展示了各方法在截面 $y=5\,000$ m 处的水头相对误差。其中,MMSFEM-3-O 和 MSFEM-O 的精度几乎相同,虽然在突变面处的误差高于其他部分,但仍保持在较低的水平。MMSFEM-3-L、MSFEM-L 和 LFEM 具有相近的精度,在突变面处的误差甚至接近 100%,且在其余部分特别是突变面周围也有较大的误差。这一结果显示了 MMSFEM 具有和 MSFEM 相同的处理渗透系数突变的能力,在使用基函数的振荡边界条件时能够在突变面附近也获得较精确的解。

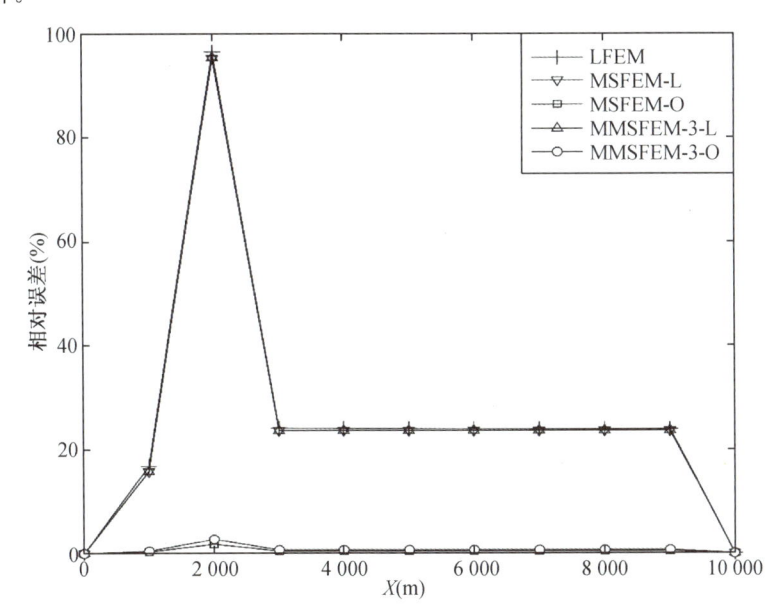

图 2-7　各数值法在截面 $y=5\,000$ m 处的水头相对误差

2.2.4.5 具有突变参数的二维地下水非稳定流问题

本例的研究区域、边界条件和渗透系数与例 2.2.4.4 相同,控制方程如式(1-44)所示。在坐标 (5 000 m,5 000 m)处有一口抽水井,抽水量为 6 000 m³/d,抽水时间为 3 d,时间步长为 1 d。当 $x < 2\,480\,m$ 时,贮水率 $S_s = 0.000\,002$ /m,当 $x > 2\,480\,m$ 时,$S_s = 0.000\,5$/m。整个研究区含水层厚度为 10 m,假设初始水头线性分布,即 $H_0(x,y) = 10 - \dfrac{x}{1\,000}$ m。本例将 LFEM-F 作为标准进行参照。

LFEM-F 将研究区分为 80 000 个三角形单元,MSFEM-O 和 MMSFEM-3-O 将研究区分为 400 个三角形单元。MMSFEM 和 MSFEM 均将粗网格单元剖分为 100 个三角形细网格单元。

LFEM-F、MSFEM-O、MMSFEM-3-O 在截面 $y = 5\,000$ m 处的水头值如图 2-8 所示,可以看出 MSFEM-O 和 MMSFEM-3-O 的精度基本相同。同时,MSFEM-O 和 MMSFEM-3-O 的水头在突变面 $x = 2\,480$ m 处水头发生了明显的变化,但依然保持了非常高的精度。然而,MSFEM-O 和 MMSFEM-3-O 在井 (5 000 m,5 000 m)附近的模拟结果并不理想,因为在井点附近的水头按与井的距离成对数变化,MSFEM 和 MMSFEM 无法很好地模拟。由此可以看出 MMSFEM 和 MSFEM 能够较好地处理渗透系数的突变,但对更复杂的抽水井

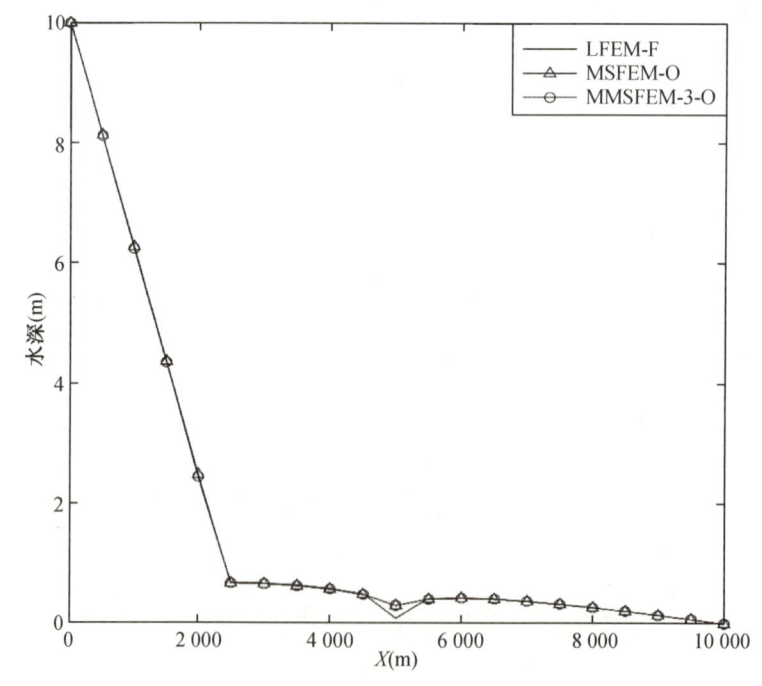

图 2-8 各方法在截面 $y = 5\,000$ m 处的水头值

模拟仍存在一定困难,但可以通过进一步加密网格解决[173]。在本例中,MMSFEM-3-O 的 CPU 时间仅为 MSFEM-O 的 1.37%。显示 MMSFEM 具有更高的计算效率,且精度基本和 MSFEM-O 一致。因而 MMSFEM 在模拟地下水非稳定流问题时较 MSFEM 具有一定的优越性。

2.2.4.6 具有非线性参数的二维稳定地下潜水流问题

地下水潜水流上部为和大气接触的自由表面,是地下水流问题的重要组成部分,可由如下 Boussinesq 方程描述

$$-\nabla \cdot T(x,y,H)\nabla H = W, (x,y) \in \Omega \tag{2-1}$$

其中,研究区 $\Omega = [0,1] \times [0,1]$,$H|_{\partial\Omega} = 0$,导水系数 $T(x,y,H) = \begin{bmatrix} K(H-z) & 0 \\ 0 & K(H-z) \end{bmatrix}$,渗透系数 $K = (1+x)(1+y)$,隔水底板高度 $z = -4$,源汇项 W 可将解析解 $H = xy(1-x)(1-y)$ 和相关参数代入控制方程获得。本例为无量纲算例,故所有参数都没有单位。式(2-1)为非线性椭圆型方程,需要进行迭代求解。由于导水系数的变化,MSFEM 需要在每次迭代中重建所有的基函数。在迭代时,式(2-1)变为

$$-\nabla \cdot T(x,y,H^{(n-1)})\nabla H^{(n)} = W, (x,y) \in \Omega \tag{2-2}$$

其中,n 为迭代次数,η 为迭代收敛误差,即需一直迭代式(2-2)直到满足 $|H^{(n)} - H^{(n-1)}| < \eta$。本例 $\eta = 0.0001$,$H^{(0)} = 0$。

MMSFEM-3-L 将研究区分为 800、1 800 和 3 200 个粗网格单元,每个粗网格单元又分为 25 个三角形细网格单元。在三种网格尺度下 MMSFEM-3-L 均需要进行迭代四次才能收敛。表 2-2 列出了 MMSFEM-3-L 的平均相对误差和 CPU 时间。表中 MMSFEM 获得了较高的计算精度,误差随着粗网格的尺度减少而减少。当使用 800 个三角形粗网格单元、25 个三角形细网格单元、4 次迭代时,MMSFEM-3-L 算法的 CPU 时间小于 1 s,约为例 2.2.4.1 的情形二中具有相同剖分数的 MSFEM-L(无需迭代)的时间的 4.8%,显示 MMSFEM 具有更高的计算效率。

表 2-2　不同粗网格单元数的 MMSFEM-3-L 的平均相对误差和 CPU 时间

粗网格单元数目	平均相对误差(%)	CPU 时间(s)
800	0.81	少于 1
1 800	0.64	2
3 200	0.59	10

2.2.4.7 具有多尺度变化参数的二维地下水稳定流问题

MSFEM 的数值模拟中的一个常见的难点是网格尺度和物理尺度之间会产生共振效应[10]。共振误差表现为物理小尺度波长与网格尺度之间的比例,如果网格尺度和物理尺度相接近,则 MSFEM 会产生较大误差[10]。本例的控制方程如式(1-15)所示,研究区 $\Omega = [0,1\ m] \times [0,1\ m]$,本例渗透系数来源于 Owhadi 和 Zhang 的工作[174]中的算例,具有 6 个不同变化的物理尺度

$$K(x,y) = \{[1.1+\sin(2\pi x/\varepsilon_1)]/[1.1+\sin(2\pi y/\varepsilon_1)]+[1.1+\sin(2\pi x/\varepsilon_2)]/[1.1+\cos(2\pi y/\varepsilon_2)+[1.1+\cos(2\pi x/\varepsilon_3)]/[1.1+\sin(2\pi y/\varepsilon_3)]+[1.1+\sin(2\pi x/\varepsilon_4)]/[1.1+\cos(2\pi y/\varepsilon_4)+[1.1+\cos(2\pi x/\varepsilon_5)]/[1.1+\sin(2\pi y/\varepsilon_5)]+\sin(4x^2y^2)+1\}/6$$

其中 $\varepsilon_1 = 1/5$,$\varepsilon_2 = 1/13$,$\varepsilon_3 = 1/17$,$\varepsilon_4 = 1/31$,$\varepsilon_5 = 1/65$。四边均为第一类边界,水头值为 0,源汇项 W 由解析解 $H = xy(1-x)(1-y)$ 和相关参数代入控制方程获得。

MMSFEM-3-O 和 MSFEM-O 均将研究区剖分为 800 个粗网格单元,再将每个粗网格单元分为 25 个三角形细网格单元。图 2-9 为解析解、MMSFEM-3-O 和 MSFEM-O 在截面 $y=0.25\ m$ 处的水头值。可以清楚地看到,MMSFEM 和 MSFEM 的曲线均在解析解上下反复振荡,显示物理尺度对 MSFEM 和 MMSFEM 都具有较大影响。然而,在这种情况下,MMFEM-3-O 仍具有与 MS-

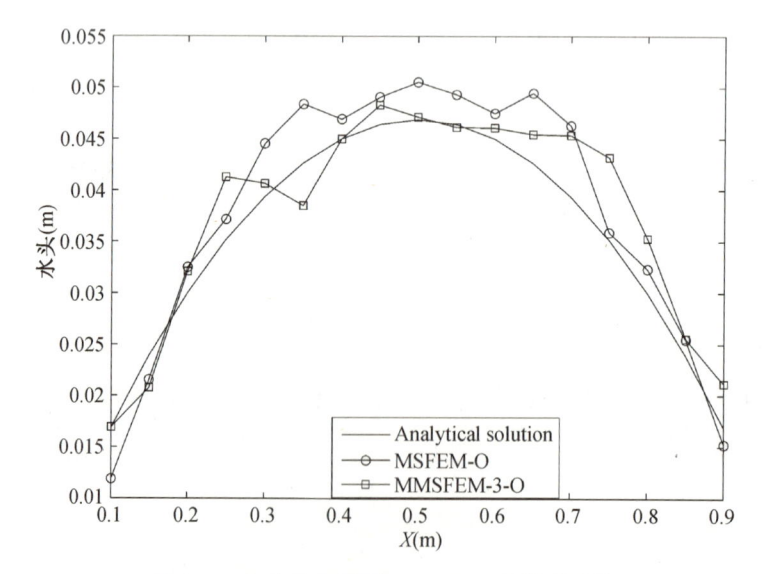

图 2-9 各方法在截面 $y=0.25\ m$ 处的水头值

FEM-O 相近的精度,显示 MMSFEM 放射状剖分在复杂渗透系数条件下仍可以有效抓住细尺度信息。和前面的结果类似,MMSFEM-3-O 的 CPU 时间仅为 MSFEM-O 的 11%,显示 MMSFEM 比 MSFEM 更具计算效率。

2.3 三重网格多尺度有限单元法的二维格式

2.3.1 算法简介

三重网格多尺度有限单元法(ETMSFEM)[130]和 MSFEM 的关键区别在于它们的基函数构造过程不同。ETMSFEM 使用了区域分解技术优化了基函数的构造过程,从而能够显著提高基函数的构造效率。为此,ETMSFEM 在传统 MSFEM 的剖分中的粗网格单元和细网格单元之间引入了中网格单元。中网格单元的部分边界落在粗网格单元内部,这些内部边界不仅可以抓住细尺度信息,还可以将粗网格单元划分若干部分。由此,ETMSFEM 可以应用区域分解法将整个粗网格上的基函数构造问题分解为中网格单元上的子问题。因此,ETMSFEM 构造基函数的计算成本比 MSFEM 低得多,这使得 ETMSFEM 具有更高的计算效率。举例来说,假设一个矩形粗网格单元 $\square_{ijkl}$(图 2-10)需要被细分为 32 个三角形细网格单元,MSFEM 需要 9 个内部节点才能完成,因此需要构建一个 9×9 的代数方程组来求解基函数。ETMSFEM 使用内部边界 ik 将 $\square_{ijkl}$ 分为两个中网格单元: $\triangle_{ijk}$ 和 $\triangle_{kli}$。节点 1、5、9 处的函数值可以通过基函数振荡边界条件(即求解一维退化椭圆型问题)或其他边界条件获得。同时,$\square_{ijkl}$ 中基函数的构造问题可以被区域分解法分解为 $\triangle_{ijk}$ 和 $\triangle_{kli}$ 上的子问题。ETMSFEM 仅需求解两个 3×3 的代数方程组,便可完成基函数的构造,能够节约大量的计算消耗。

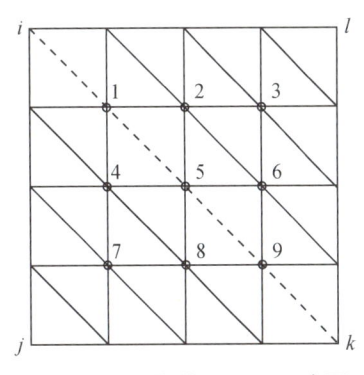

图 2-10 粗网格单元 $\square_{ijkl}$ 示意图

本节将详细介绍 ETMSFEM 粗网格单元的细分过程,然后介绍 ETMSFEM 的基函数的具体构造过程,并分析 ETMSFEM 计算消耗,最后应用多种条件下的地下水问题验证 ETMSFEM 的有效性,并和 MSFEM 进行详细地比较。

2.3.2 三重网格多尺度有限单元法的粗网格单元剖分方法

ETMSFEM 的研究区剖分方式和 MSFEM 相同,但具有不同的粗网格单元剖分方式。与 MSFEM 粗网格单元的剖分方法（图 2-11a）不同，ETMSFEM 需要将粗网格单元剖分为中网格单元，再将中网格单元剖分为细网格单元。设示例粗网格单元为三角形单元 $\triangle_{ijk}$，ETMSFEM 的粗网格单元的剖分包含两个步骤

步骤 1：将粗网格单元划分为中网格单元

如图 2-11(b) 所示，节点 e、f、g、p、q 分别为边 ij、jk、ki、fj、kf 的中点。节点 o 是 ge 和 if 的交点。ETMSFEM 连接这些交点，引入了内部边界 if、ge、gq、gf、fe、ep。ETMSFEM 通过这些内部边界将 $\triangle_{ijk}$ 剖分为 8 个中网格单元：$\triangle_{ogi}$、$\triangle_{oie}$、$\triangle_{oef}$、$\triangle_{ofg}$、$\triangle_{qgf}$、$\triangle_{qkg}$、$\triangle_{pfe}$、$\triangle_{pej}$，节点 M_1，M_2，$\cdots$，M_8 分别是它们的中心节点。

步骤 2：将中网格单元划分为细网格单元

在将粗网格单元划分为中网格单元之后，ETMSFEM 使用 2.2.2 节介绍的放射状剖分方法将每个中网格单元再划分为细网格单元。如 2.2.2 节所述，这种放射状的剖分方式更强调边界节点的作用，能有效减少内部节点的数量，从而显著降低中网格单元上的退化椭圆型方程（经区域分解所获的子问题）中的未知数。例如，设节点 M 是某中网格单元的中心节点（图 2-11 c）。为了将此中网格单元划分为 18 个细网格单元，ETMSFEM 需要将该中网格单元的每条边划分为 6 等份，然后这些边界等分点和中心节点 M，即可完成该中网格单元的细剖分。

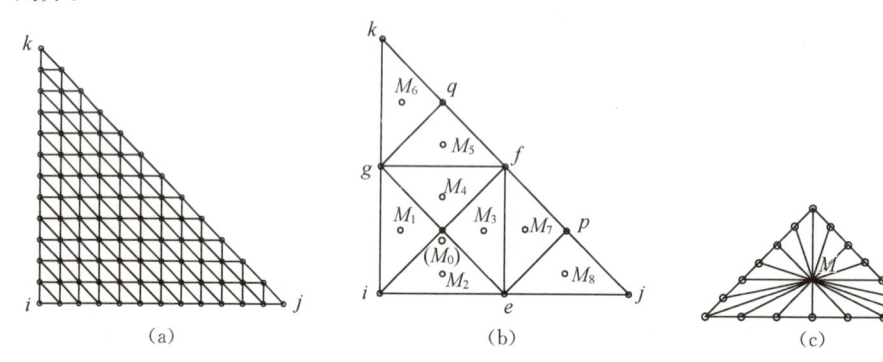

图 2-11　粗网格、中网格、细网格剖分图

需要说明的是，在上述两个步骤中，ETMSFEM 每个粗网格单元被剖分的中网格单元数目和每个中网格被剖分的细网格数量是不受限制的。ETMSFEM 可以根据精度、效率、介质非均质性程度等因素来调整其具体剖分方式。此外，如图 2-11 a 的传统剖分方式也可以在 ETMSFEM 第二步中使用，但会增加基函数的构造成本。

2.3.3 三重网格多尺度有限单元法的基函数

2.3.3.1 基函数边界条件

尽管地下水问题解的精确度对基函数精度不敏感,但对 MSFEM 的基函数的边界条件很敏感[153],因此基函数的边界条件对于 MSFEM 类方法的精度十分重要。ETMSFEM 将 1.3.4 节中 MSFEM 的两种典型基函数边界条件进行了改进,以适用于 ETMSFEM 粗网格单元的内部边界。

基函数的线性边界条件适用于渗透系数轻微变化的情况。设 Ψ_i、Ψ_j、Ψ_k 是 $\triangle_{ijk}$ 的顶点 i、j、k 对应的基函数(图 2-11 b),$\xi\eta$ 为粗网格(或中网格)的边界。Ψ_i 在边界 $\xi\eta$ 上的线性边界条件为

$$\Psi_i(x) = \Psi_i(\eta) + \frac{x - x_\eta}{x_\xi - x_\eta} \cdot [\Psi_i(\xi) - \Psi_i(\eta)] \quad (2-3)$$

式中:$\Psi_i(\xi)$、$\Psi_i(\eta)$ 分别为 Ψ_i 在节点 ξ、η 处的值。Ψ_j、Ψ_k 的边界条件形式与式(2-3)类似。

振荡边界条件

$$\Psi_i(x) = \Psi_i(\eta) + \frac{\int_x^{x_\eta} \frac{dr}{K(r)}}{\int_{x_\xi}^{x_\eta} \frac{dr}{K(r)}} \cdot [\Psi_i(\xi) - \Psi_i(\eta)] \quad (2-4)$$

式中:$\Psi_i(\xi)$、$\Psi_i(\eta)$ 分别为 Ψ_i 在节点 ξ、η 处的值。Ψ_j、Ψ_k 的振荡边界条件形式与式(2-4)类似。

2.3.3.2 基函数的构造方法

与 MSFEM 类似,ETMSFEM 的基函数是通过求解退化的椭圆型问题所构造的[10]。与 MSFEM 不同的是,ETMSFEM 在构造基函数时引入了区域分解技术,并结合 2.3.2 节的新型剖分方式,将粗网格单元上的基函数的构造问题分解为中网格单元上的子问题,从而显著降低基函数构造方程组的阶数,提升基函数的构造效率。以示例粗网格单元 $\triangle_{ijk}$ 上的基函数 Ψ_i 为例,其构造过程可分为以下三步。

第一步,将粗网格单元上的基函数构造问题分解为中网格单元上的子问题。

类似于 MSFEM,ETMSFEM 需要在 $\triangle_{ijk}$ 上考虑退化的椭圆型问题式(1-1)来构造基函数,并需设定基函数在 $\triangle_{ijk}$ 边界上的边界条件使构造问题适定。ETMSFEM 根据 $\triangle_{ijk}$ 的第一步剖分(图 2-11 b),应用区域分解法将整个粗网格单元上的构造问题式(1-1)分解为图 2-11 b 上的 8 个中网格单元上的 8

个子问题,即在每个中网格单元上考虑式(1-1)。

第二步,确定中网格单元上的子问题的边界条件。

为了令子问题适定,需要获得基函数在各个中网格单元边界上的值。首先,ETMSFEM需要获得各个中网格顶点处的基函数值。Ψ_i 在 i、j、k、g、e、f、q、p 处的值可以通过在 $\triangle_{ijk}$ 边界上应用 2.3.3.1 节的基函数的边界条件直接获得,但是 $\Psi_i(o)$ 的值需要通过应用有限元法在 $\square_{gief}$ 上求解式(1-1)而获得。首先,ETMSFEM 使用放射状剖分(图 2-12)将 $\square_{gief}$ 各边界等分,从而将其剖分为 γ 个细网格。由于 Ψ_i 在节点 g、i、e、f 处的值已知,可以通过 2.3.3.1 节的基函数边界条件公式确定此矩形单元的边界上的基函数的值,即 Ψ_i 在 $\square_{gief}$ 边界节点 $E_l, l=1,2,\cdots,\gamma$ 处的值。

由 MSFEM 的基本理论[10],Ψ_i 在每个细网格单元 $\triangle_l$ 内可以被有限元线性基函数表示,$\triangle_l$ 内的 Ψ_i 可被表示为

$$\Psi_i(x,y) = \Psi_i(M_o)N_{M_o} + \Psi_i(E_l)N_{E_l} + \Psi_i(E_{l+1})N_{E_{l+1}}, (x,y) \in \triangle_l \tag{2-5}$$

式中:N_{M_o}、N_{E_l}、$N_{E_{l+1}}$ 分别是细网格单元 $\triangle_l$ 顶点 M_o、E_l、E_{l+1} 处的有限元线性基函数。

根据伽辽金法,在 $\square_{gief}$ 中,Ψ_i 满足

$$J_{M_o} = \iint_{\square_{gief}} (K\nabla\Psi_i) \cdot \nabla N_{M_o} \mathrm{d}x\mathrm{d}y = 0 \tag{2-6}$$

式中:N_{M_o} 是节点 M_o 处的线性基函数值。

将式(2-5)代入式(2-6),可以得到下列方程

$$\begin{aligned}
J_{M_o} &= \iint_{\square_{gief}} \left[\left(K_{xx}\frac{\partial\Psi_i}{\partial x} + K_{xy}\frac{\partial\Psi_i}{\partial y} \right)\frac{\partial N_{M_o}}{\partial x} + \left(K_{yx}\frac{\partial\Psi_i}{\partial x} + K_{yy}\frac{\partial\Psi_i}{\partial y} \right)\frac{\partial N_{M_o}}{\partial y} \right]\mathrm{d}x\mathrm{d}y \\
&= \sum_{l=1}^{\gamma} \iint_{\triangle_l} \left\{ \left[K_{xx}^{\triangle_l}\left(\Psi_i(M_o)\frac{\partial N_{M_o}}{\partial x} + \Psi_i(E_l)\frac{\partial N_{E_l}}{\partial x} + \Psi_i(E_{l+1})\frac{\partial N_{E_{l+1}}}{\partial x} \right) + \right.\right. \\
&\quad \left. K_{xy}^{\triangle_l}\left(\Psi_i(M_o)\frac{\partial N_{M_o}}{\partial y} + \Psi_i(E_l)\frac{\partial N_{E_l}}{\partial y} + \Psi_i(E_{l+1})\frac{\partial N_{E_{l+1}}}{\partial y} \right) \right]\frac{\partial N_{M_o}}{\partial x} + \\
&\quad \left[K_{yx}^{\triangle_l}\left(\Psi_i(M_o)\frac{\partial N_{M_o}}{\partial x} + \Psi_i(E_l)\frac{\partial N_{E_l}}{\partial x} + \Psi_i(E_{l+1})\frac{\partial N_{E_{l+1}}}{\partial x} \right) + \right. \\
&\quad \left.\left. K_{yy}^{\triangle_l}\left(\Psi_i(M_o)\frac{\partial N_{M_o}}{\partial y} + \Psi_i(E_l)\frac{\partial N_{E_l}}{\partial y} + \Psi_i(E_{l+1})\frac{\partial N_{E_{l+1}}}{\partial y} \right) \right]\frac{\partial N_{M_o}}{\partial y} \right\}\mathrm{d}x\mathrm{d}y \\
&= 0 \tag{2-7}
\end{aligned}$$

式中:$K_{xx}^{\triangle_l}$、$K_{xy}^{\triangle_l}$、$K_{yx}^{\triangle_l}$、$K_{yy}^{\triangle_l}$ 为 $\triangle_l$ 内 xx、xy、yx、yy 方向的渗透系数分量。

在式(2-7)中只有一个未知数 $\Psi_i(M_o)$,可以直接获得其表达式。此时,ETMSFEM 已经得到了所有中网格单元顶点处的 Ψ_i 值,再使用公式(2-3)和(2-4)即可获得中网格边界上各个节点处 Ψ_i 的值,从而确定所有子问题的边界条件。

第三步,求解各中网格单元上的子问题。

与求解 $\Psi_i(M_o)$ 值相似,内部节点 M_1 , M_2 ,…, M_8 处的 Ψ_i 的值可以通过求解 $\triangle_{ijk}$ 上的 8 个中网格单元上的子问题式(1-1)获得,过程类似于第二步中 Ψ_i 在 $\square_{gief}$ 的内点值的求解过程。由于每个中网格只有一个内部节点,各个子问题的计算成本很低,这使得 ETMSFEM 具有极高的计算效率。

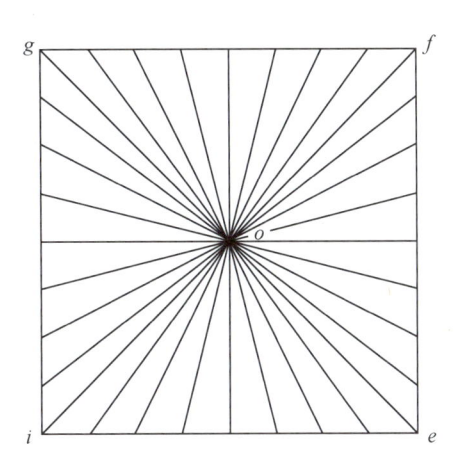

图 2-12　$\square_{gief}$ 的放射状剖分示意图

2.3.3.3　基函数的计算消耗

ETMSFEM 基函数的构造成本远低于 MSFEM。举例来说,假设粗网格单元 $\triangle_{ijk}$ 需要被剖分为 m^2 个细网格三角形单元。一方面,MSFEM 使用标准剖分方式,则每个粗网格需要 $\dfrac{m^2-3m+2}{2}$ 个内节点($m=12$,图 2-11 a),因此 MSFEM 构造每个基函数时均需求解一个 $\dfrac{m^2-3m+2}{2}\times\dfrac{m^2-3m+2}{2}$ 的代数方程组。另一方面,设 ETMSFEM 将每个粗网格剖分为 n 个中网格,为了确保细网格单元数为 m^2 ,每个中网格应被剖分为 $\dfrac{m^2}{n}$ 个细网格($m=12, n=8$;图 2-11 b、c)。ETMSFEM 采用放射状剖分方式,因此每个中网格单元仅包含一个内部节点。因此 ETMSFEM 只需分别求解节点 $o, M_1, M_2, \cdots, M_n$ 处的基函数值即可,因此 ETMSFEM 构造一个基函数仅需求解 $n+1$ 个一元一次方程即可。

2.3.3.4 三重多尺度有限单元法的细尺度水头

ETMSFEM 模拟粗尺度水头的过程与 MSFEM 类似，即在粗尺度上应用伽辽金法形成水流方程的变分形式，再离散到各个粗网格单元上通过基函数获取单元刚度矩阵和右端项，联立形成水头的总方程组进行求解，但适于 ETMSFEM 超样本技术还有待开发。在获取粗尺度水头后，根据 Hou 和 Wu 的工作[10]，粗网格单元 $\triangle_{ijk}$ 内的中网格单元顶点处水头值可以通过基函数和粗尺度插值得到，即式(1-20)。设 a、b、c 为中(细)网格单元三角形单元 $\triangle_{abc}$ 的三个顶点，根据有限元理论，该单元内的细尺度水头 H 可以被表示为

$$H(x,y) = H_a N_a(x,y) + H_b N_b(x,y) + H_c N_c(x,y) \qquad (2\text{-}8)$$

式中：H_a、H_b、H_c 分别为 a、b、c 处的水头值，N_a、N_b、N_c 分别为 a、b、c 处的线性基函数。

2.3.4 应用三重网格多尺度有限单元法模拟地下水流问题

为了检验 ETMSFEM 的有效性，本节应用多种不同情况下的地下水流问题对其进行了检验，并和传统有限元法和 MSFEM 进行了比较。本节测试了 ETMSFEM 处理连续变化、渐变、突变、多尺度变化参数的有效性和对地下水稳定流、非稳定流、潜水流问题的适用性。结果显示 ETMSFEM 与 MSFEM 的精度相近，同时具有更高的计算效率。

本节所有方法的程序均由 C++ 编译完成，未使用并行计算技术，并使用同一台电脑在同一条件下运行。所有方法获得的线性方程组均通过 Cholesky 分解法求解。同时，本节规定了 ETMSFEM 的一些条件：每个粗网格单元均被划分为 8 个三角形中网格单元（图 2-11）；在获取中网格单元顶点基函数值时，$\square_{gief}$ 由放射状剖分为 32 个细网格单元（图 2-12）。

本节使用以下简写符号：采用有线性基函数的有限元法（LFEM）；精细剖分的 LFEM（LFEM-F）；采用线性基函数边界条件的 MSFEM（MSFEM-L）；采用振荡基函数边界条件的 MSFEM（MSFEM-O）；采用 a 个粗网格单元并且每个粗网格被剖分为 b 个细网格单元的 MSFEM（MSFEM (a,b)）；采用线性基函数边界条件的 ETMSFEM（ETMSFEM-L）；采用振荡基函数边界条件的 ETMSFEM（ETMSFEM-O）；采用 a 个粗网格并且每个粗网格被剖分为 b 个细网格的 ETMSFEM（ETMSFEM (a,b)）。

2.3.4.1 具有连续变化参数的二维地下水稳定流问题

情形一：

二维地下水稳定流由式(1-15)描述，研究区 $\Omega = [50\ \text{m}, 150\ \text{m}] \times [50\ \text{m},$

150 m],渗透系数 $K(x,y)=x^2$,源汇项 $W=0$,本例研究区四边均为第一类边界条件,由解析解 $H=x^2-3y^2$ 给出。本情形将采取案例一、案例二两种剖分条件来测试各方法的精度和计算效率。

案例一主要展示 ETMSFEM 的计算精度,并和其他方法比较。LFEM-F 将研究区划分为 88 200 个单元,LFEM、MSFEM、ETMSFEM 均将研究区划分为 1 800 个单元。为了确保 MSFEM 和 ETMSFEM 细网格单元数相近,MSFEM 将每个粗网格划分为 49 (7×7) 个细网格,ETMSFEM 将每个粗网格划分为相近的 48 个细网格,即 ETMSFEM 将每个粗网格剖分为 8 个中网格单元,每个中网格单元又剖分为 6 个细网格单元。案例二使用了更加精细的剖分。ETMSFEM 和 MSFEM 均将研究区划分为 3 200 个和 5 000 个粗网格单元,每个粗网格单元均被剖分为 144 个细网格单元(图 2-11)。则 MSFEM 将粗网格单元每边剖分为 12 等份,ETMSFEM 将每个粗网格剖分为 8 个中网格单元,每个中网格又剖分为 18 个细网格单元。

图 2-13 展示了案例一中各方法在截面 $y=100$ m 处所模拟的地下水水头的绝对误差,从图 2-13 可以看出:LFEM 误差最大,MSFEM-L 的误差高于 ETMSFEM-L,LFEM-F、MSFEM-O 和 ETMSFEM-O 误差远低于其他方法。与 Hou 和 Wu (1997)[10] 以及 Ye 等 (2004)[153] 工作中的结果相似,ETMSFEM-O 和 MSFEM-O 的准确性分别高于 ETMSFEM-L 和 MSFEM-L,显示 ETMSFEM 的精度对基函数的边界条件敏感,振荡边界条件能够有效提升 ETMSFEM 的精度。表 2-3 上半部分展示了案例一中各方法的平均绝对误差,平均相对误差和 CPU 计算用时。表 2-3 显示的各方法的精度和图 2-13 类似,但 ETMSFEM 的 CPU 时间几乎和使用粗剖分的 LFEM 相同,远低于 MSFEM 和 LFEM-F,显示 ETMSFEM 的基函数构造的计算消耗极低。

案例二进一步将 ETMSFEM 和 MSFEM 进行了比较,使用了更密的剖分方式,其结果展示于表 2-3 下半部分,其中 MSFEM 和 ETMSFEM 网格数写成了 $a×b$ 个单元的形式,a 代表粗网格单元数,b 代表细网格单元数。如表 2-3 下半部分的结果显示,ETMSFEM 的精度与 MSFEM 十分接近,保持在同阶精度。然而,虽然 MSFEM 和 ETMSFEM 具有相同的粗网格单元数和细网格单元数,但 ETMSFEM 的 CPU 用时却远小于 MSFEM。例如,在粗网格单元数为 5 000、各粗网格内细网格单元数为 144 的剖分下,ETMSFEM 的计算时间甚至不到 MSFEM 的 1‰。如上文所述,ETMSFEM 和 MSFEM 的核心不同点是基函数的构造过程。ETMSFEM 应用区域分解法有效降低了基函数的构造消耗,使得其总计算消耗远低于 MSFEM,具有更高的计算效率。

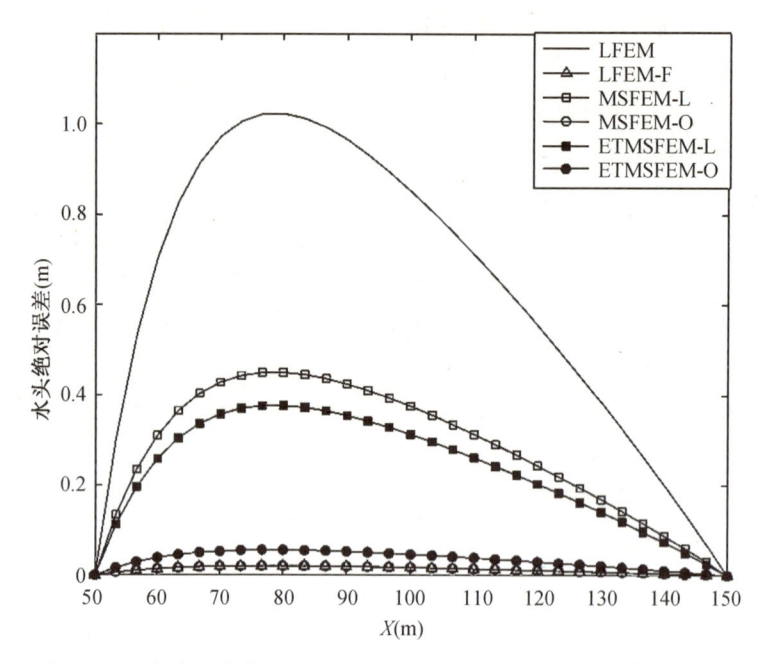

图 2-13　各方法在截面 $y=100$ m 处所模拟的地下水水头绝对误差

表 2-3　各方法的平均绝对误差、平均相对误差和 CPU 时间

方法	网格数	平均绝对误差(m)	平均相对误差（%）	CPU 用时（s）
LFEM-F	88 200	9.3×10^{-3}	2.2×10^{-4}	30 334
LFEM	1 800	4.8×10^{-1}	6.9×10^{-3}	1
MSFEM-O	$1\ 800\times49$	1.0×10^{-2}	1.4×10^{-4}	58
MSFEM-L	$1\ 800\times49$	2.1×10^{-1}	3.1×10^{-3}	58
ETMSFEM-O	$1\ 800\times48$	3.1×10^{-2}	4.5×10^{-4}	3
ETMSFEM-L	$1\ 800\times48$	1.8×10^{-1}	2.5×10^{-3}	3
MSFEM-O	$3\ 200\times144$	1.9×10^{-3}	3.3×10^{-5}	320
MSFEM-O	$5\ 000\times144$	1.1×10^{-3}	2.2×10^{-5}	1 198
ETMSFEM-O	$3\ 200\times144$	7.5×10^{-3}	1.3×10^{-4}	6
ETMSFEM-O	$5\ 000\times144$	4.7×10^{-3}	8.6×10^{-5}	11

情形二：

本情形无量纲控制方程如式(1-15)所示，研究区 $\Omega=[0,1]\times[0,1]$，渗透系数 $K(x,y)=(1+x)(1+y)$，渗透系数从中心往边界递减，这与盆地多孔介质的情况相似。四边的水头值为 0，源汇项 W 可将解析解 $H=xy(1-x)(1-y)$ 和

相关参数代入控制方程来获得。

ETMSFEM-O 和 MSFEM-O 将研究区 Ω 剖分为相同的 1 800、3 200 和 5 000 个粗网格单元,且将每个粗网格单元分为同数目细网格单元。粗网格单元有两种剖分,第一种,MSFEM-O 将粗网格单元划分为 49 个细网格单元,ETMSFEM-O 将粗网格单元划分为 48 个细网格单元;第二种,MSFEM-O 和 ETMSFEM-O 均将粗网格单元剖分为 144 个细网格单元。

表 2-4 展示了多种网格剖分条件下的 MSFEM-O 和 ETMSFEM-O 的平均绝对误差、平均相对误差和 CPU 时间。结果显示 MSFEM-O 和 ETMSFEM-O 的误差具有相同的数量级,ETMSFEM-O 的精度略高。同时,ETMSFEM-O 的 CPU 计算用时远小于 MSFEM-O。当网格数量增加时,两种方法的 CPU 时间的差异也会增加,显示 ETMSFEM-O 在剖分更密的条件下能够节约更多的计算消耗。

表 2-4　ETMSFEM-O 和 MSFEM-O 的平均绝对误差、平均相对误差和 CPU 时间

方法	网格数	平均绝对误差	平均相对误差(%)	CPU 用时(s)
ETMSFEM-O	1 800×48	$3.0×10^{-5}$	$1.1×10^{-1}$	2
ETMSFEM-O	1 800×144	$3.0×10^{-5}$	$1.1×10^{-1}$	3
ETMSFEM-O	3 200×144	$1.7×10^{-5}$	$5.9×10^{-2}$	6
ETMSFEM-O	5 000×144	$1.1×10^{-5}$	$3.8×10^{-2}$	11
MSFEM-O	1 800×49	$4.9×10^{-5}$	$1.7×10^{-1}$	53
MSFEM-O	1 800×144	$4.8×10^{-5}$	$1.7×10^{-1}$	63
MSFEM-O	3 200×144	$2.7×10^{-5}$	$9.5×10^{-2}$	318
MSFEM-O	5 000×144	$1.7×10^{-5}$	$6.1×10^{-2}$	1 162

图 2-14 展示了截面 $y=0.6$ 处的解析解水头和 ETMSFEM-O(1 800,144)、MSFEM-O(1 800,144)的数值解水头值。结果显示 MSFEM-O 和 ETMSFEM-O 的曲线均很接近解析解,显示 MSFEM-O 和 ETMSFEM-O 均具有很高的精度。

2.3.4.2　具有渐变参数的二维地下水非稳定流问题

本例来源于 Ye 等在 2004 年的工作[153],是基于山前冲积平原的算例,控制方程为式(1-44),研究区域为 $\Omega=[0\ m, 10\ km]×[0\ m, 10\ km]$。从左到右渗透系数逐渐变化,渗透系数从 1 m/day 逐渐变化到 251 m/day,即 $K(x,y)=\dfrac{40+x}{40}$ m/day,这是冲积平原含水介质的典型特征。研究区上下均为不透水边

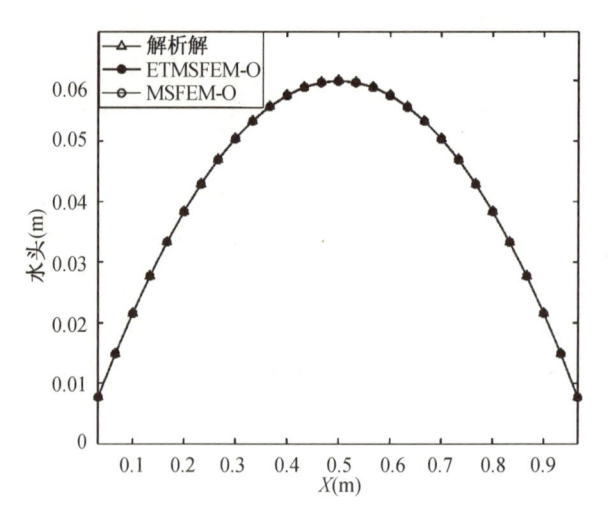

图 2-14 截面 $y=0.6$ 处的解析解以及 ETMSFEM-O 和 MSFEM-O 的数值解水头值

界,左侧边界水头为 10 m,右侧边界水头为 0 m。在点 (5 200 m,5 200 m)处,有一抽水井,每天抽水 1 000 m³,贮水率从左到右逐渐由 10^{-5}/m 变化到 10^{-6}/m,含水层厚 10 m,初始时刻水头 $H_0=10-10^{-3}x$ m。本例包含案例一、二两种不同的定解条件。

案例一,抽水时间步长为 1 天,总抽水时间为 5 天。LFEM-F 将研究区划分为 125 000 个单元,LFEM、MSFEM-O、MSFEM-L、ETMSFEM-O 和 ETMSFEM-L 将研究区划分为 1 250 个单元。为了确保 ETMSFEM 和 MSFEM 划分的细网格单元数相近,MSFEM 将粗网格划分为 49 个细网格,ETMSFEM 将粗网格划分为 48 个细网格。由于该例没有解析解,因此将 LFEM-F 结果作为标准进行参照。案例二,ETMSFEM-O、MSFEM-O 和 LFEM 将研究区划分为 5 000 个细网格,抽水时间步长为 1 天,总抽水时间为 10 天。ETMSFEM 和 MSFEM 划分的细网格单元数与案例一相同。由于此剖分较密,将 ETMSFEM-O (20 000,48)结果作为"标准解"进行参照。

首先是案例一的结果。图 2-15 中比较了在截面 $y=5\ 200$ m 处上述 6 种方法的水头值,显示 ETMSFEM-O 和 MSFEM-O 的结果与 LFEM-F 相近,其精度远高于 ETMSFEM-L 和 MSFEM-L,LFEM 精度最差。图 2-15 中的小图放大了在井附近的情况。与 Ye 等(2004)[153]观察到的 MSFEM 结果相似,MSFEM-O (1 250,49)和 ETMSFEM-O (1 250,48)在点 (5 200 m,5 200 m)附近的误差均有所上升。这是因为井附近水头呈现对数变化,MSFEM-O (1 250,49)和 ETMSFEM-O (1 250,48)无法很好地刻画剧烈变化的水头,在井附近的精度较差。

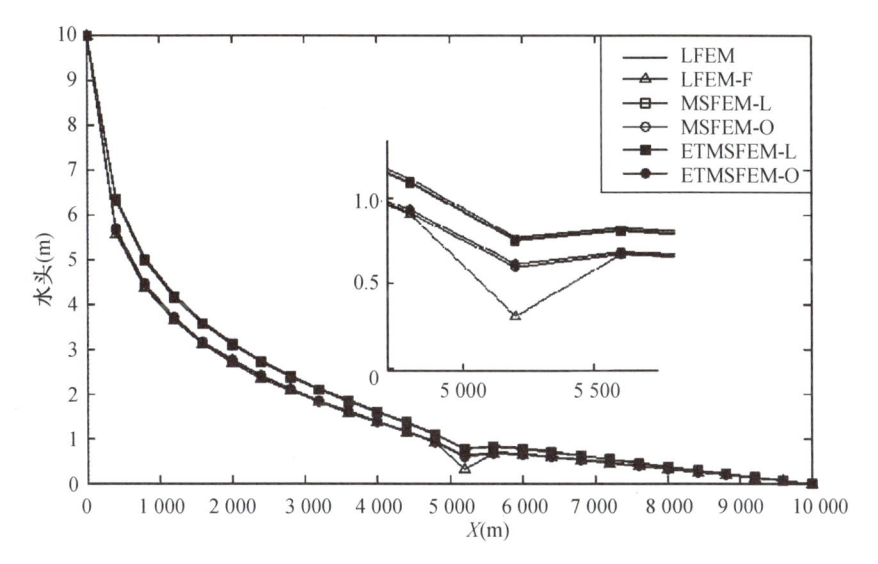

图 2-15 案例一各方法在截面 $y=5\ 200$ m 处的水头值

Arbogast（2003）[173]的研究表明，在井附近使用更细的网格剖分会有更好的结果，而案例二的网格比案例一的网格更密。图 2-16 展示了案例二中各方法在截面 $y=5\ 200$ m 处的水头值。图 2-16 显示 ETMSFEM-O（5 000,48）和 MSFEM-O（5 000,49）的结果比 LFEM 更精确。在图 2-16 的点（5 200 m,5 200 m）附近，ETMSFEM 和 MSFEM 的结果均显著优于图 2-15 中的结果，这表明 ETMSFEM 和 MSFEM 能够用更密的网格剖分在井附近获得精确的结果。

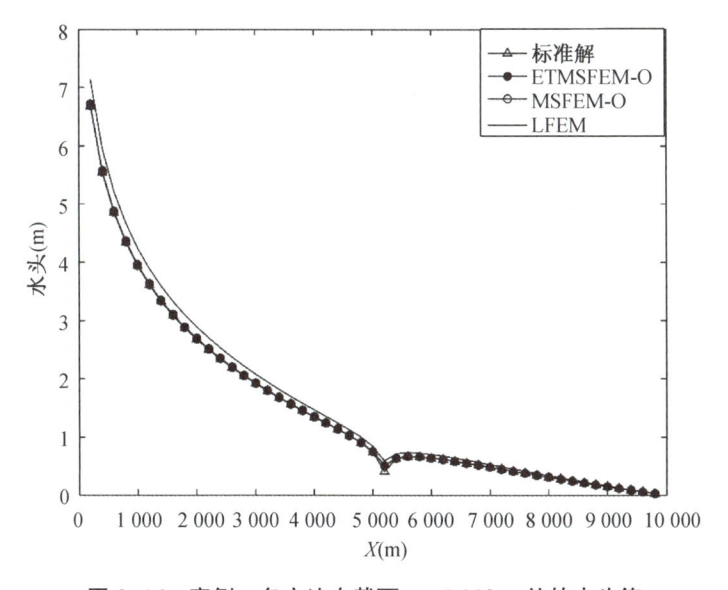

图 2-16 案例二各方法在截面 $y=5\ 200$ m 处的水头值

表 2-5 给出了本例各方法的平均绝对误差、平均相对误差和 CPU 时间,上半部分为案例一的各方法,下半部分为案例二的各方法。从表中可以看出 ETMSFEM 的精度与 MSFEM 相近,但略低于 MSFEM。然而,ETMSFEM 的计算时间远低于 MSFEM 和 LFEM-F,但能以相近精度获得相同数目的解,显示 ETMSFEM 具有更高的计算效率。同时,案例二的时间步长较多,此时 ETMSFEM 能够节约更多的计算消耗,显示该方法模拟非稳定流问题时的优越性。

表 2-5　各方法的平均绝对误差、平均相对误差和 CPU 时间

方法	网格数	时间步长(d)	平均绝对误差(m)	平均相对误差(%)	CPU 用时(s)
LFEM-F	125 000	5	/	/	433 836
LFEM	1 250	5	2.6×10^{-1}	1.8×10^{1}	1
MSFEM-O	$1\ 250\times49$	5	1.1×10^{-2}	8.5×10^{-1}	118
MSFEM-L	$1\ 250\times49$	5	2.4×10^{-1}	1.7×10^{1}	118
ETMSFEM-O	$1\ 250\times48$	5	3.7×10^{-2}	2.7×10^{0}	2
ETMSFEM-L	$1\ 250\times48$	5	2.4×10^{-1}	1.7×10^{1}	2
ETMSFEM-O	$20\ 000\times48$	10	/	/	3 755
LFEM	5 000	10	1.3×10^{-1}	8.8×10^{0}	63
MSFEM-O	$5\ 000\times49$	10	2.1×10^{-3}	1.5×10^{-1}	9 996
ETMSFEM-O	$5\ 000\times48$	10	1.1×10^{-2}	7.3×10^{-1}	78

2.3.4.3　具有突变参数的二维地下水稳定流问题

在地下水流问题中,研究区通常包含几种不同的介质。通常可以根据渗透系数的不同将研究区划分为几个区域,在区域的交界面处渗透系数存在突变。本例来源于 Cainelli 等在 2012 年的工作[175],为无量纲算例。控制方程为式(1-15),研究区为正方形 $\Omega=[0,1]\times[0,1]$。如图 2-17 所示,截面 $x=0.5$ 和 $y=0.5$ 将研究区划分为 Zone 1、2、3、4 四个正方形区域。Zone 1 中渗透系数为 1,Zone 2、3 中渗透系数为 10,Zone 4 中渗透系数为 100,本例四边的第一类边界条件由解析解确定,源汇项 W 可由解析解和相关参数代入控制方程获得,也可以在 Cainelli 等(2012)工作的附录中找到[175],这里不再赘述。每个区域的解析解水头在不同区域交界面处是连续的,与实际情况相似,具体如下

$$H_{\text{Zone1}} = \sin(10xy) - x^3 y^4 + 1 \tag{2-9}$$

$$H_{\text{Zone2}} = \sin\left[\frac{(2x+9)y}{2}\right] - \left(\frac{2x+9}{20}\right)^3 y^4 + 1 \tag{2-10}$$

$$H_{\text{Zone3}} = \sin\left[\frac{(2y+9)x}{2}\right] - \left(\frac{2y+9}{20}\right)^4 x^3 + 1 \qquad (2\text{-}11)$$

$$H_{\text{Zone4}} = \sin\left[\frac{(2x+9)(2y+9)}{40}\right] - \left(\frac{2x+9}{20}\right)^3 \left(\frac{2y+9}{20}\right)^4 + 1 \qquad (2\text{-}12)$$

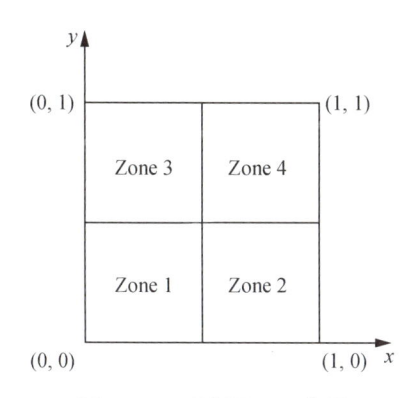

图 2-17 研究区 Ω 示意图

ETMSFEM-O 和 MSFEM-O 将研究区均剖分为 200、1 800、3 200 和 5 000 个粗网格单元，MSFEM-O 将每个粗网格划分为 49 个细网格单元，ETMSFEM-O 将每个粗网格划分为 48 个细网格单元。

表 2-6 展示了 ETMSFEM-O 和 MSFEM-O 在本例的平均绝对误差、平均相对误差和 CPU 计算用时。结果显示，两种方法的绝对误差和相对误差非常相近，ETMSFEM-O 的精度略高。同时，ETMSFEM-O 的 CPU 计算用时远少于 MSFEM-O。当粗网格单元数目增加时，两种方法之间的 CPU 计算用时差异变得越来越大，显示 ETMSFEM 在剖分更密的情况下能够节约更多的计算消耗。

图 2-18 显示了在截面 $y=0.5$ 处 ETMSFEM-O 和 MSFEM-O 水头解的相对误差，此时粗网格单元数目为 200。结果显示 ETMSFEM 的相对误差要小于 MSFEM。由于各区域的解析解不同，两种方法的相对误差在 $x=0$ 到 $x=0.4$ 之间逐步增加，在 $x=0.5$ 到 $x=1$ 之间逐步减小，呈现了不同的变化趋势。图 2-18 中 ETMSFEM-O 的平均相对误差为 1.1%，MSFEM-O 的平均相对误差为 3.3%；在表 2-6 中，ETMSFEM-O(200,48) 在整个研究区中的平均相对误差为 1.0%，MSFEM-O(200,49) 为 2.7%。由此可以看出，ETMSFEM-O 和 MSFEM-O 在交界面处 $y=0.5$ 处的相对误差大于整个研究区域的平均相对误差，但相差不多，在交界面 $x=0.5$ 处也可以观察到相似的结果。这一结果说明渗透系数突变会影响交界面附近解的准确性，但 ETMSFEM-O 和 MSFEM-O 均能较好地处理突变的渗透系数，在交界面处和整个研究区上都能获得较精确的水头。

表 2-6　ETMSFEM-O 和 MSFEM-O 的平均绝对误差、平均相对误差和 CPU 时间

方法	网格数	平均绝对误差	平均相对误差（%）	CPU 用时（s）
ETMSFEM-O	200×48	1.9×10^{-2}	1.0×10^{0}	1
ETMSFEM-O	1 800×48	1.1×10^{-2}	6.4×10^{-1}	3
ETMSFEM-O	3 200×48	8.4×10^{-3}	4.9×10^{-1}	5
ETMSFEM-O	5 000×48	6.7×10^{-3}	4.0×10^{-1}	11
MSFEM-O	200×49	4.8×10^{-2}	2.7×10^{0}	1
MSFEM-O	1 800×49	1.1×10^{-2}	6.4×10^{-1}	58
MSFEM-O	3 200×49	8.4×10^{-3}	4.9×10^{-1}	312
MSFEM-O	5 000×49	6.8×10^{-3}	4.0×10^{-1}	1 175

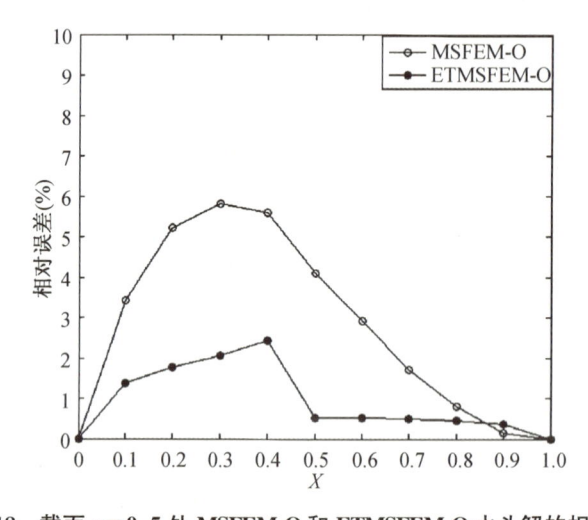

图 2-18　截面 $y=0.5$ 处 MSFEM-O 和 ETMSFEM-O 水头解的相对误差

2.3.4.4　具有多尺度变化参数的二维地下水稳定流问题

MSFEM 的数值模拟中的一个常见的难点是网格尺度和物理尺度之间会产生共振效应，从而会导致较大误差[10]。本例为无量纲算例，控制方程如式(1-15)所示，研究区 $\Omega=[0,1]\times[0,1]$，渗透系数为

$$K(x,y)=\frac{1.5+\sin\left(\frac{2\pi x}{\varepsilon}\right)}{1.5+\sin\left(\frac{2\pi y}{\varepsilon}\right)}+\frac{1.5+\sin\left(\frac{2\pi y}{\varepsilon}\right)}{1.5+\cos\left(\frac{2\pi x}{\varepsilon}\right)}+\sin(4x^{2}y^{2})+1$$

(2-13)

式中，ε 为物理尺度，研究区四边的水头为 0，源汇项 W 可将解析解 $H = xy(1-x)(1-y)$ 和相关参数代入控制方程获得。

令 $\varepsilon = \dfrac{1}{89}$，ETMSFEM-L、ETMSFEM-O 和 MSFEM-O 将研究区剖分为 800、9 800 个粗网格单元。MSFEM 和 ETMSFEM 均将每个粗网格单元划分为 144 个细网格单元。

图 2-19 展示了在截面 $y=0.5$ 处 ETMSFEM-L、ETMSFEM-O 和 MSFEM-O 水头解，此时粗网格单元数为 800。图 2-19 中各方法均具有较大程度的振荡，表现为共振效应产生的误差。图 2-19 中 ETMSFEM-O 的精度最高，且优于 ETMSFEM-L 和 MSFEM-O，显示基函数振荡边界条件在处理多尺度变化系数时能够取得更高的精度。

图 2-20 展示了在截面 $y=0.5$ 处 ETMSFEM-O 和 MSFEM-O 解的情况，粗网格单元数为 9 800。图中，MSFEM 和 ETMSFEM 的精度接近，曲线均较光滑，精度优于图 2-19，显示网格加密能够减少共振效应产生的误差。

表 2-7 展示了本例不同条件下的 MSFEM 和 ETMSFEM 的平均绝对误差、平均相对误差和 CPU 计算用时。从表中可以看出 ETMSFEM 在计算精度和时间方面均优于 MSFEM，显示该方法具有更高的计算效率。同时，与之前的案例相同，当粗网格单元个数增加时，两种方法之间的 CPU 用时的差距变的越来越大，显示 ETMSFEM 在处理非均质大尺度地下水问题具有一定优势。

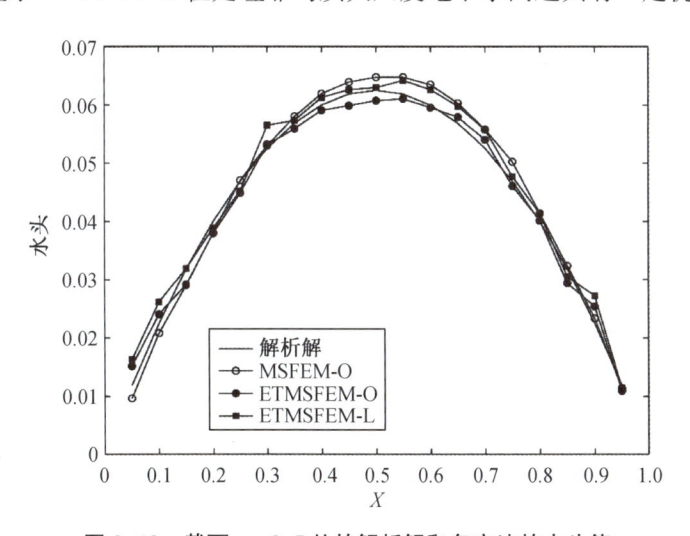

图 2-19　截面 $y=0.5$ 处的解析解和各方法的水头值

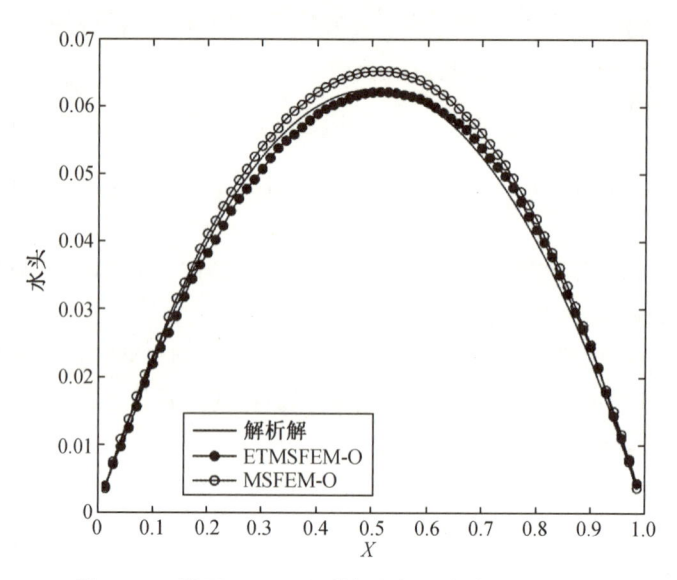

图 2-20 截面 $y=0.5$ 处的解析解和各方法的水头值

表 2-7 ETMSFEM 和 MSFEM 的平均绝对误差、平均相对误差和 CPU 时间

方法	网格数	平均绝对误差	平均相对误差（%）	CPU 用时（s）
ETMSFEM-O	800×144	$1.6×10^{-3}$	$9.1×10^{0}$	4
ETMSFEM-L	800×144	$2.0×10^{-3}$	$1.1×10^{3}$	4
MSFEM-O	800×144	$2.1×10^{-3}$	$8.7×10^{0}$	7
ETMSFEM-O	9 800×144	$1.0×10^{-3}$	$5.2×10^{0}$	113
MSFEM-O	9 800×144	$2.0×10^{-3}$	$8.0×10^{0}$	8 229

此外，ETMSFEM 可以应用式(2-8)通过粗尺度水头和基函数来准确地计算细尺度节点上水头。以粗网格单元 $\triangle_{ijk}$ 为例，其顶点为 $i(0.3,0,3)$、$j(0.25,0,3)$、$k(0.3,0,25)$。表2-8 在中网格单元 $\triangle_{ogi}$（图2-11 b）内点 M_1 和内边界 io($E_{14}-E_{18}$)上，将 ETMSFEM-O（800,144）应用式(2-8)获得的细尺度水头值和解析解水头值进行了对比。结果显示，ETMSFEM-O（800,144）所获的细尺度水头值非常接近解析解水头值，具有较高精度。若 ETMSFEM 采用更密的剖分，其细尺度水头值的精度还可以进一步提高。

表 2-8 ETMSFEM-O (800,144) 的细尺度水头值和解析解水头值

节点	坐标	ETMSFEM 细尺度水头	解析解水头	相对误差（%）
M_1	(0.295 833, 0.287 5)	0.044 801 5	0.042 672 2	5.0×10^0
i	(0.3, 0.3)	0.043 711 0	0.044 100 0	8.8×10^{-1}
E_{14}	(0.297 17, 0.297 17)	0.043 640 9	0.043 748 9	2.5×10^{-1}
E_{15}	(0.295 833, 0.295 833)	0.043 590 5	0.043 395 5	4.5×10^{-1}
E_{16}	(0.293 75, 0.293 75)	0.043 526 9	0.043 040 0	1.1×10^0
E_{17}	(0.291 667, 0.291 667)	0.043 444 3	0.042 682 4	1.8×10^0
E_{18}	(0.289 583, 0.289 583)	0.043 349 4	0.042 322 7	2.4×10^0
o	(0.287 5, 0.287 5)	0.043 267 5	0.041 961 0	3.1×10^0
g	(0.3, 0.275)	0.045 303 4	0.041 868 8	8.2×10^0

2.3.4.5 具有非线性参数的二维稳定地下潜水流问题

本例的控制方程、研究区、参数、边界条件、解析解均与例 2.2.4.6 相同。本例需要迭代求解，即求解式(2-2)直到满足 $|H^{(n)}-H^{(n-1)}|<\eta$。

在案例一中，$\eta=10^{-4}$，ETMSFEM-O 和 MSFEM-O 均把研究区划分为 1 800 个粗网格单元，MSFEM 把粗网格单元划分为 49 个细网格单元，ETMSFEM 把粗网格单元划分为 48 个细网格单元。在案例二中，$\eta=10^{-10}$，ETMSFEM-O 和 MSFEM-O 均把研究区划分为 9 800 个粗网格单元，MSFEM 把粗网格单元划分为 49 个细网格，ETMSFEM 把粗网格单元划分为 48 个细网格。

在案例一中，为了使 ETMSFEM 和 MSFEM 都收敛，需迭代 4 次。图 2-21 展示了两种方法在截面 $y=0.5$ 处的水头相对误差。从图中可以看出，ETMSFEM-O 和 MSFEM-O 的相对误差十分接近，且均低于 0.2%，ETMSFEM-O 的精度略高。表 2-9 中上半部分展示了案例一中 ETMSFEM-O 和 MSFEM-O 的平均绝对误差，平均相对误差和 CPU 时间，结果表明 ETMSFEM 在精度和 CPU 计算时间两方面均优于 MSFEM，显示该方法在模拟地下水潜水流问题时具有更高的计算效率。

在案例二中，为了使 ETMSFEM 和 MSFEM 都收敛，需迭代 6 次。表 2-9 中下半部分展示了案例二中 ETMSFEM-O 和 MSFEM-O 的平均绝对误差，平均相对误差和 CPU 时间。由于需要迭代多次，MSFEM 的计算用时明显较前面各例中有所上升。此时，ETMSFEM 的 CPU 计算用时仅为 MSFEM 的 0.5%，能够比案例一节约更多的计算消耗，显示 ETMSFEM 在处理需要精细剖分的非线性问题时能够节约更多的计算消耗。

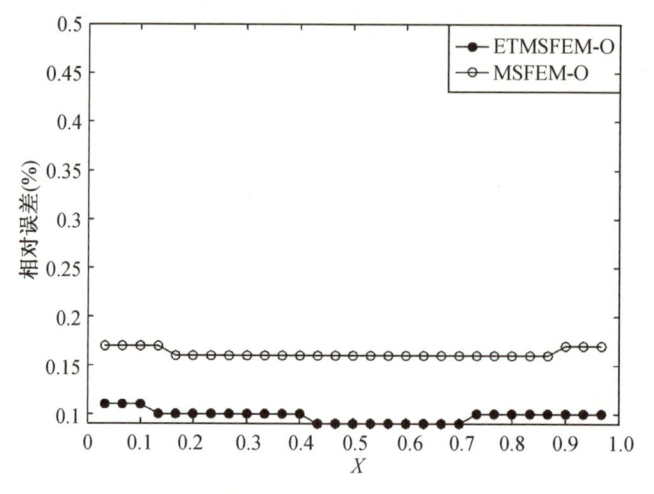

图 2-21 ETMSFEM-O 和 MSFEM-O 在截面 $y=0.5$ 处的水头相对误差

表 2-9 ETMSFEM-O 和 MSFEM-O 的平均绝对误差、平均相对误差和 CPU 时间

方法	网格数	迭代次数（次）	平均绝对误差	平均相对误差（%）	CPU 用时（s）
ETMSFEM-O	$1\,800\times48$	4	3.0×10^{-5}	1.1×10^{-1}	4
MSFEM-O	$1\,800\times49$	4	4.9×10^{-5}	1.7×10^{-1}	156
ETMSFEM-O	$9\,800\times48$	6	5.3×10^{-6}	1.9×10^{-2}	223
MSFEM-O	$9\,800\times49$	6	8.6×10^{-6}	3.2×10^{-2}	42 127

第3章

模拟地下水连续达西渗流速度的新型多尺度有限单元法

3.1 概述

对于水资源评价、水利工程、地质勘探和地下水污染防治等领域,地下水的流速和流向非常关键。连续达西渗流速度场能够准确描述地下水渗流状态,也是精确建立溶质运移模型的基础。然而,包括 MSFEM 在内的基于有限单元框架的方法无法在非均质介质中保证达西渗流速度的连续性,所计算的达西渗流速度误差很大。达西渗流速度的不连续性不仅违反了物理规律,也降低了截面流量、对流项的模拟精度,限制了 MSFEM 模拟地下水流和溶质运移问题的适用性。因此,研究 MSFEM 的连续达西渗流速度算法对高效精确描述复杂地下水的运移状态具有重要意义。

目前,能够获得达西渗流速度的算法主要有两种主要策略。第一种策略是将水头和达西渗流速度同时作为未知项进行混合求解,典型代表方法为混合有限单元法[178-180]。混合有限单元法能够获得十分精确的达西渗流速度,但其求解过程复杂,矩阵有时无法保证对称正定性,且需要迭代多次才能获得结果,故应用该方法模拟时常需要非常大的计算量。第二种策略是先求解水头,再基于水头模拟达西渗流速度。该策略的典型代表方法有:三次样条法[72]、双重网格法[71]、线性伽辽金模型[70]等。与第一种策略相比,第二种策略的数值方法更简单直接,计算成本较低,更适合实际工作。然而,有限元类连续达西渗流速度模拟方法在模拟大尺度地下水问题时也面临着与水头模拟相同的困境,需要大量的计算消耗。通过 MSFEM 改进这些传统达西渗流速度算法,能够显著提高其计算精度,从而高效地获得连续的达西渗流速度场。

本章介绍的两种能够模拟连续地下水达西渗流速度的新型多尺度有限单元法就是基于这些传统方法而构建的。一种是三次样条多尺度有限单元法(MS-

FEM-C)[154],应用 MSFEM 模拟地下水水头保证效率,采用三次样条函数逼近基函数来保证基函数一阶导数的连续性,以得到连续的水头一阶导数项,从而得到连续的达西渗流速度场;另一种是双重网格多尺度有限单元法(D-MSFEM)[155],在 MSFEM 基础上,通过平移网格构造第二重 MSFEM 网格,应用 MSFEM 高效模拟地下水水头,再应用达西定律获得连续的达西渗流速度。数值实验结果表明:两种方法均能保证达西渗流速度的连续性,具有较高的计算精度和效率。

3.2 三次样条多尺度有限单元法

3.2.1 算法简介

三次样条多尺度有限单元法(MSFEM-C)[154]能够通过 MSFEM[10]高效模拟地下水水头,并使用三次样条法[72]保证达西渗流速度的连续性。MSFEM-C 也具有水头模拟和达西渗流速度模拟两个步骤。首先,该方法应用 MSFEM 模拟地下水水头,通过构造满足局部微分算子的基函数抓住小尺度的信息,无需在小尺度上求解即可抓住大尺度特征,具有比传统方法更高的计算效率。另一方面,由于 MSFEM 水头的一阶导数是通过基函数的一阶导数得到的,在节点上不连续,故无法得到连续的达西渗流速度。为此,MSFEM-C 在模拟达西渗流速度的过程中,采用三次样条函数逼近 MSFEM 基函数来保证其一阶导数的连续性,从而获得连续的水头一阶导数,再通过达西定律获得连续的达西渗流速度场。由于 MSFEM-C 是在每个粗网格单元的一维网格线上运用三次样条技术获得达西渗流速度的,故 MSFEM-C 模拟达西渗流速度的计算消耗极低。数值实验的结果显示 MSFEM-C 能够精确获得连续的达西渗流速度,具有较高的计算精度和效率。

3.2.2 三次样条多尺度有限单元法的网格构造

MSFEM-C 在模拟达西渗流速度前需要应用 MSFEM 获得研究区各个节点的水头值。图 3-1 展示了 MSFEM-C 网格构造,使用了矩形粗网格单元和三角形细网格单元。为了更好展示剖分细节,图 3-1 只画出了部分单元的剖分,中间部分单元省略,用点虚线表示。设研究区需要被剖分成 $N \times N$ 个矩形粗网格单元,将研究区边界等分为 N 份再连接这些等分点即可。然后,每个粗网格单元还需要被划分为三角形细网格单元。如图 3-1 应用细虚线将示例粗网格单元 $\square_{ijkl}$ 剖分成 8 个细网格单元。

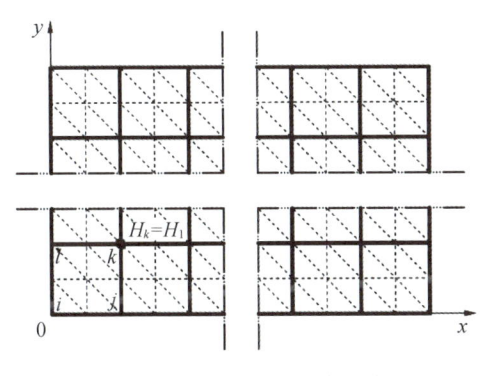

图 3-1 研究区的网格剖分

3.2.3 三次样条多尺度有限单元法模拟地下水达西渗流速度的基本格式

3.2.3.1 三次样条多尺度有限单元法模拟水头的基本格式

以各向异性的二维地下水稳定流问题为例,首先在研究区上考虑如下方程

$$\begin{cases} -\dfrac{\partial}{\partial x}\left(K_x \dfrac{\partial H}{\partial x}\right) - \dfrac{\partial}{\partial y}\left(K_y \dfrac{\partial H}{\partial y}\right) = W, \\ H|_{\partial\Omega} = g, (x,y) \in \Omega \end{cases} \quad (3\text{-}1)$$

式中:K_x、K_y 分别为坐标轴 x、y 方向的渗透系数分量;g 为边界条件函数;W 为源汇项;Ω 为研究区域,被剖分成 $N \times N$ 份,共有 γ 个矩形粗网格单元 $\square_{ijkl}$。

将式(3-1)两边乘以基函数 Ψ_i,运用伽辽金法,可得

$$\sum_1^\gamma \iint \left[\left(K_x \dfrac{\partial H}{\partial x}\right)\dfrac{\partial \Psi_i}{\partial x} + \left(K_y \dfrac{\partial H}{\partial y}\right)\dfrac{\partial \Psi_i}{\partial y}\right] \mathrm{d}x\mathrm{d}y = \sum_1^\gamma \iint W\Psi_i \mathrm{d}x\mathrm{d}y \quad (3\text{-}2)$$

根据 MSFEM 的基本理论,每个粗网格单元 $\square_{ijkl}$ 上,有

$$H(x,y) = H_i\Psi_i(x,y) + H_j\Psi_j(x,y) + H_k\Psi_k(x,y) + H_l\Psi_l(x,y) \quad (3\text{-}3)$$

将式(3-3)代入式(3-2)在 $\square_{ijkl}$ 的分量,左侧部分为仅含顶点水头的表达式

$$\iint_{\square_{ijkl}} \left[\left(K_x \dfrac{\partial H}{\partial x}\right)\dfrac{\partial \Psi_i}{\partial x} + \left(K_y \dfrac{\partial H}{\partial y}\right)\dfrac{\partial \Psi_i}{\partial y}\right] \mathrm{d}x\mathrm{d}y = B_{ii}H_i + B_{ij}H_j + B_{ik}H_k + B_{il}H_l$$

$$(3\text{-}4)$$

同理,将式(3-1)两边乘以基函数 Ψ_j、Ψ_k、Ψ_l,运用伽辽金法,也可以得到类似式(3-4)的表达式,结合右端项,综合后可以得到 $\square_{ijkl}$ 的单元方程组

$$B_{\theta i}H_i + B_{\theta j}H_j + B_{\theta k}H_k + B_{\theta l}H_l = F_\theta, \theta = i,j,k,l \tag{3-5}$$

式中:H_i、H_j、H_k、H_l 为单元 $\square_{ijkl}$ 四个顶点的水头值;$F_\theta = \iint_{\square_{ijkl}} W\Psi_\theta \mathrm{d}x\mathrm{d}y$ 为右端项。将式(3-5)离散到细网格单元上,可以得到各系数和右端项的具体形式,这里不再赘述。研究区每一个粗网格单元都可以得到一个类似式(3-5)的单元线性方程组,联立这些方程组构成一个关于 H 的总线性方程组,即可得到研究区各节点水头值 H。

3.2.3.2 应用三次样条技术获得连续的基函数一阶导数

MSFEM 的水头一阶导数可以通过基函数的一阶导数获得,但基函数的一阶导数在节点上不连续。样条函数能够精确地拟合各种函数和曲线,且其一阶导数具有连续性[181-183]。因此,MSFEM-C 应用三次样条函数去近似估计基函数的值,再应用三次样条函数的一阶导数来获得基函数在 x 和 y 方向的一阶导数值。MSFEM-C 要求粗网格上的每条网格线上的渗透系数在节点上是连续的,以满足三次样条函数的应用要求。以获得基函数 Ψ_i 在 x 方向的导数为例,设 $[a,b]$ 是示例粗网格单元 $\square_{ijkl}$ 上的一条网格线(图 3-2),$[a,b]$ 上有 $n+1$ 个节点,即

$$a = x_0 < x_1 < \cdots < x_n = b \tag{3-6}$$

式中:$x_\tau(\tau = 0,1,\cdots,n)$ 表示第 τ 个节点的 x 方向的坐标。

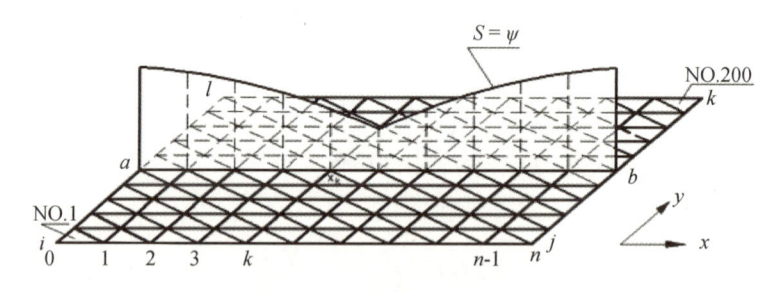

图 3-2 三次样条法示意图

使用样条函数 $S_i(x)$ 近似估计基函数 Ψ_i,样条 $S_i(x)$ 具有如下性质:$S_i(x)$ 在各节点 x_τ 的值等于该点的基函数值;$S_i(x)$ 的二阶导数在 $[a,b]$ 上连续;$S_i(x)$ 为三次多项式。$S_i(x)$ 在区间 $[x_{\tau-1},x_\tau]$ 上的表达式为

$$S_i(x) = \frac{(x_\tau - x)^2(x - x_{\tau-1})}{\Delta_\tau^2} m_{\tau-1} - \frac{(x_\tau - x)(x - x_{\tau-1})^2}{\Delta_\tau^2} m_\tau +$$
$$\frac{(x_\tau - x)^2[2(x - x_{\tau-1}) + \Delta_\tau]}{\Delta_\tau^3} \Psi_i(x_{\tau-1}) + \frac{(x - x_{\tau-1})^2[2(x_\tau - x) + \Delta_\tau]}{\Delta_\tau^3} \Psi_i(x_\tau) \tag{3-7}$$

式中：$\Delta_\tau = x_\tau - x_{\tau-1}$ 为空间步长，$m_\tau = \dfrac{\partial S_i(x_\tau)}{\partial x}$ 是 $S_i(x)$ 在节点 x_τ 的 x 方向一阶导数值。

由于 $S_i(x)$ 的二阶导数在 $[a,b]$ 上连续，推导可得

$$\lambda_\tau m_{\tau-1} + 2 m_\tau + (1 - \lambda_\tau) m_{\tau+1} = d_\tau, \tau = 1, 2, \cdots, n-1 \tag{3-8}$$

式中：$d_\tau = \dfrac{3 \Delta_\tau \Delta_{\tau+1}}{\Delta_\tau + \Delta_{\tau+1}} \left[\dfrac{\Psi_i(x_{\tau+1}) - \Psi_i(x_\tau)}{\Delta_{\tau+1}^2} + \dfrac{\Psi_i(x_\tau) - \Psi_i(x_{\tau-1})}{\Delta_\tau^2} \right]$，$\lambda_\tau = \dfrac{\Delta_{\tau+1}}{\Delta_\tau + \Delta_{\tau+1}}$。

式(3-8)的边界条件由前差公式给出

$$m_0 = \frac{\Psi_i(x_1) - \Psi_i(x_0)}{\Delta_1}, m_n = \frac{\Psi_i(x_n) - \Psi_i(x_{n-1})}{\Delta_n} \tag{3-9}$$

式(3-8)、式(3-9)构成了一个关于 $S_i(x)$ 的一阶导数值 $m_\tau, \tau = 1, 2, \cdots, n-1$ 的方程组，是三对角形式，易于求解。三次样条函数的一阶导数 m_τ 能够精确逼近基函数 Ψ_i 在 x 方向的一阶导数值，其精度为 $O(\Delta_{\max}^{\frac{1}{2}}) \sim O(\Delta_{\max}^2)$，$\Delta_{\max} = \text{Max}\{\Delta_k\}$[72,183]，可得

$$\frac{\partial \Psi_i(x_\tau)}{\partial x} \approx \frac{\partial S_i(x_\tau)}{\partial x} = m_\tau, \tau = 0, 1, 2, \cdots, n \tag{3-10}$$

3.2.3.3 三次样条多尺度有限单元法模拟达西渗流速度的基本格式

根据达西定律

$$\boldsymbol{V} = \boldsymbol{K} \cdot \boldsymbol{J} \tag{3-11}$$

式中：$\boldsymbol{V} = \begin{bmatrix} V_x \\ V_y \end{bmatrix}$ 为达西渗流速度，$\boldsymbol{K} = \begin{bmatrix} K_x & 0 \\ 0 & K_y \end{bmatrix}$ 为渗透系数张量，$\boldsymbol{J} = \begin{bmatrix} J_x \\ J_y \end{bmatrix}$ 为水力坡度。

在每个粗网格单元 $\square_{ijkl}$ 上考虑达西定律式(3-11)，如以 $\boldsymbol{V}_x$ 表示粗网格单元 $\square_{ijkl}$ 各节点上的 x 轴方向的达西渗流速度，则有

$$V_x(x,y) = -K_x(x,y) \frac{\partial H(x,y)}{\partial x} \tag{3-12}$$

式中：$K_x(x,y)$ 为坐标轴 x 方向的渗透系数分量。

为了求解达西渗流速度，MSFEM-C 需要先获得连续的水头的一阶导数 $\dfrac{\partial H(x,y)}{\partial x}$。在粗网格单元 $\square_{ijkl}$ 上，$\dfrac{\partial H(x,y)}{\partial x}$ 可由粗网格单元的四个顶点的基函数表示为

$$\frac{\partial H(x,y)}{\partial x}=H_i\frac{\partial \Psi_i(x,y)}{\partial x}+H_j\frac{\partial \Psi_j(x,y)}{\partial x}+H_k\frac{\partial \Psi_k(x,y)}{\partial x}+H_l\frac{\partial \Psi_l(x,y)}{\partial x} \tag{3-13}$$

将式(3-13)代入式(3-12)，在 $\square_{ijkl}$ 上有

$$V_x(x,y)=K_x(x,y)\cdot\left[H_i\frac{\partial \Psi_i(x,y)}{\partial x}+H_j\frac{\partial \Psi_j(x,y)}{\partial x}+H_k\frac{\partial \Psi_k(x,y)}{\partial x}+H_l\frac{\partial \Psi_l(x,y)}{\partial x}\right] \tag{3-14}$$

联立式(3-10)、式(3-14)，可得

$$V_x(x,y)\approx K_x(x,y)\cdot\left[H_i\frac{\partial S_i(x,y)}{\partial x}+H_j\frac{\partial S_j(x,y)}{\partial x}+H_k\frac{\partial S_k(x,y)}{\partial x}+H_l\frac{\partial S_l(x,y)}{\partial x}\right] \tag{3-15}$$

由此，MSFEM-C 可以获得每个粗网格单元各个节点的达西渗流速度，在所有粗网格单元的每条网格线上进行上述过程，即可获得所有粗网格单元的所有细尺度节点上的达西渗流速度。

3.2.3.4　三次样条多尺度有限单元法的超样本技术

在进行地下水流模拟时，若网格和介质物理尺度大小相近便会引起共振效应，产生谐振误差[10]。超样本技术[11]可以降低谐振误差，有效提高精度及收敛速度。由于 MSFEM-C 使用了矩形网格单元，其超样本技术的网格（图 3-3）和相关公式与 1.3.5 节略有不同。MSFEM-C 超样本技术需要求解四个临时基函数 Φ_I、Φ_J、Φ_K、Φ_L，再通过临时基函数获得原粗网格单元的基函数

$$\Psi_i(x,y)=C_{11}\Phi_I(x,y)+C_{12}\Phi_J(x,y)+C_{13}\Phi_K(x,y)+C_{14}\Phi_L(x,y)$$
$$\Psi_j(x,y)=C_{21}\Phi_I(x,y)+C_{22}\Phi_J(x,y)+C_{23}\Phi_K(x,y)+C_{24}\Phi_L(x,y)$$
$$\Psi_k(x,y)=C_{31}\Phi_I(x,y)+C_{32}\Phi_J(x,y)+C_{33}\Phi_K(x,y)+C_{34}\Phi_L(x,y)$$
$$\Psi_l(x,y)=C_{41}\Phi_I(x,y)+C_{42}\Phi_J(x,y)+C_{43}\Phi_K(x,y)+C_{44}\Phi_L(x,y)$$

$$\tag{3-16}$$

式中，$C_{\alpha\beta}$，$\alpha,\beta=1,2,3,4$ 为常数，可以根据基函数 Ψ_i、Ψ_j、Ψ_k、Ψ_l 在 □$_{ijkl}$ 的顶点值：$\Psi_a(x_b,y_b)=\delta_{ab}$，$(a=b：\delta_{ab}=1;a\neq b：\delta_{ab}=0;a,b=i,j,k,l)$ 获得。

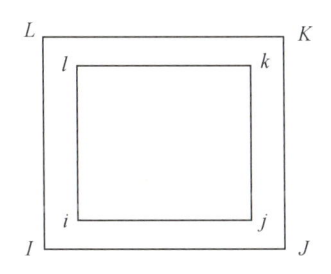

图 3-3　MSFEM-C 的超样本技术示意图

3.2.4　应用三次样条多尺度有限单元法模拟地下水达西渗流速度问题

采用如下缩写形式：x 方向上的达西渗流速度（V_x）；MSFEM 在每个粗网格单元上采用前差公式近似估计水头的一阶导数，并用达西定律获得达西渗流速度（MSFEM-DF）；MSFEM-DF 将研究区剖分为 a 个粗网格单元，每个粗网格单元被剖分为 b 个细网格单元（MSFEM-DF(a,b)）；MSFEM-DF 使用基函数线性/振荡边界条件（MSFEM-DF-L/MSFEM-DF-O）；三次样条多尺度有限单元法（MSFEM-C）；MSFEM-C 使用基函数线性/振荡边界条件（MSFEM-C-L/MSFEM-C-O）；MSFEM-C-O 使用超样本技术（MSFEM-C-os-O）；MSFEM-C 采用 a 个粗网格单元，每个粗网格单元被剖分为 b 个细网格单元（MSFEM-C(a,b)）；解析解（AS）；在每个 MSFEM-C 粗网格单元上利用三次样条函数获得解析解水头的一阶导数[72]，再用式（3-12）获得达西渗流速度（AS-C）。

本节将分析 MSFEM-C 在模拟地下水稳定流问题、潜水流问题时的计算精度和效率，并考虑多种不同变化形式的水文地质参数。由于本节所有数值方法的达西渗流速度 V_x 均是在各个粗网格单元内获得的，故各方法采用了相同的粗网格单元的细网格剖分方法。同时，各方法的程序均采用 C++编写，没有应用并行计算技术，并在同一计算机上运行。

3.2.4.1　具有连续变化参数的二维地下水稳定流问题

二维地下水稳定流问题如式（1-15）所示，渗透系数 $K=(1+x)(1+y)$，研究区域 Ω 为 $[0,1]\times[0,1]$，解析解为 $H=xy(1-x)(1-y)$，研究区四边的水头为 0，源汇项 W 可将解析解和相关参数代入控制方程获得。

MSFEM-C-L、MSFEM-C-O、AS-C、MSFEM-DF-L 和 MSFEM-DF-O 均将

研究区剖分为 100、400、900 个正方形粗网格单元,并将每一个粗网格单元被剖分为 50 份。

表 3-1 展示了各方法的水头平均绝对误差、达西渗流速度 V_x 的平均相对误差和计算本例所用的 CPU 时间。如表 3-1 所示,当粗网格单元数目相同时,各种数值方法的速度精度从高到低为 AS-C、MSFEM-C-O、MSFEM-C-L、MSFEM-DF-O、MSFEM-DF-L。其中 AS-C 的结果明显比其余方法更加精确,显示了速度的误差主要是由水头误差产生的。基于相同的水头的来模拟达西渗流速度,MSFEM-C 的精度要高于 MSFEM-DF,显示三次样条法比差分法产生的误差更小。此外,MSFEM-C-O 和 MSFEM-DF-O 的结果分别比 MSFEM-C-L 和 MSFEM-DF-L 高,显示基函数的振荡边界条件能够更好地描述介质信息,获得更高的精度。由于 AS-C 无需计算水头,故其所用的计算时间最短,而 MSFEM-C 和 MSFEM-DF 的计算时间相近,显示 MSFEM-C 应用三次样条技术模拟达西渗流速度的计算消耗很低,MSFEM-C 具有较高的计算效率计算效率。

表 3-1　各方法的水头平均绝对误差、达西渗流速度平均相对误差和计算时间

方法名称	水头平均绝对误差	速度平均相对误差(%)	计算时间（s）
MSFEM-C-O(100,50)	3.04×10^{-5}	18.54	<1
MSFEM-C-O(400,50)	7.09×10^{-6}	10.80	5
MSFEM-C-O(900,50)	3.06×10^{-6}	7.98	45
MSFEM-C-L(100,50)	3.06×10^{-5}	18.57	<1
MSFEM-C-L(400,50)	7.15×10^{-6}	11.18	5
MSFEM-C-L(900,50)	3.08×10^{-6}	8.30	45
MSFEM-DF-O(100,50)	3.04×10^{-5}	23.86	<1
MSFEM-DF-O(400,50)	7.10×10^{-6}	17.90	5
MSFEM-DF-O(900,50)	3.06×10^{-6}	15.86	39
MSFEM-DF-L(100,50)	3.068×10^{-5}	23.95	<1
MSFEM-DF-L(400,50)	7.16×10^{-6}	18.24	5
MSFEM-DF-L(900,50)	3.09×10^{-6}	16.17	39
AS-C(100,50)	0	3.10	<1
AS-C(400,50)	0	1.31	<1
AS-C(900,50)	0	0.97	<1

图 3-4 展示了达西渗流速度 V_x 的相对误差和粗网格单元尺度之间的关系,

结果显示各方法速度的误差均与粗网格单元尺度成正比,剖分得越细,速度的误差越小。由于 MSFEM-C 能够保证达西渗流速度的连续性,MSFEM-C 的曲线始终在 MSFEM-DF 的下方,显示 MSFEM-C 具有更高的精度。

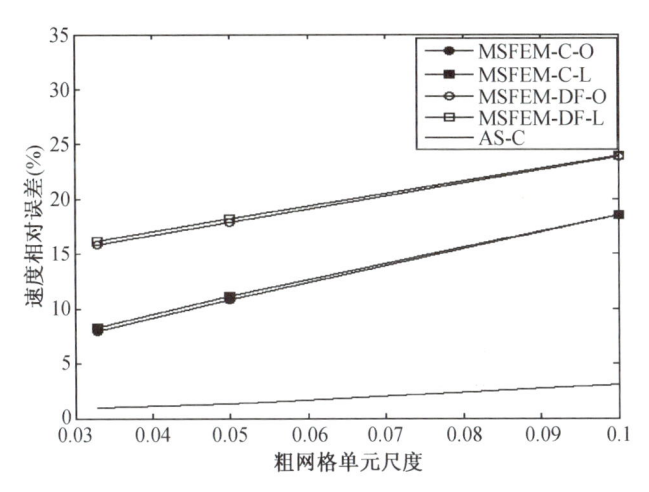

图 3-4　V_x 的平均相对误差与粗网格单元尺度关系图

3.2.4.2　具有振荡变化参数的二维地下水稳定流问题

二维地下水稳定流问题由式(1-15)描述,渗透系数 $K = \dfrac{1}{2+P\sin[\pi(x+y)]}$,研究区域 Ω 为 $[0,1]\times[0,1]$,解析解为 $H = xy(1-x)(1-y)$,研究区四边的水头为 0,源汇项 W 可将解析解和相关参数代入控制方程获得。

令 $P = 1.99$,则渗透系数的最大值为最小值的 400 倍。AS-C、MSFEM-C 和 MSFEM-DF 将研究区剖分为 400 个粗网格单元,每一粗网格单元剖分为 50 个细网格单元。

图 3-5 展示了 AS-C、MSFEM-C-O、MSFEM-C-os-O 和 MSFEM-DF-O 的平均水头绝对误差和达西渗流速度 V_x 的平均相对误差。如图所示,各方法达西渗流速度精度从高到低为 AS-C、MSFEM-C-os-O、MSFEM-C-O、MSFEM-DF-O。AS-C 的水头误差为 0,故其取得了最高精度的达西渗流速度。MSFEM-C-O 依然获得了比 MSFEM-DF-O 更高的精度,说明了三次样条技术的有效性。同时,MSFEM-C-os-O 精度比 MSFEM-C-O 更高,这是因为超样本技术可以提高水头的精度,从而提高了速度的精度。和 3.2.4.1 节的结果相比,本例渗透系数的高度振荡使水头误差增大,导致达西渗流速度的误差也升高。在这种情况下,传统方法一般需要网格加密才可以提高精度,而 MSFEM-C 可以使用超样本技术(MSFEM-C-os-O)获得较精确的解,能够节约计算消耗。此外,MSFEM-C-os-O、

MSFEM-C-O、MSFEM-DF-O 所用的计算时间均为 5 s，说明 MSFEM-C 的超样本技术、三次样条技术所需的计算消耗较小。

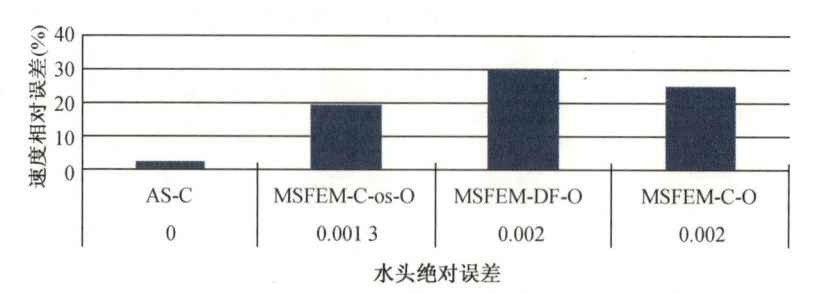

图 3-5　各方法的平均水头绝对误差和达西渗流速度 V_x 的相对误差

3.2.4.3　具有多尺度变化参数的二维地下水稳定流问题

本例的问题设置和例 2.3.4.4 相同，渗透系数呈多尺度变化，$\varepsilon = \dfrac{1}{69}$，AS-C、MSFEM-C-O 和 MSFEM-DF-O 均将研究区剖分为 900 个粗网格单元，再将每一粗网格单元剖分为 128 个细网格单元。

图 3-6 展示了 AS-C、MSFEM-C-O 和 MSFEM-DF-O 在 $y = 0.466\,7$ 和 $y = 0.5$ 两个截面之间的所有粗网格单元上速度 V_x 的平均相对误差。这些粗网格单元的编号为 No.420—No.450（从左至右编号）。根据图 3-6，可知 AS-C 的精度最高，MSFEM-C-O 次之，MSFEM-DF-O 最差，显示达西渗流速度误差的来源主要是水头。三次样条技术能够更好地处理物理尺度 ε 的影响，故 MSFEM-C 获得比 MSFEM-DF 的差分方法更精确的解。同时，MSFEM-C-O 和 MSFEM-DF-O 的计算时间接近，分别为 40 s 和 39 s，显示 MSFEM-C 的模拟达西渗流速度的消耗很低，具有较高的计算效率。

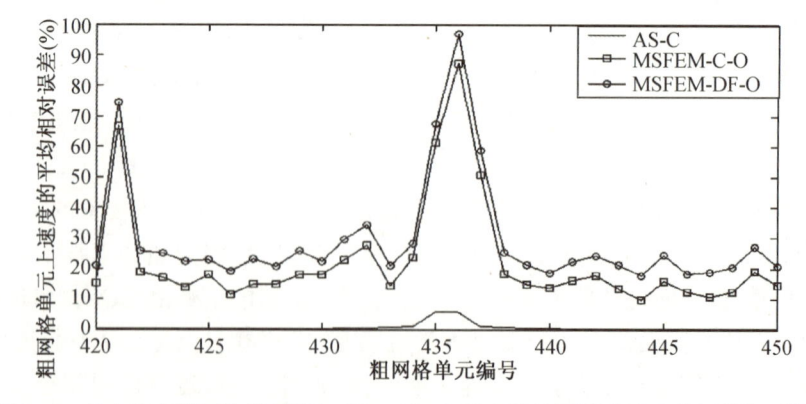

图 3-6　各方法在粗网格单元(No.420—No.450)上的达西渗流速度的平均相对误差

3.2.4.4 具有非线性参数的二维潜水稳定流问题

本例的控制方程、研究区、导水系数、边界条件、解析解均与例 2.2.4.6 相同。本例需要迭代求解,迭代误差 $\eta = 0.0001$,初始水头为 0。

MSFEM-C-O 和 MSFEM-DF-O 均将研究区剖分为两种尺度,即 400、900 个正方形粗网格单元,再将每一个粗网格单元被剖分为 50 个细网格单元。本例的数值解 MSFEM-C-O (400,50)、MSFEM-C-O (900,50)、MSFEM-DF-O (400,50)、MSFEM-DF-O(900,50) 均需要迭代 3 次。表 3-2 给出了 MSFEM-C-O 和 MSFEM-DF-O 的平均水头绝对误差、速度 V_x 的平均相对误差和计算本例所用的 CPU 时间。如表中结果所示,MSFEM-C 和 MSFEM-DF 的水头精度相同,但 MSFEM-C 的达西渗流速度的误差仅为 MSFEM-DF 的一半左右。同时,MSFEM-C 的精度和计算时间的比值要低于 MSFEM-DF,显示 MSFEM-C 具有更高的计算效率。

表 3-2 MSFEM-C-O 和 MSFEM-DF-O 的平均水头绝对误差、速度 V_x 的平均相对误差和计算时间

方法名称	水头绝对误差	速度相对误差(%)	计算时间(s)
MSFEM-C-O (400,50)	3.73×10^{-6}	10.5	14
MSFEM-C-O (900,50)	1.39×10^{-6}	7.59	137
MSFEM-DF-O (400,50)	3.74×10^{-6}	18.4	11
MSFEM-DF-O (900,50)	1.39×10^{-6}	16.1	107

3.3 双重网格多尺度有限单元法

3.3.1 算法简介

双重网格多尺度有限单元法(D-MSFEM)[155]是 Batu 提出的双重网格有限元法[71]与 MSFEM[10]的有机结合。该方法先将研究区剖分多尺度网格,运用多尺度有限单元法高效求解各节点的水头值;再将研究区网格沿所求达西渗流速度方向平移一段极小距离,并在平移后的网格上运用 MSFEM 再次求解水头,从而得到同一点平移前后的水头差和位移差;最后根据达西定律获得达西渗流速度。由于网格平移的距离极小,故以此方法所获的达西渗流速度是连续的,具有较高的精度。同时,由于 D-MSFEM 是使用显式的达西定律获得达西渗流速度的,故其达西渗流速度模拟部分的计算消耗极低。本节将深入阐述 D-MS-

FEM 的基本原理,并应用数值实验将 D-MSFEM 与 Batu 的双重网格法[71]以及 Yeh 的伽辽金有限元模型[70]等传统达西渗流速度模拟方法进行比较。数值模拟结果显示 D-MSFEM 能够以较低的计算消耗获得和精细剖分的传统方法精度相近的结果,具有较高的计算效率。

3.3.2 双重网格多尺度有限单元法网格构造

D-MSFEM 的剖分包含两重网格,每重网格均为 MSFEM 的多尺度网格剖分。D-MSFEM 的第一重网格构造如图 3-1 所示,剖分的具体方式可以参见 3.2.2 节。在第一重网格的基础上,D-MSFEM 需要进行第二重网格构造。图 3-7 展示了模拟 x 方向上达西渗流速度所需构造的第二重网格,粗实线代表平移之前的原粗尺度网格,粗虚线代表平移之后的粗尺度网格,细虚线代表对平移之后的粗网格单元的细尺度剖分。D-MSFEM 构造第二重网格的主要思想是:保持研究区边界条件不变,内部垂向的粗网格线沿着坐标轴 x 正向平移一段极小距离 Δx。在左右边界条件不变的前提下,平移之后靠左边界的第一列单元的水平边界长度增加 Δx,平移之后靠右边界的最后一列单元的水平边界长度缩小 Δx,中间单元大小不变,只是位置向右平移了 Δx。平移之后的研究区内部粗网格边界(粗虚线)和研究区外边界重新构成了一组 $N \times N$ 的粗网格单元,再将每个粗网格剖分成 8 个细网格单元。图 3-7 中,示例粗网格单元 $\square_{ijkl}$ 经过平移之后变成 $\square_{ij'k'l}$。

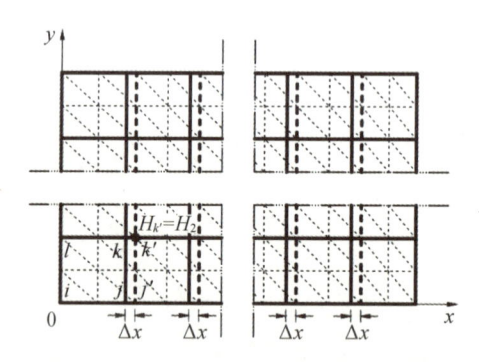

图 3-7 D-MSFEM 的研究区第二重网格

3.3.3 双重网格多尺度有限单元法模拟地下水达西渗流速度的基本格式

3.3.3.1 双重网格多尺度有限单元法模拟地下水水头的基本格式

D-MSFEM 模拟地下水达西渗流速度问题分为水头模拟和达西渗流速度模

拟两个步骤。在模拟水头时，D-MSFEM 需要通过求解退化的椭圆型方程在第一重和第二重网格的各个粗网格单元上构造基函数，从而有效抓住细尺度的信息以精确求解水头。由于 D-MSFEM 的粗网格单元 $\square_{ijkl}$ 为矩形单元（图 3-1、图 3-7），因此每个粗网格单元需要构造 4 个基函数。D-MSFEM 的基函数构造方法与 1.3.3 节的 MSFEM 类似，即在 $\square_{ijkl}$ 应用有限元法解式（1-1）即可。

和 Batu 的双重网格法不同，D-MSFEM 采用 MSFEM 替代有限元法进行了水头模拟，能够显著提升计算效率。D-MSFEM 需要在研究区的第一重、第二重网格上均使用 MSFEM 模拟地下水水头，以获得每个节点在平移网格前后的水头值。由于 D-MSFEM 和 MSFEM-C 均使用了矩形粗网格单元和三角形细网格单元，故 D-MSFEM 的第一重、第二重网格上的水头模拟部分的流程可以参考 3.2.3.1 节。

3.3.3.2 双重网格多尺度有限单元法模拟达西渗流速度的基本格式

本节将介绍 D-MSFEM 如何利用各个节点的在第一重、第二重网格上的水头值模拟节点的达西渗流速度。以粗网格单元 $\square_{ijkl}$ 中点 k 在 x 方向上的达西渗流速度求解过程为例，如图 3-1 所示，在 D-MSFEM 的第一重网格基础上，设由 D-MSFEM 求解出 k 点的水头值为 H_1。如图 3-7 所示，粗网格单元 $\square_{ijkl}$ 平移之后变成 $\square_{i'j'k'l'}$，点 k 平移后的变成点 k'，设由 D-MSFEM 求解出平移之后点 k' 的水头值为 H_2，从而得到点 k 平移前后的水头差。

研究区网格的各个节点上考虑达西定律式（3-12）。如以 $V_x(k)$ 表示研究区的粗尺度节点 k 处 x 方向上的达西渗流速度，则有

$$V_x(k) = -K_x \frac{H_2 - H_1}{\Delta x} \tag{3-17}$$

由于第一、第二重网格之间的平移距离 Δx 极小，平移前后的点可视为同一点，该点的水力梯度是连续的，故 D-MSFEM 由上式所获得的达西渗流速度具有连续性。其他节点的达西渗流速度的计算过程与上文类似，这里不再赘述。同时，由于式（3-17）为显式公式，故 D-MSFEM 模拟达西渗流速度所需的计算消耗很低，故 D-MSFEM 具有较高的计算效率。

3.3.4 应用双重网格多尺度有限单元法模拟地下水达西渗流速度问题

本节采用如下简写符号：解析解（AS）；x 方向上的粗尺度达西渗流速度（V_x）；Batu 的双重网格有限元法（D-FEM）；精细剖分的 D-FEM（D-FEM-F）；Yeh 的伽辽金有限元方法（Method-Yeh）；精细剖分的 Method-Yeh（Method-

Yeh-F）；双重网格多尺度有限单元法（D-MSFEM）；D-MSFEM 使用基函数线性/振荡边界条件（D-MSFEM-L/D-MSFEM-O）；D-MSFEM 将研究区剖分为 a 个粗网格单元，每个粗网格单元被剖分为 b 个细网格单元（D-MSFEM(a,b)）；D-MSFEM 应用解析解水头替代 MSFEM 数值解水头来模拟达西渗流速度（AS-D-MSFEM）。

本节将分析 D-MSFEM 在具有均质渗透系数的二维地下水稳定流问题以及渗透系数渐变的二维非稳定流问题中模拟达西渗流速度的精度和效率，并与 D-FEM、D-FEM-F、Method-Yeh、Method-Yeh-F 方法做比较。所有数值方法均采用 C++编写，没有应用并行计算技术，并且在同一计算机上运行。

3.3.4.1 具有均质参数的地下水二维稳定流问题

本例为无量纲算例，控制方程由式（3-1）描述。其中，研究区域 Ω 为 $[0,1] \times [0,1]$，渗透系数 $K_x = K_y = 1$，解析解为 $H = xy(1-x)(1-y)$，研究区四边的水头为 0，源汇项 W 可将解析解和相关参数代入控制方程获得。

D-MSFEM、D-FEM 和 Method-Yeh 均将研究区每边剖分为 N 份。当 $N = 10、20、30$ 和 40 时，粗网格单元尺度分别为 0.1、0.05、0.03 和 0.025。D-FEM 和 Method-Yeh 将研究区域分别剖分成 200、800、1 800 和 3 200 个三角形粗网格单元（$N \times N \times 2$）。D-MSFEM 将研究区域分别剖分成 100、400、900 和 1 600 个正方形粗网格单元（$N \times N$），再将每一个粗网格单元剖分成 8 个三角形单元（$2 \times 2 \times 2$）。Method-Yeh-F 将研究区域分别剖分成 800、3 200、7 200 和 12 800 个三角形粗网格单元，以获得与 D-MSFEM 相同的细网格单元数目。在模拟达西渗流速度时，D-FEM 和 D-MSFEM 在 4 种不同 N 取值时，所用的横向平移距离 Δx 相同，分别为 0.001、0.000 2、0.000 053 和 0.000 016。

图 3-8 说明了各方法水头的平均相对误差和粗网格单元尺度之间的关系。结果显示，粗网格单元尺度越小，各方法的水头精度会越高。当粗网格单元尺度相同时，各方法的水头精度从高到低依次为 Method-Yeh-F、D-FEM-F、D-MSFEM、Method-Yeh、D-FEM。由于 Method-Yeh-F、D-FEM-F、D-MSFEM 的网格均能获得研究区的细尺度信息，这三种方法精度相近，且明显高于 Method-Yeh、D-FEM 的精度。同时，由于 Method-Yeh 和 D-FEM（Method-Yeh-F 和 D-FEM-F）均使用有限元法模拟地下水水头，所以当剖分份数相同时，它们的水头误差也相同。

图 3-9 展示了各方法的达西渗流速度 V_x 的平均相对误差和粗网格单元尺度之间的关系，结果显示，随着粗网格单元尺度的减小，V_x 的精度升高。各方法的 V_x 精度从高到低依次为 Method-Yeh-F、D-FEM-F、D-MSFEM、Method-Yeh、D-FEM。其中，当粗网格尺度为 0.025 时，Method-Yeh-F、D-MSFEM 和

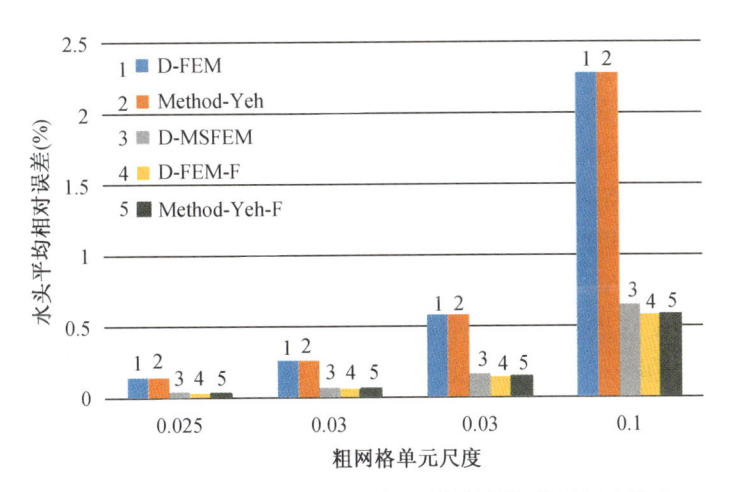

图 3-8　各方法的水头平均相对误差与粗网格单元尺度关系

D-FEM 方法的 V_x 误差分别为 0.054%、0.086%、0.356%。而图 3-8 中,粗网格尺度为 0.025 时,Method-Yeh-F、D-MSFEM 和 D-FEM 方法的水头误差分别为 0.037%、0.042%、0.149%。这一结果揭示了达西渗流速度精度和水头精度的关系,显示各方法的达西渗流速度误差和水头误差具有很大的相关性。在本例中,Method-Yeh-F 获取了最高精度的结果,但 D-MSFEM 的水头、达西渗流速度的结果均与 Method-Yeh-F 十分接近,显示 D-MSFEM 能够获得较高的计算精度,比 D-FEM 和 Method-Yeh 更具优越性。

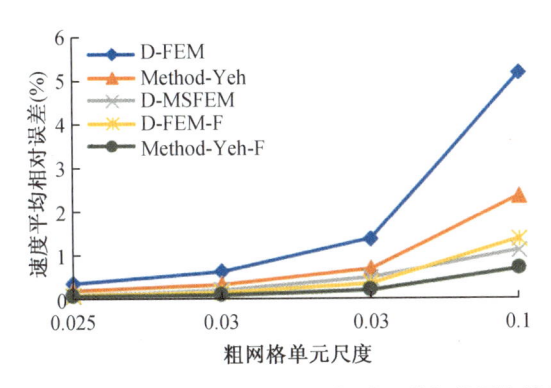

图 3-9　各方法的达西渗流速度 V_x 的平均相对误差与粗网格单元尺度关系

图 3-10 分析了不同粗网格尺度下各方法模拟达西渗流速度所需的计算时间,即各方法模拟地下水水头和达西渗流速度的总 CPU 时间。如图所示,当粗网格单元尺度相同时,各方法所需的计算时间从高到低为 Method-Yeh-F、D-FEM-F、D-MSFEM、Method-Yeh、D-FEM。其中,D-MSFEM、Method-Yeh、D-FEM 明显低于 Method-Yeh-F、D-FEM-F 所需的计算时间。比较图 3-8、图 3-9

和图 3-10 的结果,可以发现 D-MSFEM 的水头和达西渗流速度的精度均处于各方法的前列,且与精细剖分方法的结果相近;而 D-MSFEM 所需的 CPU 时间也是各方法中较少的,与粗剖分方法十分接近。由上述结果分析可得,D-MSFEM 能够应用极少的 CPU 时间就能够获得精细剖分方法的水头和达西渗流速度的精度,具有极高的计算效率。

为了评估 D-MSFEM 应用式(3-17)模拟节点达西渗流速度时所引入的误差大小,本节利用 AS-D-MSFEM 来模拟达西渗流速度,从而消除水头误差对结果的影响。表 3-3 展示了当粗网格单元尺度为 0.025 时各方法所计算的达西渗流速度 V_x 在截面 $y=0.6$ 上以及在研究区全局的的平均相对误差。可以看出,D-MSFEM 在截面处的达西渗流速度的平均误差与全局误差相差不大,而 Method-Yeh-F 却有较大区别,说明 D-MSFEM 的误差分布较均匀。同时,各方法的精度从高到低依次为 AS-D-MSFEM、Method-Yeh-F、D-MSFEM、D-FEM,并且 AS-D-MSFEM 的精度远高于其他方法。这一结果说明了 D-MSFEM 达西渗流速度的误差主要来源于水头。由于 D-MSFEM 采用 MSFEM 所获的水头误差较小,故其能够获得较精确的达西渗流速度。

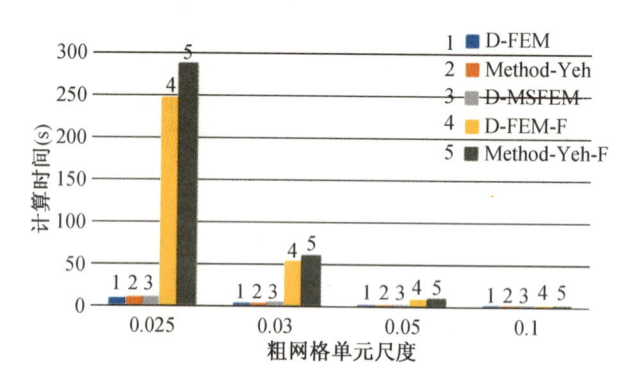

图 3-10 各方法所需计算时间与粗网格单元尺度关系

表 3-3 各方法所计算的达西渗流速度的平均相对误差

数值方法	D-FEM	D-MSFEM	Method-Yeh-F	AS-D-MSFEM
截面平均相对误差(%)	0.325	0.080	0.034	0.005
全局平均相对误差(%)	0.356	0.086	0.054	0.006

3.3.4.2 具有渐变参数的二维地下水非稳定流问题

本例是基于实际山前冲积平原的水流问题的模拟,控制方程如式(1-44)所示,研究区域为[0 m,10 km]×[0 m,10 km],上下边界为隔水边界,左右边界为第一类边界，左边界水头为 10 m，右边界水头为 0 m，源汇项为 0，渗透系数从左至右缓慢增加，即 $K_x = K_y = K = \frac{x}{40} + 1$ m/d，时间步长为 1 d，贮水率从左到右逐渐由 10^{-5}/m 变化到 10^{-6}/m，模拟总时间为 5 d。本例没有解析解，故将研究区剖分为 80 000（200×200×2）个三角形单元的 Method-Yeh-F 作为"参照解"，以获得各方法所模拟的达西渗流速度的误差。

本例采用 Method-Yeh、D-FEM、D-MSFEM 以及 Method-Yeh-F 方法计算。Method-Yeh、D-FEM、D-MSFEM 均将研究区边界剖分为 10 份，则 D-FEM 和 Method-Yeh 将研究区剖分为 200 个三角形单元；D-MSFEM 将研究区剖分为 100 个正方形粗网格单元，每个粗网格单元再剖分成 8 个三角形单元，共 800 个三角形单元；Method-Yeh-F 将研究区剖分成 800（20×20×2）个三角形单元，以获得和 D-MSFEM 相同的细网格单元数。D-FEM、D-MSFEM 的横向平移距离 Δx 为 20 m。

图 3-11 展示了上述数值方法所计算的 x 方向的达西渗流速度的平均绝对误差，显示精度从高到低依次为 Method-Yeh-F，0.87；D-MSFEM，0.92；Method-Yeh，1.61；D-FEM，1.75。D-MSFEM 取得了和 Method-Yeh-F 十分相近的结果，并显著优于 Method-Yeh 和 D-FEM。和例 3.3.4.1 类似，在每个时间步长内，D-MSFEM 的计算时间依然和传统有限元方法接近，所用时间小于精细剖分的 Method-Yeh-F。综合上述结果可知，D-MSFEM 能够精确模拟地下水非稳定流问题，且具有较高的计算效率。

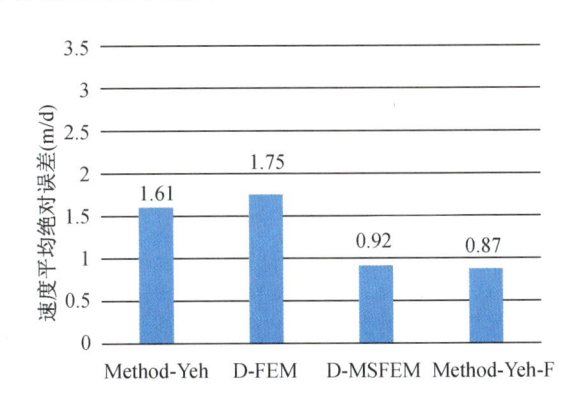

图 3-11 各方法计算的达西渗流速度的平均绝对误差

第 4 章

模拟地下水流和达西渗流速度综合问题的新型多尺度有限单元法

4.1 概述

随着科技的快速发展,地面沉降、海水入侵、地下水污染防治问题的重要性逐渐提高,建构高效的、质量守恒的地下水流和达西渗流速度的综合模型具有重要意义。然而,天然地下水系统的非均质性、大尺度等特性令有限元等传统方法在模拟地下水水头和流速时仍存在一些问题。第一,有限元等传统方法在模拟地下水水头和流速时,处理地下水非均质性的成本太高。同时,地下水问题的大时空尺度特性[6-8,184-186]会令这一问题进一步加剧。特别是在三维情况下,有限元等传统方法需要巨量的计算成本和昂贵计算硬件才能实现对大尺度非均质地下水问题的精确模拟。第二,地下水介质的非均质性令有限元、MSFEM 等方法难以保证达西渗流速度的连续性,这对达西渗流速度场的精度有很大的影响,且无法保证通过截面的流入、流出量相等[72,187]。同时,达西渗流速度的计算也面临着与水头计算一样的高计算成本问题。第三,地下水流和连续达西渗流速度的综合模型较少,缺乏高效的三维模型、可同方程解水头和速度的简化模型。大部现有模型基于有限元等传统算法框架,分别计算水头和速度场,计算成本较高;或者通过迭代将水头和速度合并计算,但计算过程复杂,也需要较高的计算成本。

目前,科学工作者也提出了一些有效 MSFEM 方法来建立模拟地下水流和达西渗流速度的综合模型,但缺乏高效的三维综合模型的算法和同方程解水头和速度的简化模型的算法。Chen 和 Hou（2003）[108]提出的混合多尺度有限元法,能够通过同时模拟地下水水头和达西渗流速度,并确保解的局部质量守恒,但需要反复迭代。Jenny 等（2003）[111]提出的多尺度有限体积法也能获得精确的水头和达西渗流速度,但其需要构造两套基函数系统来分别求解两组方程来模拟地下水水头和速度,过程比较烦琐。本书第三章的多种 MSFEM 达西渗流速度算法也能获得水头和连续的达西渗流速度场,但仍局限于二维问题,且也需要分别求解两组方程来模拟地下水水头和速度。

本章将介绍两种能够高效模拟地下水流和达西渗流速度的综合问题的新型多尺度有限单元法,一种是能够模拟三维地下水流和达西渗流速度综合问题的 ETMSFEM 三维格式[131];另一种是能够通过求解单个方程组获得水头和达西渗流速度两项参数的新型有限体积多尺度有限单元法[118]。

4.2 三重网格多尺度有限单元法的三维格式

4.2.1 算法简介

2.3 节介绍了 ETMSFEM 的二维格式,但只给出了模拟地下水水头的方法。本节介绍的 ETMSFEM 的三维格式[131]主要有两方面的创新:新型的三维基函数构造方法和高效的三维连续达西渗流速度的算法。

如前文所述,在 ETMSFEM 的基函数构造方式能够显著降低二维地下水问题的计算成本,并能够保证解的精度[130]。与二维地下水问题相比,三维问题中的粗网格单元的细剖分需要更多的内部节点,构造基函数所需的三维有限元线性基函数比二维线性基函数更加复杂。同时,由于粗网格单元内点数目的增多,三维 ETMSFEM 基函数的构造需要解更多的未知数,也需要更多的构造成本。ETMSFEM 的三维格式能够有效解决这一难题。首先,ETMSFEM 提出了一种构造三维有限元基函数的新方法。通过构造一种简单的插值函数,ETMSFEM 可以直接从二维有限元线性基函数插值获得三维有限元线性基函数,简化了三维有限元线性基函数的构造过程。然后,ETMSFEM 能够应用这种新型三维线性基函数来显示表示三维 ETMSFEM 基函数。最后,结合区域分解技术,ETMSFEM 可以令其基函数的构造过程更加简单,并大幅降低构造消耗。因此,ETMSFEM 可以轻松满足目前的三维大尺度地下水问题快速求解的需要,具有重要的实际应用价值。

在模拟达西渗流速度时,ETMSFEM 应用 ETMSFEM 基函数取代 Yeh 模型中有限元线性基函数来求解达西方程,从而有效地抓住粗尺度信息而无须再细尺度上进行求解。由于 ETMSFEM 基函数已经在水头模拟部分而构造,故 ETMSFEM 达西渗流速度模拟部分的计算成本非常低。此外,与 Yeh 模型相同,ETMSFEM 可以确保其总刚度矩阵对称、正定,在这点上要优于混合多尺度有限单元法[108]。同时,与细尺度水头求解过程相同,ETMSFEM 可以用达西渗流速度的粗尺度的解和基函数直接获得细尺度达西渗流速度值。

本节将详细阐述 ETMSFEM 的粗网格单元的三维网格剖分方式,再分析三维 ETMSFEM 基函数的具体构造过程,并给出应用三维 ETMSFEM 基函数模拟地下水水头和达西渗流速度的流程,最后将 ETMSFEM 和多种现有地下水水流、达西渗流速度数值算法在模拟效率和计算精度两方面进行比较。

4.2.2 三重网格多尺度有限单元法的三维粗网格单元剖分方法

类似于二维情况,ETMSFEM 在三维粗网格细分中使用了粗、中、细三种网格单元。本节以三棱柱粗网格单元 $\triangle_{ijki'j'k'}$ 为例,介绍 ETMSFEM 的粗网格单元的剖分方法,具体分为两个步骤

步骤 1:将粗网格单元剖分为中网格单元

类似于常规三维 MSFEM 粗网格单元剖分(图 4-1A),ETMSFEM 将 $\triangle_{ijki'j'k'}$ 直接先剖分为三棱柱中网格单元(图 4-1B)。假设对于 ETMSFEM 和 MSFEM,都需要将 $\triangle_{ijki'j'k'}$ 划分为相同的 32 个细网格单元。对于 MSFEM,需要在粗网格单元中使用 $4\times4\times2$ 的网格剖分(图 4-1A)直接将 $\triangle_{ijki'j'k'}$ 剖分为 32 个细网格单元;对于 ETMSFEM,需先将 $\triangle_{ijki'j'k'}$ 划分为中网格单元,再进行中网格单元的细剖分。例如,在图 4-1B 中,ETMSFEM 通过 $2\times2\times2$ 的网格剖分将粗网格单元划分为 8 个中网格单元。需要说明的是,ETMSFEM 中的中网格单元数目不是固定的,$\triangle_{ijki'j'k'}$ 也可以剖分为 2、4、16 个中网格单元。

步骤 2:将每个中网格单元剖分为细网格单元

ETMSFEM 在 $\triangle_{ijki'j'k'}$ 划分为中网格单元后,需要再将中网格单元剖分为细网格单元。在图 4-1B 中,ETMSFEM 已经将 $\triangle_{ijki'j'k'}$ 剖分为 8 个大小相同的中网格单元。为了保证与 MSFEM 将 $\triangle_{ijki'j'k'}$ 剖分为相同的 32 个细网格单元,ETMSFEM 需要将每个中网格单元再分为 4 个大小相同的细网格单元(图 4-1C)。需要说明的是,每个中网格单元中的细网格单元的数量不必都相同。假设需要将 $\triangle_{ijki'j'k'}$ 划分为 n 个细网格,ETMSFEM 仅需确保所有中网格单元内的细网格总数为 n 即可。

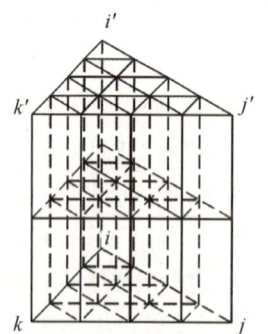

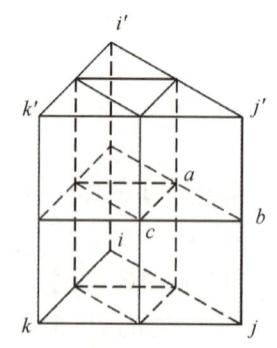

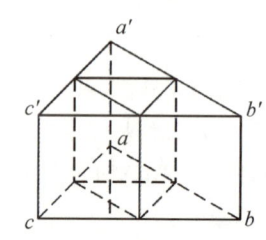

(A) MSFEM 粗网格单元剖分方式　(B) ETMSFEM 粗网格单元剖分方式　(C) ETMSFEM 中网格单元剖分方式

图 4-1

4.2.3 三重网格多尺度有限单元法的基函数

4.2.3.1 基函数的边界条件

以基函数 Ψ_i 为例介绍 ETMSFME 基函数的边界条件。假设 $\xi\eta$ 为 $\triangle_{ijki'j'k'}$ 的某边界，则在其上的基函数的边界条件可由式(2-3)、(2-4)确定。在三维情况下，还需要获得每个粗网格单元、中网格单元各个面上的 Ψ_i 的值。令 Ω_0 为粗（中）网格单元的一个面，在二维区域 Ω_0 中考虑二维退化椭圆型方程式(1-1)，通过式(2-3)、(2-4)令问题适定，应用有限元法求解，可以得到面 Ω_0 上的基函数的值。

4.2.3.2 新型三维线性基函数

根据 Hou 和 Wu(1997)的研究[10]，MSFEM 的基函数是应用有限元法在粗网格单元上解退化的椭圆型方程而构造的。因此，有限元线性基函数对于基函数的构造具有重要意义。由 MSFEM 理论可知，基函数 Ψ_i 可被每个细网格中的线性基函数表示。据此，ETMSFEM 构造了新型三维线性基函数，构造过程如下。

假设三棱柱 $\triangle_l$ 为 $\triangle_{ijki'j'k'}$ 的三棱柱细网格单元，其底面和顶面顶点分别为 1、2、3 和 4、5、6，底面 $\triangle_{123}$ 和顶面 $\triangle_{456}$ 的高度分别为 z_{l_1} 和 z_{l_2}。则 $\triangle_{123}$ 中的水头 H^{l_1} 可被表示为

$$H^{l_1}(x,y,z_{l_1}) = H_1 N_1 + H_2 N_2 + H_3 N_3 \tag{4-1}$$

式中：N_1、N_2 和 N_3 分别为节点 1、2 和 3 处的二维有限元线性基函数，H_1、H_2 和 H_3 分别为节点 1、2 和 3 处的水头值。

类似的，在 $\triangle_{456}$ 中，有

$$H^{l_2}(x,y,z_{l_2}) = H_4 N_4 + H_5 N_5 + H_6 N_6 \tag{4-2}$$

式中：N_4、N_5 和 N_6 分别为节点 4、5 和 6 处的二维有限元线性基函数，H_4、H_5 和 H_6 分别为节点 4、5 和 6 处的水头值。

构造了两种线性插值 η_{l_1} 和 η_{l_2}

$$\eta_{l_1} = \frac{z_{l_2} - z}{z_{l_2} - z_{l_1}}, \eta_{l_2} = \frac{z - z_{l_1}}{z_{l_2} - z_{l_1}} \tag{4-3}$$

通过使用 η_{l_1} 和 η_{l_2}，H 可以被 H^{l_1} 和 H^{l_2} 表示为

$$H(x,y,z) = \eta_{l_1} H^{l_1} + \eta_{l_2} H^{l_2} \tag{4-4}$$

将式(4-1)和(4-2)代入(4-4),可以得到

$$H(x,y,z) = (H_1N_1 + H_2N_2 + H_3N_3)\eta_{l_1} + (H_4N_4 + H_5N_5 + H_6N_6)\eta_{l_2}$$
$$= H_1(N_1\eta_{l_1}) + H_2(N_2\eta_{l_1}) + H_3(N_3\eta_{l_1}) + H_4(N_4\eta_{l_2}) + H_5(N_5\eta_{l_2})$$
$$+ H_6(N_6\eta_{l_2})$$
$$= H_1N'_1 + H_2N'_2 + H_3N'_3 + H_4N'_4 + H_5N'_5 + H_6N'_6 \quad (4-5)$$

式中:$N'_\theta, \theta = 1,2,3,\cdots,6$ 为新型三维线性基函数,且满足基函数的基本公式

$$\sum N'_\theta = 1, N'_\theta(\theta') = \begin{cases} 1 & \theta = \theta' \\ 0 & \theta \neq \theta' \end{cases}, \theta, \theta' = 1,2,3,\cdots,6 \quad (4-6)$$

4.2.3.3 基函数构造

与 MSFEM 相似,ETMSFEM 的基函数也可以通过在每个粗网格单元中求解退化的椭圆型方程来构造。基于区域分解技术,ETMSFEM 的粗网格单元上的基函数的构造问题被分解为在中网格单元上的子问题。以基函数 Ψ_i 的构造过程为例,ETMSFEM 的基函数构造过程包含以下三个步骤。

步骤1:将粗网格单元上的基函数的构造问题分解为中网格单元上子问题

为了在 ETMSFEM 中构造基函数 Ψ_i,需要在三棱柱粗网格单元 $\triangle_{ijki'j'k'}$ 上考虑三维退化椭圆型问题

$$-\nabla \cdot K\nabla\Psi_i = 0 \quad (4-7)$$

式中:K 为三维渗透系数,确定基函数的边界条件后,式(4-7)适定。然后,ETMSFEM 使用区域分解技术,把该粗网格单元上的构造问题离散为中网格单元上的子问题,即在每个中网格单元上考虑式(4-7)。

步骤2:确定子问题基函数的边界条件

为了获得所有中网格单元顶点处 Ψ_i 的值,需要以中网格单元为最小单元求解式(4-7),即使用图 4-1B 网格求解式 4-7。然后,根据所获的中网格单元的顶点值,确定子问题的各个棱和面上的边界条件,从而令各个子问题适定。

步骤3:求解中网格单元上的子问题

设三棱柱单元 $\triangle_{abca'b'c'}$ 为示例中网格单元,具有 p 个内节点 $M_\tau, \tau = 1,2,\cdots,p$。$\triangle_{abca'b'c'}$ 上的子问题即为在其上求解式(4-7),设 ETMSFEM 将 $\triangle_{abca'b'c'}$ 剖分为 γ 个三棱柱细网格单元。结合新型三维有限元基函数应用伽辽金方法对 $\triangle_{abca'b'c'}$ 上的式(4-7)进行变分,Ψ_i 在 $\triangle_{abca'b'c'}$ 上满足下列方程

$$J_{M_\tau} = \iint_{\triangle_{abca'b'c'}} (K\nabla\Psi_i) \cdot \nabla N'_{M_\tau} \mathrm{d}x\mathrm{d}y\mathrm{d}z = 0, \tau = 1,2,\cdots,p \quad (4-8)$$

式中：N'_{M_τ} 为节点 M_τ 处的新型三维线性基函数。

基于多尺度有限元理论，Ψ_i 在 $\triangle_l$ 上可以被表示为

$$\Psi_i(x,y) = \sum_{\theta=1}^{6} \Psi_i(E_\theta) N'_\theta, (x,y) \in \triangle_l \tag{4-9}$$

式中：$N'_\theta, \theta = 1,2,3,\cdots,6$ 为新型三维线性基函数。

类似的，Ψ_i 的导数可以被表示为

$$\frac{\partial \Psi_i(x,y)}{\partial x} = \sum_{\theta=1}^{6} \Psi_i(E_\theta) \frac{\partial N'_\theta}{\partial x}, (x,y,z) \in \triangle_l \tag{4-10}$$

$$\frac{\partial \Psi_i(x,y)}{\partial y} = \sum_{\theta=1}^{6} \Psi_i(E_\theta) \frac{\partial N'_\theta}{\partial y}, (x,y,z) \in \triangle_l \tag{4-11}$$

$$\frac{\partial \Psi_i(x,y)}{\partial z} = \sum_{\theta=1}^{6} \Psi_i(E_\theta) \frac{\partial N'_\theta}{\partial z}, (x,y,z) \in \triangle_l \tag{4-12}$$

将式(4-9)~式(4-12)代入式(4-8)，可得

$$\begin{aligned}
J_{M_\tau} &= \iint_{\triangle_{abca'b'c'}} K_x \frac{\partial \Psi_i}{\partial x} \frac{\partial N'_{M_\tau}}{\partial x} + K_y \frac{\partial \Psi_i}{\partial y} \frac{\partial N'_{M_\tau}}{\partial y} + K_z \frac{\partial \Psi_i}{\partial z} \frac{\partial N'_{M_\tau}}{\partial z} \mathrm{d}x\mathrm{d}y\mathrm{d}z \\
&= \sum_{l=1}^{\gamma} \iint_{\triangle_l} \left\{ K_x^{\triangle_l} \left[\sum_{\theta=1}^{6} \Psi_i(E_\theta) \frac{\partial N'_\theta}{\partial x} \right] \frac{\partial N'_{M_\tau}}{\partial x} + K_y^{\triangle_l} \left[\sum_{\theta=1}^{6} \Psi_i(E_\theta) \frac{\partial N'_\theta}{\partial y} \right] \frac{\partial N'_{M_\tau}}{\partial y} + \right. \\
&\quad \left. K_z^{\triangle_l} \left[\sum_{\theta=1}^{6} \Psi_i(E_\theta) \frac{\partial N'_\theta}{\partial z} \right] \frac{\partial N'_{M_\tau}}{\partial z} \right\} = 0, \tau = 1,2,\cdots,p
\end{aligned} \tag{4-13}$$

式中：$K_x^{\triangle_l}$、$K_y^{\triangle_l}$ 和 $K_z^{\triangle_l}$ 分别为 $\triangle_l$ 上 x、y 和 z 方向上的渗透系数分量。式(4-13)为对称正定方程组，很容易求解。类似于二维情况，每一个中网格单元内部节点数目极少，因此求解中网格单元上的子问题所需的计算消耗也很低。

4.2.3.4 基函数的构造成本

ETMSFEM 的计算消耗要远小于 MSFEM，本节将进行详细分析。假设三棱柱粗网格单元 $\triangle_{ijki'j'k'}$ 需要被划分为 $m_1^2 \cdot m_2$ 个细网格单元，其中，$x-y$ 平面需被划分为 m_1^2 个部分，z 方向的棱需被划分为 m_2 个部分。

对于 MSFEM，$\triangle_{ijki'j'k'}$ 被直接划分为细网格单元(图 4-1A)，它的内部节点数目为 $\dfrac{(m_1^2 - 3m_1 + 2)(m_2 - 1)}{2}$。因此，构造一个 MSFEM 基函数，需要求解两个 $\dfrac{(m_1^2 - 3m_1 + 2)}{2} \times \dfrac{(m_1^2 - 3m_1 + 2)}{2}$ 阶的方程组和三个 $(m_1 - 1)(m_2 - 1) \times (m_1 - 1)(m_2 - 1)$ 阶的方程组来获得其上下面和三个侧面上的边界条件，再求

解一个 $\dfrac{(m_1^2-3\,m_1+2)(m_2-1)}{2} \times \dfrac{(m_1^2-3\,m_1+2)(m_2-1)}{2}$ 方程组来获得 $\triangle_{ijki'j'k'}$ 内节点处基函数值。

对于 ETMSFEM，设 $\triangle_{ijki'j'k'}$ 上的 $x-y$ 平面被分为 n_1 个部分，z 平面被分为 n_2 个部分，以此来获得 $n_1 n_2$ 个中网格单元。如果满足 $\dfrac{m_1^2}{n_1}\geqslant 9$ 和 $\dfrac{m_2}{n_2}\geqslant 2$，则必须求解 $2n_1 n_2$ 个 $\dfrac{\left(\dfrac{m_1^2}{n_1}-3\sqrt{\dfrac{m_1^2}{n_1}}+2\right)}{2} \times \dfrac{\left(\dfrac{m_1^2}{n_1}-3\sqrt{\dfrac{m_1^2}{n_1}}+2\right)}{2}$ 阶的方程组和 $3 n_1 n_2$ 个 $\left[\left(\sqrt{\dfrac{m_1^2}{n_1}}-1\right)\left(\dfrac{m_2}{n_2}-1\right)\right]\times\left[\left(\sqrt{\dfrac{m_1^2}{n_1}}-1\right)\left(\dfrac{m_2}{n_2}-1\right)\right]$ 阶的方程组来获得边界条件和 $n_1 n_2$ 个 $\dfrac{\left(\dfrac{m_1^2}{n_1}-3\sqrt{\dfrac{m_1^2}{n_1}}+2\right)\left(\dfrac{m_2}{n_2}-1\right)}{2}\times\dfrac{\left(\dfrac{m_1^2}{n_1}-3\sqrt{\dfrac{m_1^2}{n_1}}+2\right)\left(\dfrac{m_2}{n_2}-1\right)}{2}$ 阶的方程组来获得内节点的基函数值，方程组的阶数极低。如果不满足 $\dfrac{m_1^2}{n_1}\geqslant 9$ 和 $\dfrac{m_2}{n_2}\geqslant 2$，每个中网格内节点数目为 0，仅需求解 $\triangle_{ijki'j'k'}$ 棱和面上的边界值即可。简而言之，ETMSFEM 应用区域分解技术将高阶的构造问题分解成若干低阶问题，同时应用内部边界减少了总内点数目，实现了计算消耗的降低。

4.2.4 三重网格多尺度有限单元法模拟地下水水头和达西渗流速度的三维格式

4.2.4.1 地下水水头的模拟过程

考虑如下三维地下水稳定流方程

$$-\frac{\partial}{\partial x}\left(K_x \frac{\partial H}{\partial x}\right)-\frac{\partial}{\partial y}\left(K_y \frac{\partial H}{\partial y}\right)-\frac{\partial}{\partial z}\left(K_z \frac{\partial H}{\partial z}\right)=W,(x,y,z)\in\Omega \tag{4-14}$$

式中：H 表示水头，Ω 表示研究区，K_x、K_y 和 K_z 分别为 x、y 和 z 方向上的渗透系数分量。

基于伽辽金法，可得

$$\iiint_{\Omega}\left[K_x\frac{\partial H}{\partial x}\frac{\partial \Psi_\theta}{\partial x}+K_y\frac{\partial H}{\partial y}\frac{\partial \Psi_\theta}{\partial y}+K_z\frac{\partial H}{\partial z}\frac{\partial \Psi_\theta}{\partial z}\right]\mathrm{d}x\mathrm{d}y\mathrm{d}z \\ =\iiint_{\Omega}W\Psi_\theta \mathrm{d}x\mathrm{d}y\mathrm{d}z,\theta=1,2,\cdots,n \tag{4-15}$$

式中：Ψ_θ 为 ETMSFEM 基函数，n 为研究区 Ω 上的未知节点数目。

根据 MSFEM 基本理论，H 在 $\triangle_{ijki'j'k'}$ 上可以被表示为

$$H = \sum H_{\theta'}\Psi_{\theta'} \tag{4-16}$$

式中：$H_{\theta'}$，$\theta' = i,j,k,i',j',k'$ 为粗网格单元顶点处的水头值。

将式(4-16)代入式(4-15)，可得在 $\triangle_{ijki'j'k'}$ 上的式(4-15)的分量

$$\iiint_{\triangle_{ijki'j'k'}} \left[K_x \left(\sum H_{\theta'} \frac{\partial \Psi_{\theta'}}{\partial x} \right) \frac{\partial \Psi_\theta}{\partial x} + K_y \left(\sum H_{\theta'} \frac{\partial \Psi_{\theta'}}{\partial y} \right) \frac{\partial \Psi_\theta}{\partial y} + K_z \left(\sum H_{\theta'} \frac{\partial \Psi_{\theta'}}{\partial z} \right) \frac{\partial \Psi_\theta}{\partial z} \right] \mathrm{d}x\mathrm{d}y\mathrm{d}z$$

$$= \iiint_{\triangle_{ijki'j'k'}} W\Psi_\theta \mathrm{d}x\mathrm{d}y\mathrm{d}z \tag{4-17}$$

可简化为

$$\boldsymbol{dH} = \boldsymbol{f} \tag{4-18}$$

式中：$\theta,\theta' = i,j,k,i',j',k'$，矩阵 $\boldsymbol{d} = [d_{\theta\theta'}]$ 为 $\triangle_{ijki'j'k'}$ 上的单元刚度矩阵，是对称、正定的，$\boldsymbol{f} = [f_\theta]$ 是右端项向量。

由于 $\triangle_{ijki'j'k'}$ 所有节点上基函数值可通过各中网格单元的子问题解出。结合式(4-9)~式(4-12)，元素 $d_{\theta\theta'}$ 和 f_θ 可由细网格单元顶点处基函数值和新型三维线性基函数表示

$$d_{\theta\theta'} = \iiint_{\triangle_{ijki'j'k'}} \left[K_x \frac{\partial \Psi_\theta}{\partial x} \frac{\partial \Psi_{\theta'}}{\partial x} + K_y \frac{\partial \Psi_\theta}{\partial y} \frac{\partial \Psi_{\theta'}}{\partial y} + K_z \frac{\partial \Psi_\theta}{\partial z} \frac{\partial \Psi_{\theta'}}{\partial z} \right] \mathrm{d}x\mathrm{d}y\mathrm{d}z$$

$$= \sum_{\triangle_l} \iiint_{\triangle_l} \left\{ K_x^{\triangle_l} \left[\sum_{k_1=1}^6 \Psi_\theta(E_{k_1}) \frac{\partial N'_{k_1}}{\partial x} \right] \left[\sum_{k_2=1}^6 \Psi_{\theta'}(E_{k_2}) \frac{\partial N'_{k_2}}{\partial x} \right] + \right.$$

$$K_y^{\triangle_l} \left[\sum_{k_1=1}^6 \Psi_\theta(E_{k_1}) \frac{\partial N'_{k_1}}{\partial y} \right] \left[\sum_{k_2=1}^6 \Psi_{\theta'}(E_{k_2}) \frac{\partial N'_{k_2}}{\partial y} \right] +$$

$$\left. K_z^{\triangle_l} \left[\sum_{k_1=1}^6 \Psi_\theta(E_{k_1}) \frac{\partial N'_{k_1}}{\partial z} \right] \left[\sum_{k_2=1}^6 \Psi_{\theta'}(E_{k_2}) \frac{\partial N'_{k_2}}{\partial z} \right] \right\} \mathrm{d}x\mathrm{d}y\mathrm{d}z$$

和

$$f_\theta = \sum_{\triangle_l} \iiint_{\triangle_l} W^{\triangle_l} \cdot \sum_{k_1=1}^6 \Psi_\theta(E_{k_1}) N'_{k_1} \mathrm{d}x\mathrm{d}y\mathrm{d}z \tag{4-19}$$

式中：E_{k_1}，E_{k_2}，$k_1,k_2 = 1,2,\cdots,6$ 为细网格单元的节点编号，$W^{\triangle_l}$ 为细网格单元的源汇项。

通过联立所有粗网格单元上类似于式(4-18)的方程组，可以得到关于水头

H 的总方程组。通过该方程组，即可获得地下水流的分布情况。

4.2.4.2 地下水达西渗流速度的模拟过程

设渗透系数主方向与坐标轴一致，那么 x 方向的达西渗流速度 V_x 可以被达西定律表示为

$$V_x = -K_x \frac{\partial H}{\partial x} \quad (4-20)$$

1981 年，Yeh 使用有限元方法求解式(4-20)来获得达西渗流速度，所获得的速度是连续的，并保证质量守恒[70,72]。基于 Yeh 方法，采用 ETMSFEM 的基函数替代 Yeh 的模型中的线性基函数来求解式(4-20)，也能够获得连续的达西渗流速度。在达西定律方程两边乘以 ETMSFEM 基函数 Ψ_θ 并在研究区 Ω 上积分，可得

$$\iint_\Omega V_x \Psi_\theta \mathrm{d}x\mathrm{d}y\mathrm{d}z = -\iint_\Omega K_x \frac{\partial H}{\partial x} \Psi_\theta \mathrm{d}x\mathrm{d}y\mathrm{d}z, \theta = 1, 2, \cdots, n \quad (4-21)$$

式中：n 为未知节点数目。

类似水头，V_x 也能够被 ETMSFEM 基函数线性表示。在粗网格 $\triangle_{ijki'j'k'}$ 上，有

$$V_x(E_{\theta'}) = \sum_{\theta'} V_x(E_{\theta'}) \Psi_{\theta'}(E_{\theta'}), \theta' = i, j, k, i', j', k' \quad (4-22)$$

式中：$V_x(E_{\theta'})$ 为节点 $E_{\theta'}, \theta' = i, j, k, i', j', k'$ 处的水头值。结合式(4-9)，V_x 可以被新型三维线性基函数表示。

将式(4-22)代入式(4-21)，可得关于 V_x 的对称正定方程组。求解该方程组可得粗尺度节点处的 V_x 的值，细尺度达西渗流速度可以通过式(4-22)获得。

4.2.5 应用三重网格多尺度有限单元法模拟三维地下水流和达西渗流速度问题

本节将 ETMSFEM 与精细剖分有限元法（LFEM-F）、多尺度有限元法（MSFEM）和精细剖分的 Yeh 伽辽金模型（Method-Yeh-F）在 5 种情况下进行了对比，包括参数连续变化的三维稳定流问题，均质介质中水头呈指数变化的三维稳定流问题，参数呈随机对数分布的三维稳定流问题，参数在水平方向逐渐变化而在垂直方向突变的三维稳定流问题，参数水平渐变且垂直突变的三维非稳定流问题。本节所有方法均为 C++编译，在同一台电脑上运行，没有使用并行计算技术。本节的 ETMSFEM 和 MSFEM 的基函数均采用振荡边界条件。本节的 Method-Yeh-F 和 LFEM-F 使用的都是精细剖分的网格（即总单元数等于

ETMSFEM 和 MSFEM 的细网格单元数),在 Method-Yeh-F 模型中的水头值是采用 LFEM-F 获得的。

4.2.5.1 具有连续变化参数的三维稳定地下水流和达西渗流速度的综合问题

研究区为 $10 \text{ km} \times 10 \text{ km} \times 10 \text{ m}$ 的立方体区域,原点为$(50 \text{ m}, 50 \text{ m}, 0 \text{ m})$,控制方程为式(4-14),使用了三种不同的渗透系数:$K_1 = \dfrac{1}{2+1.995\sin[10^{-4}\pi(x+y+z)]}$,$K_2 = 10^{-8}x^2$,$K_3 = e^{10^{-3}x}$。渗透系数的单位为 m/d,介质为各向同性,即 $K_x = K_y = K_z = K_\theta$,$\theta = 1, 2, 3$。本例具有解析解 $H = 10^{-4}(x^2+y^2+z^2)$,故本例四边的第一类边界条件可由解析解确定,源汇项可由解析解和相关参数代入控制方程获得。本例具有三种不同的剖分条件,记为案例一到三。

案例一,使用 LFEM-F、MSFEM 和 ETMSFEM 来模拟地下水水头。其中,LFEM-F 采用 $120\times 120\times 2$ 的网格将研究区剖分为 57 600 个三棱柱单元,MSFEM 和 ETMSFEM 采用 $30\times 30\times 2$ 的网格将研究区剖分为 3 600 个三棱柱粗网格单元。在 MSFEM 中,每个粗网格单元被 $4\times 4\times 1$ 的网格剖分为 16 个细网格单元;在 ETMSFEM 中,每个粗网格先被 $2\times 2\times 1$ 的网格剖分为 4 个中网格单元,每个中网格又被 $2\times 2\times 1$ 的网格剖分为 4 个细网格单元。因此,LFEM-F、MSFEM 和 ETMSFEM 均将研究区剖分为 57 600 个细网格单元。

案例一中三种渗透系数在截面 $z=5 \text{ m}$ 处的渗透系数如图 4-2 所示。其中图 4-2a 中渗透系数呈正弦变化,图 4-2b 和图 4-2c 的纵坐标范围分为 0 到 1 和 0 到 20 000。三种渗透系数的最大值和最小值之比为:$\dfrac{\max K_1}{\min K_1} = 800$、$\dfrac{\max K_2}{\min K_2} = 40\ 401$ 和 $\dfrac{\max K_3}{\min K_3} = 23\ 155.8$,显示三种渗透系数均具有较大的振荡。

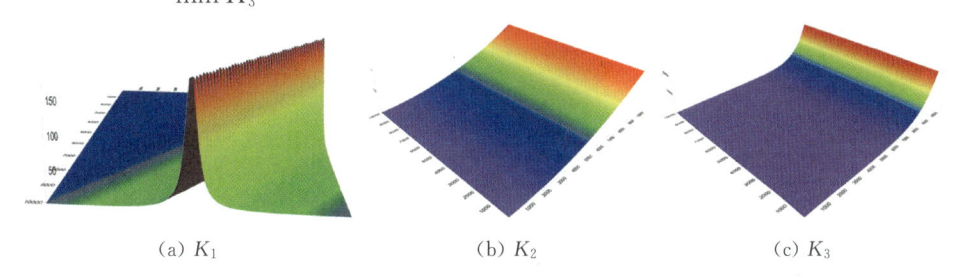

(a) K_1　　　　　　(b) K_2　　　　　　(c) K_3

图 4-2　截面 $z=5 \text{ m}$ 处的渗透系数

图 4-3 展示了截面 $z=5 \text{ m}$ 处的水头解析解以及 LFEM-F、MSFEM 和 ETMSFEM 所获的数值解水头值。从图中可以看出,ETMSFEM 的结果与解析解、MSFEM 和 LFEM-F 的结果几乎相同,受本案例的渗透系数变化的影响较小,表明 ETMSFEM 处理非均质介质的能力与 MSFEM 和 LFEM-F 相似。然

而，ETMSFEM 和 MSFEM 的计算成本比 LFEM-F 小得多。当渗透系数为 K_2 时，LFEM-F、MSFEM 和 ETMSFEM 的 CPU 计算用时分别为 922 s、13 s 和 11 s，显示 ETMSFEM 具有最高的计算效率。当渗透系数为 K_1 或 K_3 时，各方法的 CPU 计算用时与渗透系数为 K_2 时相接近。

在模拟地下水水头后，我们将比较 ETMSFEM 和 Method-Yeh-F 求解达西渗流速度时的性能。与 LFEM-F 相同，Method-Yeh-F 将研究区剖分为 120×120×2 个单元，故 ETMSFEM 和 Method-Yeh-F 均需求解 43 923(121×121×3)个未知节点速度。图 4-4 显示了截面 $z=5$ m 处的达西渗流速度解析解以及 Method-Yeh-F 和 ETMSFEM 所获的粗尺度速度场，即各粗网格单元顶点处的达西渗流速度值。从图中可以看出，各方法的图像受到不同的渗透系数影响，但 ETMSFEM 的结果仍能保持与 Method-Yeh-F 和解析解相近，显示 ETMSFEM 具有获得与精细剖分方法相近解的能力。同时，ETMSFEM 可以通过式(4-22)用基函数值和粗尺度速度来直接得到细尺度速度，可以获得和 Method-Yeh-F 相同数目的速度值。与模拟地下水水头的计算消耗相似，ETMSFEM 在模拟达西渗流速度时的计算效率比 Method-Yeh-F 高得多。当渗透系数为 K_2 时，ETMSFEM 只需 29 s 即可获得所有节点上的水头和速度值，而 Method-Yeh-F 则需要 51 239 s 完成相同数目的水头和达西渗流速度的模拟。

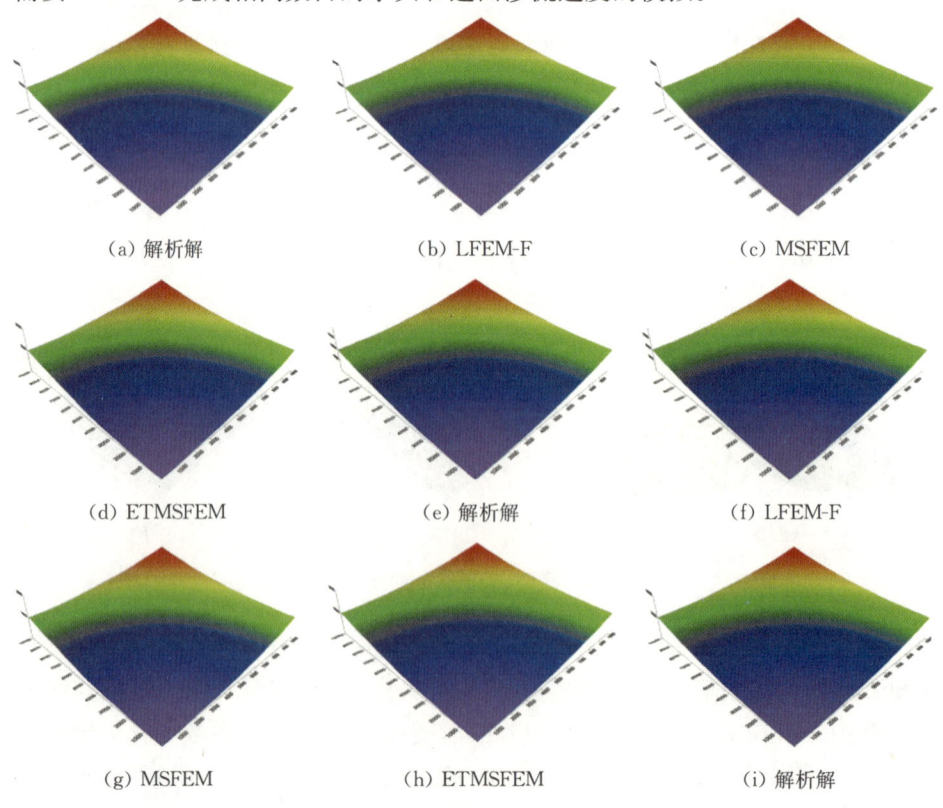

(a) 解析解　　　　　　(b) LFEM-F　　　　　　(c) MSFEM

(d) ETMSFEM　　　　　(e) 解析解　　　　　　(f) LFEM-F

(g) MSFEM　　　　　　(h) ETMSFEM　　　　　(i) 解析解

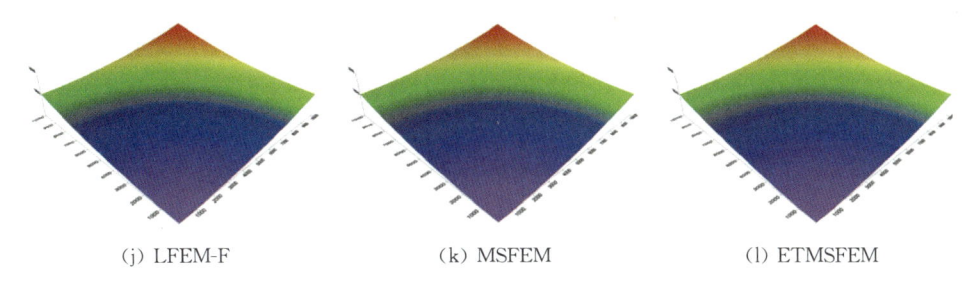

(j) LFEM-F　　　　　　　(k) MSFEM　　　　　　　(l) ETMSFEM

图 4-3　截面 $z=5$ m 处的水头解析解以及 LFEM-F、MSFEM 和 ETMSFEM 的水头值

(a) 解析解　　　　　　(b) Method-Yeh-F　　　　　(c) ETMSPEM

(d) 解析解　　　　　　(e) Method-Yeh-F　　　　　(f) ETMSPEM

(g) 解析解　　　　　　(h) Method-Yeh-F　　　　　(i) ETMSPEM

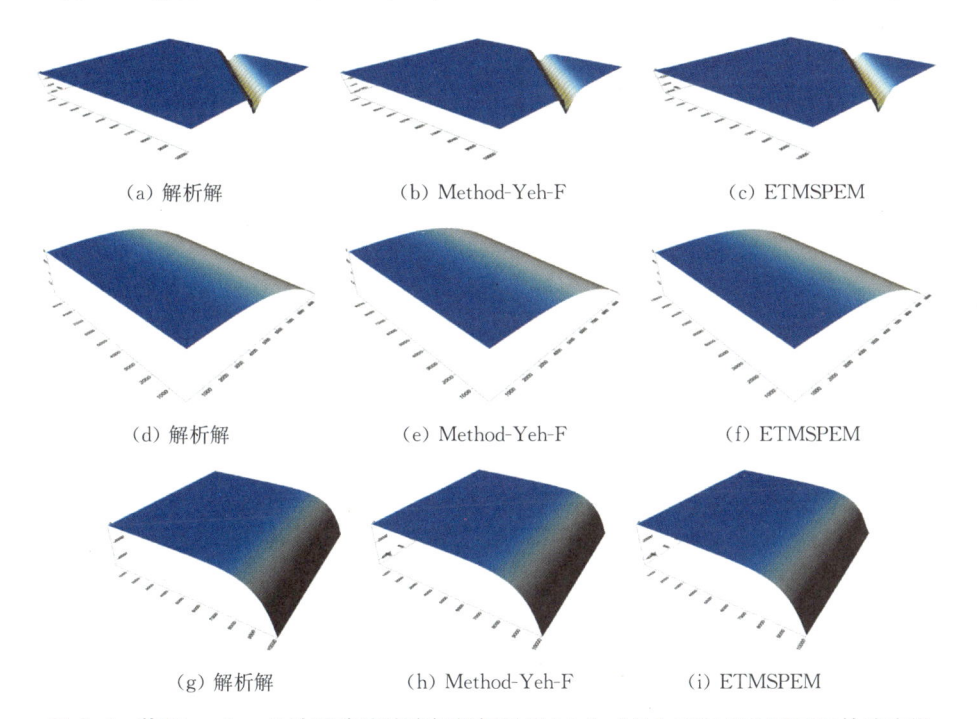

图 4-4　截面 $z=5$ m 处达西渗流速度解析解以及 Method-Yeh-F 和 ETMSFEM 的速度场

案例二使用了更细的网格剖分，以进一步说明 ETMSFEM 的效果。MSFEM 和 ETMSFEM 均将研究区剖分为 $50\times50\times2$ 个粗网格，即 10 000 个三棱柱粗网格单元。在 MSFEM 中，每个粗网格单元被剖分为 $12\times12\times4$ 的网格，即 576 个细网格单元；在 ETMSFEM 中，每个粗网格被剖分为 $3\times3\times2$ 的网格，即 18 个中网格单元，每个中网格被剖分为 $4\times4\times2$ 的网格，即 32 个细网格单元。因此，两种方法均将研究区剖分为 5.76×10^6 个细网格单元。

图 4-5 展示了 MSFEM 和 ETMSFEM 在截面 $y=4\ 050$ m，$z=5$ m 处的水头相对误差。从图中可以看出，两种方法的相对误差均小于 0.003%，表明两种方法均具有较高的精度。同时，在三个子图中，ETMSFEM 对应的曲线均在 MSFEM 曲线的下方，这表明 ETMSFEM 结果更加精确。表 4-1 列出了案例二

中 MSFEM 和 ETMSFEM 的 CPU 计算用时,结果表明 ETMSFEM 的计算用时仅为 MSFEM 的 54% 左右。与案例一相比,ETMSFEM 和 MSFEM 的 CPU 用时之间的比例降低了很多。这是因为,这两种方法剖分均将研究区剖分为较多数量的粗网格单元,且均采用了较细的粗网格单元的剖分,使得基函数的构造成本和总计算成本之间的比率上升。这一结果也显示 ETMSFEM 能够显著降低基函数的构造成本,在模拟大尺度问题时具有更大优势。

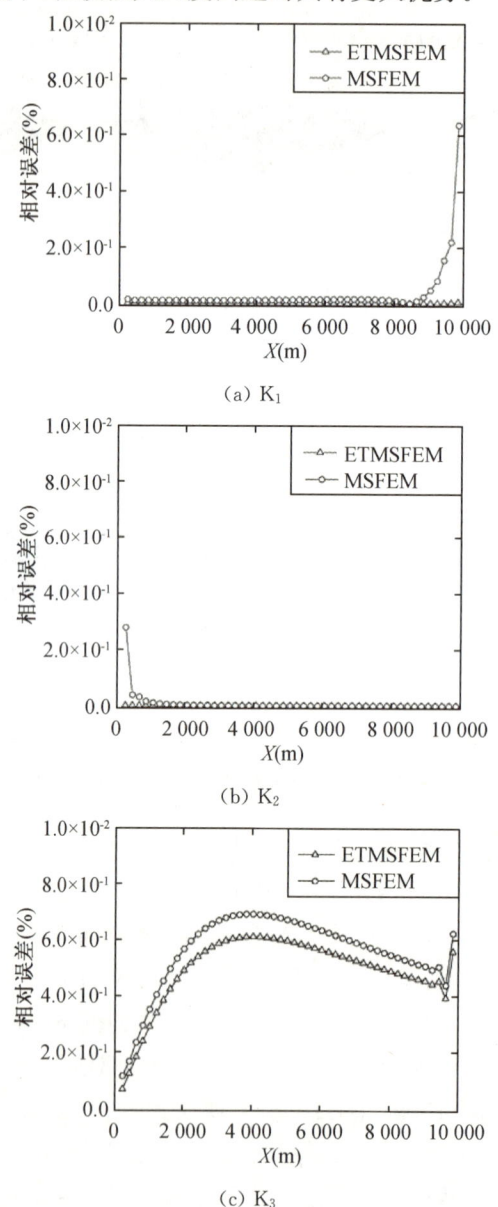

(a) K_1

(b) K_2

(c) K_3

图 4-5　MSFEM 和 ETMSFEM 在截面 $y=4\,050\,\text{m}, z=5\,\text{m}$ 处的水头相对误差

表 4-1　MSFEM 和 ETMSFEM 的 CPU 计算用时

方法	K_1 用时(s)	K_2 用时(s)	K_3 用时(s)
ETMSFEM	1 229	1 223	1 211
MSFEM	2 349	2 213	2 208

案例三检测了 ETMSFEM 保持质量平衡的能力。ETMSFEM 采用 $40\times40\times30$（网格 1）和 $80\times80\times40$（网格 2）来剖分研究区，ETMSFEM 粗网格单元的剖分与案例一相同。在 ETMSFEM 获得达西渗流速度的数值解后，考虑下列方程

$$\int_{\partial\Omega_0} V_h \cdot \boldsymbol{n} \, \mathrm{d}s = \int_{\Omega_0} W \mathrm{d}\Omega_0 \qquad (4-23)$$

式中：Ω_0 表示研究区，$\boldsymbol{n}$ 为外法线向量，V_h 表示 h 方向的速度分量，$h=x,y,z$，W 为源汇项。

当渗透系数为 K_2 时，在整个研究区（全局区域）和两个局部区域内使用式(4-23)，两个局部区域为 $1\,\mathrm{km}\times1\,\mathrm{km}\times1\,\mathrm{m}$ 的长方体区域，它们的原点位于 $(2050\,\mathrm{m},2\,050\,\mathrm{m},2\,\mathrm{m})$ 和 $(6\,050\,\mathrm{m},6\,050\,\mathrm{m},6\,\mathrm{m})$，分别定义为区域 1 和区域 2。表 4-2 中，先应用 ETMSFEM 的数值解和本例的解析解计算式(4-23)的左侧，再应用解析解计算式(4-23)右侧，最后将所计算的右侧的值作为标准来计算左侧值的误差。表 4-2 中展示了 ETMSFEM 和解析解的相对误差，可以看出 ETMSFEM 的相对误差非常小，表明 ETMSFEM 基本满足了质量平衡。表 4-2 中解析解和 ETMSFEM 的全局相对误差大于区域 1 和区域 2，这是因为在右边界附近 K_2 的变化率最大，故右边界附近的速度误差会大于中心区域的误差。区域 1 的相对误差高于区域 2 的原因是式(4-23)右端项与 x 成正比，在区域 1 的绝对值较小，故相对误差较大。同时，表 4-2 中各方法在网格 2 的条件下的误差均低于网格 1，表明加密网格能够有效提升精度。此外，应用网格 2 的 ETMSFEM 在研究区的任意 $1\,\mathrm{km}\times1\,\mathrm{km}\times1\,\mathrm{m}$ 局部区域内最大误差仅为 3.3%，而解析解则为 2.16%，显示了 ETMSFEM 能够有效控制误差的范围，具有较高的计算精度。

表 4-2　ETMSFEM 和解析解的相对误差

方法	区域 1（%）	区域 2（%）	全局区域（%）
ETMSFEM（网格 1）	0.28	0.04	0.95
解析解（网格 1）	0.25	0.06	0.49
ETMSFEM（网格 2）	0.13	0.02	0.56
解析解（网格 2）	0.14	0.03	0.25

4.2.5.2 具有指数变化水头的三维均质稳定地下水流和达西渗流速度综合问题

本例将检验 ETMSFEM 处理振荡变化的水头的能力,研究区域和控制方程均和例 4.2.5.1 相同。为了消除渗透系数的影响,本例的渗透系数为均质,即 $K_x = K_y = K_z = 1$ m/d。本例具有解析解 $H = 10^{-4}(x^2 + y^2 + z^2 + e^{\frac{x+y}{1\,000}})$ m,研究区四边的第一类边界条件由解析解确定,源汇项可由解析解和相关参数代入控制方程获得。本例的案例一和案例二中,LFEM-F、MSFEM 和 ETMSFEM 网格的剖分方式分别与例 4.2.5.1 的案例一和案例二相同。

案例一中,图 4-6 显示了各方法在截面 $y=4\,050$ m,$z=5$ m 处水头的绝对误差。从图中可以看出,ETMSFEM 和 MSFEM 的结果均与 LFEM-F 十分接近,受水头振荡变化的影响很小。同时,由于该案例为均质介质,所以 ETMSFEM 和 MSFEM 基函数均变为线性边界条件。图 4-6 中 ETMSFEM 和 MSFEM 的曲线几乎重合,是因为均质介质中 ETMSFEM 的基函数各点的值与 MSFEM 相同。此外,和例 4.2.5.1 相同,ETMSFEM 和 MSFEM 的 CPU 计算用时均远小于 LFEM-F,显示 ETMSFEM 和 MSFEM 比 LFEM-F 更具计算效率。

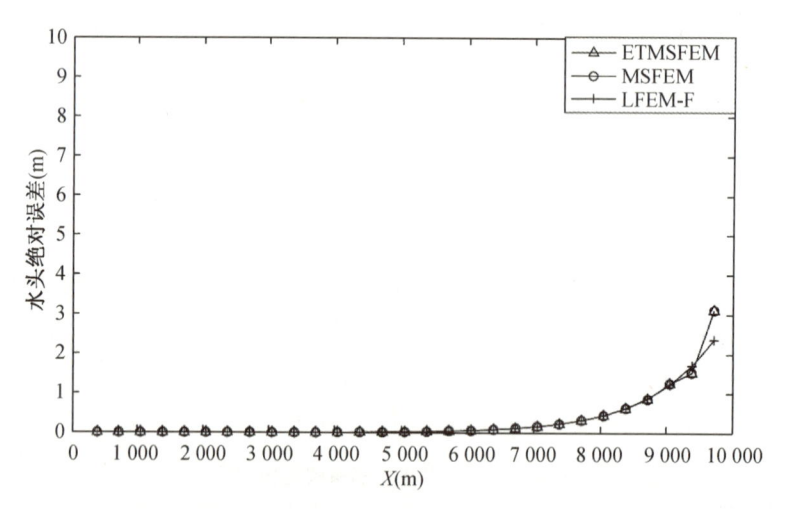

图 4-6 各方法在截面 $y=4\,050$ m,$z=5$ m 处的水头绝对误差

然后,本案例将比较 ETMSFEM 和 Method-Yeh-F 求解达西渗流速度的能力。其中,ETMSFEM 的网格剖分不变,Method-Yeh-F 的剖分和 LFEM-F 相同。图 4-7 显示了在截面 $y=4\,050$ m,$z=5$ m 处 ETMSFEM 和 Method-Yeh-F 的达西渗流速度数值解的绝对误差,从图中可以看出,ETMSFEM 和 Method-

Yeh-F 的精度十分接近，Method-Yeh-F 求解达西渗流速度的精度要略好于 ETMSFEM。然而，ETMSFEM 的 CPU 计算用时仅为 27 s，而 Method-Yeh-F 的计算用时为 50 929 s，显示 ETMSFEM 具有更高的计算效率。

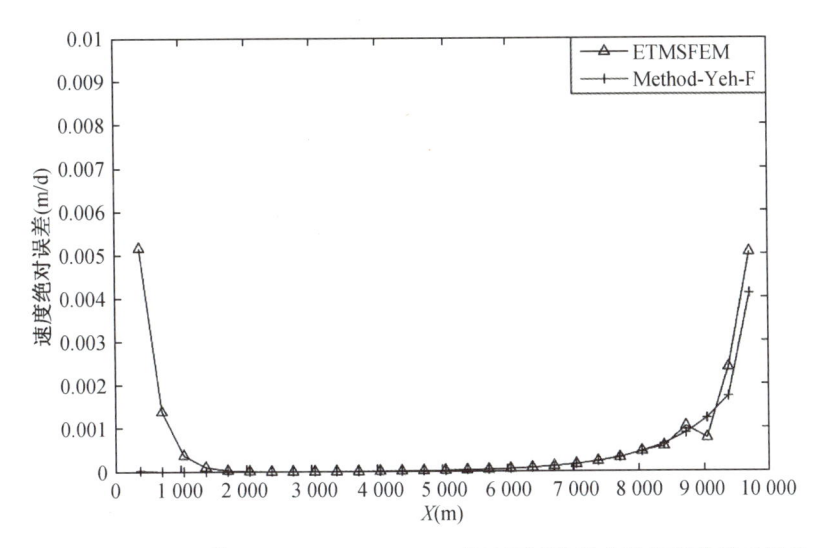

图 4-7　各方法在截面 $y=4\ 050\ \text{m}, z=5\ \text{m}$ 处达西渗流速度数值解的绝对误差

案例二中，由于介质的均质性，所以 ETMSFEM 和 MSFEM 基函数均变为线性边界条件，这导致 ETMSFEM 和 MSFEM 结果非常相近。然而，ETMSFEM 的 CPU 计算用时仅为 1 171 s，只有 MSFEM 的 CPU 计算用时(2 128 s)的 56.1%。

由本例的案例一和案例二的结果可知，在均质介质中 ETMSFEM 和 MSFEM 获得十分相近的精度，但 ETMSFEM 具有比 MSFEM 更高的计算效率；同时，本例结果也表明 ETMSFEM 受水头振荡变化的影响很小，具有很高的精度。

4.2.5.3　具有随机对数正态分布参数的三维地下水稳定流问题

控制方程为式(4-14)，研究区为 1 km×1 km×120 m 的长方体区域，原点位于(0 m, 0 m, 0 m)，各方向的渗透系数相同，即 $K_x=K_y=K_z=K$，渗透系数 K 是使用 GSLIb[188] 的序贯高斯分布函数在 400×400×8 的网格上随机生成的。

其中，$\ln K$ 的方差 σ^2 分别取 2.5 和 4，并取了三组不同的相关长度：第一组，$\lambda_x=\lambda_y=25\ \text{m}$，$\lambda_z=30\ \text{m}$；第二组，$\lambda_x=\lambda_y=100\ \text{m}$，$\lambda_z=30\ \text{m}$；第三组，$\lambda_x=\lambda_y=200\ \text{m}$，$\lambda_z=30\ \text{m}$，总计出现六种不同的 K 值分布：a, $\sigma^2=2.5$，第一组相关长度；b, $\sigma^2=2.5$，第二组相关长度；c, $\sigma^2=2.5$，第三组相关长度；d, $\sigma^2=4$，第一组相关长度；e, $\sigma^2=4$，第二组相关长度；f, $\sigma^2=4$，第三组相关长度，图 4-8 展示了这六种不同的 $\ln K$ 分布图。研究区左右边界为第一类边界，左边界

水头 16 m，右边界水头 11 m，上下边界为隔水边界，源汇项 W 为 0。

使用 ETMSFEM 和 MSFEM 来求解本例，两种方法均将研究区剖分为 $25 \times 25 \times 2$ 个粗网格，再对粗网格再进一步细分。网格 1（grid 1）：对于 MSFEM，每个粗网格均被剖分为 $16 \times 16 \times 4$ 个细网格；对于 ETMSFEM，每个粗网格单元剖分为 $4 \times 4 \times 2$ 个中网格，每个中网格又剖分为 $4 \times 4 \times 2$ 个细网格；两种方法总计把粗网格单元剖分为 1 024 个细网格。网格 2（grid 2）：对于 MSFEM，每个粗网格均剖分为 $4 \times 4 \times 1$ 个细网格；对于 ETMSFEM，每个粗网格单元剖分为 $2 \times 2 \times 1$ 个中网格，每个中网格又剖分为 $2 \times 2 \times 1$ 个细网格。本例没有解析解，因此把具有 $400 \times 400 \times 8$ 网格剖分的 LFEM-F 作为标准解进行参照。

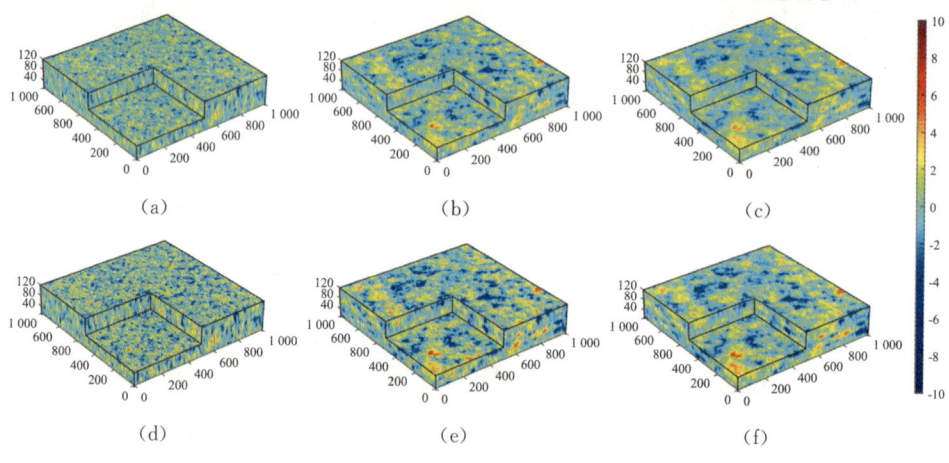

图 4-8 InK 分布图

图 4-9 显示了截面 $y=520$ m，$z=60$ m 处两种网格下的 ETMSFEM 和 MSFEM 数值解和标准解的水头值。从图中可以看出，ETMSFEM 和 MSFEM 的结果十分接近，结果表明 ETMSFEM 具备和 MSFEM 相近的模拟随机场对数正态分布的渗透系数的能力。其中，在网格 1 的剖分下，ETMSFEM 和 MSFEM 的结果与标准解十分相近，且远好于网格 2 下的结果，这说明 ETMSFEM 和 MSFEM 能够通过加密网格的方式显著提高计算精度。同时，当方差或相关长度增加时，ETMSFEM 和 MSFEM 的误差也逐渐增大。相比于网格 1，各方法在网格 2 条件对方差或相关长度增加的敏感性较大，显示在渗透系数较复杂时精细网格的必要性。然而，在使用精细网格时，ETMSFEM 所需要的计算消耗远低于其他方法。例如，ETMSFEM 在渗透系数为图 4-8 e 时的 CPU 计算用时为 323 s，远小于 MSFEM 的 565 s，这说明 ETMSFEM 能够显著降低基函数的构造消耗并保证精确，具有很高的计算效率。

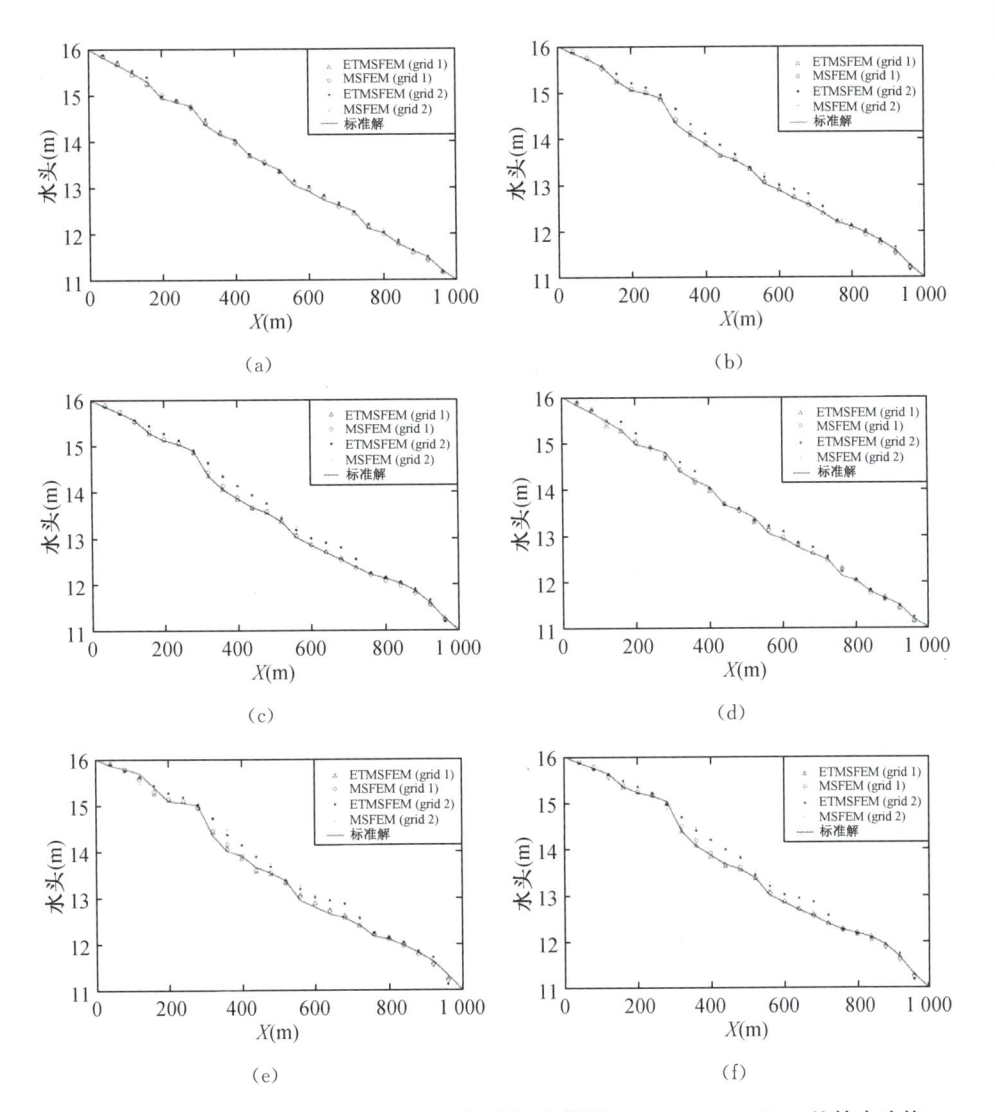

图 4-9 ETMSFEM、MSFEM 数值解和标准解在截面 $y=520$ m, $z=60$ m 处的水头值

4.2.5.4 具有水平方向渐变、垂直方向突变参数的三维地下水稳定流问题

本例是基于三维冲积平原的情况设置的算例,控制方程为式(4-14),研究区为 10 km×10 km×120 m 的长方体区域,原点位于(0 m,0 m,0 m),含水层由四个承压含水层和四个弱透水层组成,每个含水层和弱透水层厚度均为 15 m。含水层中水平方向的渗透系数为 $K_x = K_y = 1 + \dfrac{x}{50}$ m/d,弱透水层中水平方向的渗透系数为 $K_x = K_y = 0.005 + \dfrac{x}{100}$ m/d。由于 z 方向的渗透系数为 $K_z = \dfrac{K_x}{10}$ m/d,则在 z

方向渗透系数会产生突变。研究区左右边界均为第一类边界条件,左边界水头为 10 m,右边界水头为 1 m,上下边界为隔水边界,源汇项为 0。

使用 ETMSFEM 和 MSFEM 来求解此例,两种方法均将研究区剖分为 30×30×4 的网格,即 7 200 个粗网格单元。然后,两种方法再对粗网格单元进行进一步的细分。对于 MSFEM,每个粗网格被剖分为 16×16×4 的网格;对于 ETMSFEM,每个粗网格单元被剖分为 4×4×2 个中网格单元,每个中网格单元又被剖分为 4×4×2 个细网格单元;故两种方法均把粗网格单元剖分为 1 024 个细网格单元。本例没有解析解,因此应用 MSFEM 将研究区剖分为 60×60×4 个粗网格单元,每个粗网格划分为 16×16×4 个细网格单元,作为"标准解"来进行参照。

图 4-10 展示了在截面 $y=5\,000$ m,$z=60$ m 处 ETMSFEM,MSFEM 和标准解的水头值。结果显示 ETMSFEM 和 MSFEM 的结果十分相近,但 ETMSFEM 更好。和 Ye 等 2004 年工作[153]中 MSFEM 的结果相近,由于采用了振荡的边界条件,ETMSFEM 和 MSFEM 受到 z 方向的渗透系数突变的影响较小,显示 ETMSFEM 具有和 MSFEM 相近的处理渗透系数突变的能力。此外,本例中 ETMSFEM 的 CPU 计算用时为 888 s,远少于 MSFEM 的 1 581 s,显示 ETMSFEM 具有更高的计算效率。

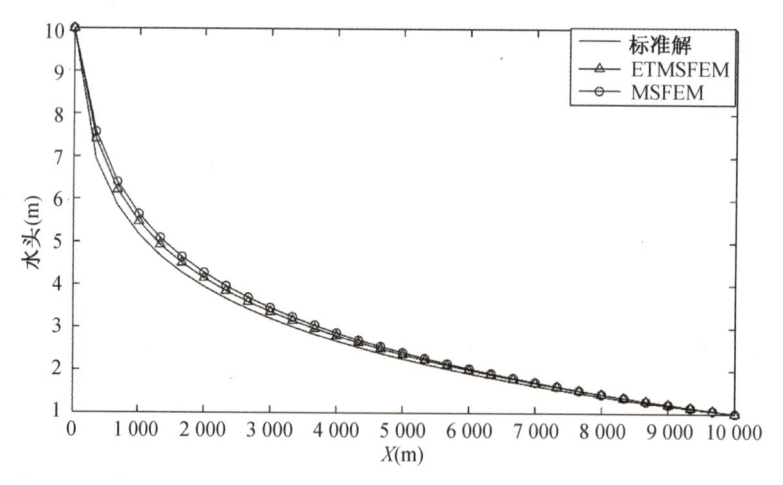

图 4-10 ETMSFEM、MSFEM 和标准解在截面 $y=5\,000$ m,$z=60$ m 处的水头值

4.2.5.5 具有水平方向渐变,垂直方向突变参数的三维地下水非稳定流问题

考虑如下三维非稳定流问题

$$S_s \frac{\partial H}{\partial t} - \frac{\partial}{\partial x}\left(K_x \frac{\partial H}{\partial x}\right) - \frac{\partial}{\partial y}\left(K_y \frac{\partial H}{\partial y}\right) - \frac{\partial}{\partial z}\left(K_z \frac{\partial H}{\partial z}\right) = W \quad (4-24)$$

本例的研究区域、渗透系数、源汇项和边界条件均与例 4.2.5.4 相同，贮水率 $S_s = 5 \times 10^{-10} x$ /m，时间步长为 1 d，总用时为 6 d。设初始时刻左侧水头为 10 m，右侧为 1 m，水头线性分布，即 $H_0 = 10 - \dfrac{x}{1\,000}$ m。

使用 ETMSFEM 和 MSFEM 来求解此例，两种方法均将研究区剖分为 30×30×2 的网格，即 3 600 个粗网格单元，然后再对粗网格单元细分。对于 MSFEM，每个粗网格均被剖分为 16×16×6 的网格；对于 ETMSFEM，每个粗网格单元先被剖分为 8×8×2 个中网格单元，每个中网格又剖分为 2×2×3 个细网格单元；故两种方法均把每个粗网格单元剖分为 1 536 个细网格单元。本例没有解析解，因此应用 MSFEM 将研究区剖分为 60×60×2 个粗网格单元，每个粗网格划分为 16×16×6 个细网格单元，以获得标准解来进行参照。

图 4-11 展示了在截面 $y=5\,000$ m，$z=60$ m 处 ETMSFEM、MSFEM 和标准解的水头值。从图中可以看出，ETMSFEM 和 MSFEM 的结果十分相近，但 ETMSFEM 的精度更高。类似的，在非稳定流的情况，ETMSFEM 仍然具有和 MSFEM 相同的处理渗透系数的能力。然而，在本例中，两种方法间的 CPU 时间差异更大，ETMSFEM 需要 5 454 s，仅为 MSFEM 用时 11 349 s 的 48%。这一结果显示 ETMSFEM 在模拟非稳定流这种需要迭代多次的地下水问题时能够节约大量的计算消耗，比 MSFEM 更具优势。

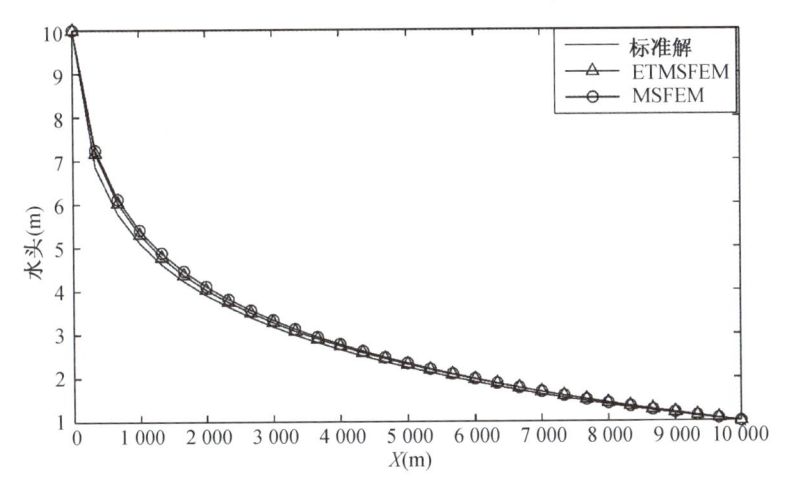

图 4-11 ETMSFEM、MSFEM 和标准解在截面 $y=5\,000$ m，$z=60$ m 处的水头值

4.3 新型有限体积多尺度有限单元法

4.3.1 算法简介

新型有限体积多尺度有限元法(NFVMSFEM)结合了 MSFEM、有限体积法和 Yeh 的伽辽金有限元模型[70]的优点,是基于 He 和 Ren 的 FVMSFEM[117]框架发展而成的。NFVMSFEM 的最大优势在于其可以通过解单个方程组即可获得地下水水头和达西渗流速度两种未知量,同时能够保证解的质量守恒以及达西渗流速度的连续性,并且不依赖任何迭代过程,从而方便、快捷地模拟地下水综合问题。

NFVMSFEM 的主要创新是速度矩阵,也是其综合模拟地下水水头和达西渗流速度的基础。速度矩阵是通过应用 Yeh 模型在粗网格单元内解达西定律方程构造而成的。通过速度矩阵,NFVMSFEM 能够运用未知的粗尺度水头来表示未知的 x、y 方向的细尺度达西渗流速度,从而实现这两种未知量之间的自由转换。然后,在水头计算时,NFVMSFEM 采用速度矩阵代替原 FVMSFEM 框架中计算控制体积边界流量的有限差分格式,从而将速度矩阵嵌入水头求解公式,合并水头和 x、y 方向的速度计算过程。此外,基于 Yeh 的伽辽金模型[70],速度矩阵能够保证达西渗流速度的连续性,从而在水头模拟过程中获得更精确的控制体积边界流量。同时,NFVMSFEM 继承了 FVMSFEM 的优点,保证了水头的质量守恒,且具有比有限元法更高的计算效率。

本节将详细介绍 NFVMSFEM 的剖分方式,再介绍 NFVMSFEM 的粗、细尺度的基本格式,以及粗尺度达西渗流速度的表达式,最后将 NFVMSFEM 和多种传统方法在水头模拟和达西渗流速度模拟两方面进行了比较。

4.3.2 新型有限体积多尺度有限单元法的网格构造

4.3.2.1 控制方程

NFVMSFEM 需要在整个研究区域 Ω 上应用有限体积网格(图 4-12 细实线构成的网格)考虑地下水问题并获得其粗尺度格式,同时 NFVMSFEM 还需要 MSFEM 网格以在每个局部粗网格单元 $\square_{ijkl}$(图 4-12 粗虚线构成的网格)上考虑 x、y 方向细尺度达西定律控制方程。本节以非稳定地下水问题为例,将式(1-44)中的主方程写成如下形式,并考虑 $K_x \neq K_y$ 的情况

$$S_s \frac{\partial H}{\partial t} - \nabla \cdot K(x,y) \nabla H = W, (x,y) \in \Omega \quad (4-25)$$

式中：·为散度符号。

根据式(3-11)，粗网格单元 $\square_{ijkl}$ 上的局部达西定律方程为

$$v_\xi^f = -K_\xi \frac{\partial h}{\partial \xi}, \xi = x, y \tag{4-26}$$

式中：K_ξ 为 ξ 方向的渗透系数，$\xi=x,y$，h 为水头 H 的细尺度形式，v_ξ^f 为 $\square_{ijkl}$ 上在 ξ 方向的细尺度速度，$\xi=x,y$。

NFVMSFEM 能够高效、准确地同时求解式(4-25)和所有粗网格单元上的局部方程式(4-26)。在粗尺度上，NFVMSFEM 应用有限体积法获得式(4-25)的粗尺度形式，并保证质量守恒。然后，NFVMSFEM 在每个粗网格单元 $\square_{ijkl}$ 上基于式(4-26)，用 Yeh 的模型和 MSFEM 基函数来构造速度矩阵。速度矩阵令 NFVMSFEM 可以通过粗尺度水头和基函数直接表示控制体边界流量，从而将所有粗网格单元上的式(4-26)嵌入到式(4-25)的方程组系统中。因此，NFVMSFEM 可以仅求解单个方程组即可获得水头和达西渗流速度两种参数，且无需迭代过程。

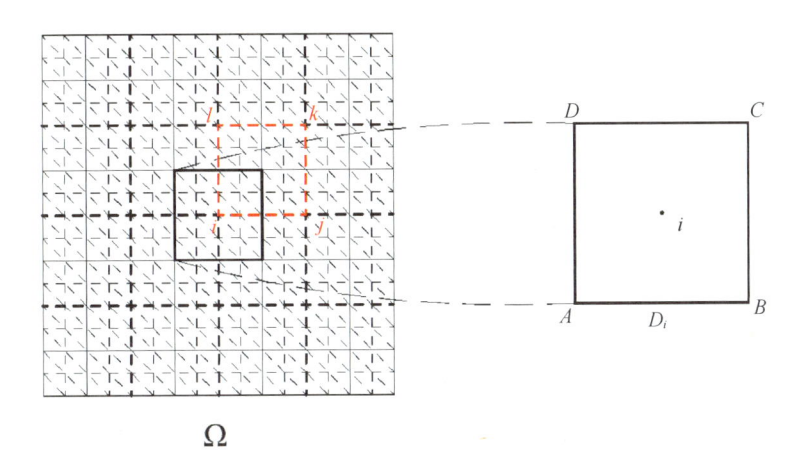

图 4-12　NFVMSFEM 的研究区域 Ω 的剖分

4.3.2.2　网格剖分

和 FVMSFEM[117] 相同，NFVMSFEM 包括有限体积法和 MSFEM 两个部分，因而其网格剖分也分为两个步骤。

步骤 1：基于 MSFEM 的第一重剖分。首先，NFVMSFEM 采用与坐标轴的平行线（图 4-12 中粗虚线）将 Ω 分为矩形粗网格单元。然后，NFVMSFEM 再将每个粗网格单元分为三角形细网格单元（图 4-12 中细虚线）。例如，图 4-12 的粗网格单元是边长为 l 的正方形，示例粗网格单元 $\square_{ijkl}$（图 4-12 中红色虚

线)被剖分为 32 个三角形细网格单元。

步骤 2：基于有限体积法的第二重剖分。设所需研究的地下水问题的未知节点总数为 Nu，D_i 是对应于 i 的控制体积，$i=1,2,\cdots,Nu$。NFVMSFEM 以各个未知节点为中心，连接与其相关的粗网格单元的中心(图 4-12 中细实线)来生成控制体积 D_i。例如，假设节点 $i(x_i,y_i)$ 是步骤 1 的 MSFEM 粗尺度网格(图 4-12 中粗虚线)上的内点，则控制体积 $D_i=[x_i-\frac{l}{2},x_i+\frac{l}{2}]\times[y_i-\frac{l}{2},y_i+\frac{l}{2}]$（如图 4-12 右侧 □ABCD）。图 4-13 为控制体积 D_i（□ABCD）和与其相关粗网格单元（Ⅰ、Ⅱ、Ⅲ、Ⅳ）之间关系的示意图。若节点 i 是粗尺度网格的边界节点，则控制体积为 $D_i=[x_i-\frac{l}{2},x_i+\frac{l}{2}]\times[y_i-\frac{l}{2},y_i]$（图 4-14），其面积仅为由内点生成的控制体积的一半。

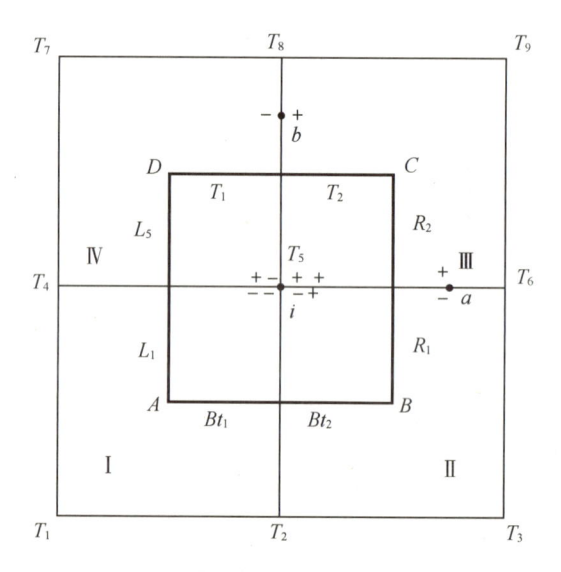

图 4-13 由内部节点 i 生成的控制体积 D_i

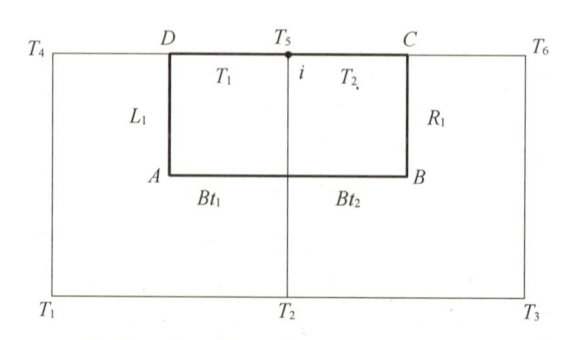

图 4-14 由边界节点 i 生成的控制体积 D_i

4.3.3 新型有限体积多尺度有限单元法的粗尺度基本格式

NFVMSFEM 应用有限体积法于控制方程式(1-44)来获得总方程的粗尺度格式。根据 He 和 Ren 的工作[117]，记水头 H 对应的粗尺度状态变量为 $\Phi(x,y,t)$。在每个控制体积 D_i 中，$i=1,2,\cdots,Nu$，有

$$\Phi_i = \frac{1}{|D_i|}\iint_{D_i} H \mathrm{d}x\mathrm{d}y \tag{4-27}$$

式中：$|D_i|$ 为控制体 D_i 的面积，$\Phi_i(x,y,t)$ 即为节点 i 的水头粗尺度解。

根据 He 和 Ren 的工作[117]，Φ_i 满足下式

$$\frac{\mathrm{d}\Phi_i}{\mathrm{d}t} = \frac{1}{|D_i|}\iint_{D_i} \frac{\partial H}{\partial t}\mathrm{d}x\mathrm{d}y \tag{4-28}$$

在每个控制体积 D_i 上将方程式(4-25)两边积分，有

$$S_{D_i}\iint_{D_i}\frac{\partial H}{\partial t}\mathrm{d}x\mathrm{d}y = \iint_{D_i}\nabla\cdot \mathrm{K}(x,y)H\mathrm{d}x\mathrm{d}y + \iint_{D_i}W\mathrm{d}x\mathrm{d}y \tag{4-29}$$

式中：S_{D_i} 为 D_i 上的贮水率。S_{D_i} 的值即为 S_s 在 D_i 上的平均值。

将式(4-28)代入到式(4-29)，有

$$\frac{\mathrm{d}\Phi_i}{\mathrm{d}t} = \frac{1}{S_{D_i}|D_i|}\left[\iint_{D_i}\nabla\cdot \mathrm{K}(x,y)H\mathrm{d}x\mathrm{d}y + \iint_{D_i}W\mathrm{d}x\mathrm{d}y\right] \tag{4-30}$$

将散度定理应用于式(4-30)，有

$$\frac{\mathrm{d}\Phi_i}{\mathrm{d}t} = \frac{1}{S_{D_i}|D_i|}\left[\int_{\partial D_i}\boldsymbol{n}\cdot \mathrm{K}(x,y)H\mathrm{d}\Gamma + \iint_{D_i}W\mathrm{d}x\mathrm{d}y\right] \tag{4-31}$$

式中：$\boldsymbol{n}$ 是 ∂D_i 的外法向量。

结合式(4-26)，设渗透系数主方向与坐标轴方向一致，$K = \begin{bmatrix} K_x & 0 \\ 0 & K_y \end{bmatrix}$，在内点生成控制体积 D_i（图 4-13）上式(4-31)的右侧部分可由细尺度达西渗流速度表示为

$$\begin{aligned}\frac{\mathrm{d}\Phi_i}{\mathrm{d}t} &= \frac{1}{S_{D_i}|D_i|}\left[\int_{\partial D_i}K_x\frac{\partial H}{\partial x}\mathrm{d}y - K_y\frac{\partial H}{\partial y}\mathrm{d}x + \iint_{D_i}W\mathrm{d}x\mathrm{d}y\right]\\ &= \frac{1}{S_{D_i}|D_i|}\left[\int_B^C K_x\frac{\partial H}{\partial x}\mathrm{d}y - \int_A^D K_x\frac{\partial H}{\partial x}\mathrm{d}y + \int_D^C K_y\frac{\partial H}{\partial y}\mathrm{d}x - \int_A^B K_y\frac{\partial H}{\partial y}\mathrm{d}x + \right.\\ &\quad \left. \iint_{D_i}W\mathrm{d}x\mathrm{d}y\right]\\ &= \frac{1}{S_{D_i}|D_i|}\left[-\int_B^C v_x^f\mathrm{d}y + \int_A^D v_x^f\mathrm{d}y + \int_D^C v_y^f\mathrm{d}x + \int_A^B v_y^f\mathrm{d}x + \iint_{D_i}W\mathrm{d}x\mathrm{d}y\right]\end{aligned} \tag{4-32}$$

式中：v_x^f 和 v_y^f 可通过速度矩阵由 Φ 和基函数表示，速度矩阵的构造过程请见 4.3.4.1 节。

由于控制体积 D_i 被包含在与 i 相关的四个粗网格单元中（图 4-13），通过 ∂D_i 的流量可被离散为粗网格单元 I、II、III、IV 的流量项。因此，式(4-32)可以写成

$$\frac{d\Phi_i}{dt} = \frac{1}{S_{D_i}|D_i|}\Big[Flux(t)_\mathrm{I} + Flux(t)_\mathrm{II} + Flux(t)_\mathrm{III} + Flux(t)_\mathrm{IV} + \iint_{D_i} W dx dy\Big] \quad (4\text{-}33)$$

式中：$Flux(t)_\mathrm{I}$、$Flux(t)_\mathrm{II}$、$Flux(t)_\mathrm{III}$ 和 $Flux(t)_\mathrm{IV}$ 分别为粗网格单元 I、II、III、IV 的流量项，具体细尺度形式将在 4.3.4.2 节展开。

和 FVMSFEM 相同[117]，NFVMSFEM 采用 Crank-Nicolson 格式离散式(4-33)，假设时间步长为 Δt，$t_k = k\Delta t$，可以得到控制体积 D_i 的方程

$$\Phi_i^{k+1} - \Phi_i^k = \frac{\Delta t}{2}[G_i(t_k) + G_i(t_{k+1})] \quad (4\text{-}34)$$

式中：Φ_i^{k+1} 和 Φ_i^k 分别为 $\Phi_i(t_{k+1})$ 和 $\Phi_i(t_k)$ 的数值逼近，$G_i(t_k)$ 和 $G_i(t_{k+1})$ 分别代表了式(4-33)在 t_k 和 t_{k+1} 时刻的右端部分。

边界节点控制体积（图 4-14）的方程获取过程与上文类似，此处不再赘述。结合所有控制体积 D_i，$i=1,2,\cdots,Nu$ 的方程式(4-34)，可以得到关于 Φ 的总方程组的粗尺度形式。

4.3.4　新型有限体积多尺度有限单元法的细尺度基本格式

在将 4.3.3 节获得的 Φ 的总方程组的粗尺度形式离散到细尺度之前，必须先构造各个粗网格单元的基函数和速度矩阵。速度矩阵能够用 Φ 和基函数来表示 v_x^f，从而将水头、达西渗流速度这两种未知量合二为一。因此，速度矩阵能够将式(4-26)嵌入式(4-25)来获得的 Φ 的总方程组，令 NFVMSFEM 可以同时求解 Φ、v_x^f 和 v_y^f。

4.3.4.1　构造速度矩阵

在构造速度矩阵前，NFVMSFEM 需要先构造基函数。由于 NFVMSFEM 的粗网格单元 $\square_{ijkl}$ 为矩形单元（图 4-12，红色虚线），因此每个粗网格单元需要构造 4 个基函数。NFVMSFEM 的基函数构造方法与 1.3.3 节的 MSFEM 相同，即在 $\square_{ijkl}$ 应用有限元法解式(1-1)即可。

为了构造速度矩阵，NFVMSFEM 需要每个粗网格单元 $\square_{ijkl}$ 上（图 4-12，红色虚线），应用 Yeh 的伽辽金模型来求解局部的达西定律方程式(4-26)。基

于 Yeh 的模型,在式(4-26)两侧乘以线性基函数 N_I,并在 $\square_{ijkl}$ 上积分,可得

$$\iint_{\square_{ijkl}} v_\xi^f N_I \mathrm{d}x\mathrm{d}y = -\iint_{\square_{ijkl}} K_\xi \frac{\partial h}{\partial \xi} N_I \mathrm{d}x\mathrm{d}y, I = 1, 2, \cdots, n_n, \xi = x, y \quad (4\text{-}35)$$

式中:n_n 为 $\square_{ijkl}$ 网格中节点的总数。

根据 1981 年 Yeh 的研究[70],细尺度达西渗流速度可以用每个三角形细网格单元 $\triangle_{abc}$ 的线性基函数表示

$$v_\xi^f(x, y) = v_\xi^f(a) N_a(x, y) + v_\xi^f(b) N_b(x, y) + v_\xi^f(c) N_c(x, y), \xi = x, y \quad (4\text{-}36)$$

式中:$v_\xi^f(a)$、$v_\xi^f(b)$、$v_\xi^f(c)$,$\xi = x, y$ 分别为 $\triangle_{abc}$ 顶点 a、b、c 的细尺度达西渗流速度。

将式(4-36)代入式(4-35)的左侧,有

$$\begin{aligned}
\iint_{\square_{ijkl}} v_h^f N_I \mathrm{d}x\mathrm{d}y &= \sum \iint_{\triangle_{abc}} v_h^f N_I \mathrm{d}x\mathrm{d}y, I = 1, 2, \cdots, n_n, \xi = x, y \\
&= \sum \iint_{\triangle_{abc}} [v_\xi^f(a) N_a + v_\xi^f(b) N_b + v_\xi^f(c) N_c] N_I \\
&= \sum \Big[\iint_{\triangle_{abc}} N_I N_a \mathrm{d}x\mathrm{d}y v_\xi^f(a) + \iint_{\triangle_{abc}} N_I N_b \mathrm{d}x\mathrm{d}y v_\xi^f(b) + \\
&\quad \iint_{\triangle_{abc}} N_I N_c \mathrm{d}x\mathrm{d}y v_\xi^f(c) \Big]
\end{aligned} \quad (4\text{-}37)$$

与 Yeh 的模型不同,NFVMSFEM 采用基函数和粗尺度解 Φ 来表示水头。根据 Hou 和 Wu(1997)[10]、He 和 Ren(2005)[117] 的研究,在 $\square_{ijkl}$ 中细尺度水头应满足以下方程

$$h(x, y) = \Phi_i \Psi_i(x, y) + \Phi_j \Psi_j(x, y) + \Phi_k \Psi_k(x, y) + \Phi_l \Psi_l(x, y) \quad (4\text{-}38)$$

式中:Ψ_i、Ψ_j、Ψ_k、Ψ_l 分别为与顶点 i、j、k、l 相关的基函数;Φ_i、Φ_j、Φ_k、Φ_l 分别为 H 在 $\square_{ijkl}$ 顶点 i、j、k、l 处的粗尺度解。

将式(1-3)和式(4-38)代入式(4-35)的右侧,可得

$$\begin{aligned}
-\iint_{\square_{ijkl}} K_\xi \frac{\partial h}{\partial \xi} N_I \mathrm{d}x\mathrm{d}y &= -\sum \iint_{\triangle_{abc}} K_\xi \frac{\partial h}{\partial \xi} N_I \mathrm{d}x\mathrm{d}y, I = 1, 2, \cdots, n_n, \xi = x, y \\
&= -\sum \iint_{\triangle_{abc}} K_\xi^{\triangle_{abc}} \Big[\Phi_i \frac{\partial \Psi_i}{\partial \xi} + \Phi_j \frac{\partial \Psi_j}{\partial \xi} + \Phi_k \frac{\partial \Psi_k}{\partial \xi} + \Phi_l \frac{\partial \Psi_l}{\partial \xi} \Big] \\
&\quad N_I \mathrm{d}x\mathrm{d}y \\
&= -\sum_{\triangle_{abc}} \Big\{ \sum_{\theta=i,j,k,l} \iint_{\triangle_{abc}} K_\xi^{\triangle_{abc}} N_I \Big[\Psi_\theta(a) \frac{\partial N_a}{\partial \xi} + \Psi_\theta(b) \frac{\partial N_b}{\partial \xi} +
\end{aligned}$$

$$\left. \Psi_\theta(c) \frac{\partial N_c}{\partial \xi} \right] \mathrm{d}x\mathrm{d}y \cdot \boldsymbol{\varPhi}_\theta \right\} \tag{4-39}$$

式中：$K_\xi^{\triangle_{abc}}$ 为细网格单元 $\triangle_{abc}$ 在 ξ 方向上的渗透系数。

根据式(4-37)和式(4-39)，可以得到达西方程的矩阵形式

$$\boldsymbol{A}^\xi \boldsymbol{V}_\xi^f = \boldsymbol{B}^\xi \boldsymbol{\varPhi}, \xi = x, y \tag{4-40}$$

$$\boldsymbol{A}_{IJ}^\xi = \sum_{\triangle_{abc}} \int_{\triangle_{abc}} N_I N_J \mathrm{d}x\mathrm{d}y$$

$$\boldsymbol{B}_{I\theta}^\xi = -\sum_{\triangle_{abc}} \left\{ \iint_{\triangle_{abc}} K_\xi^{\triangle_{abc}} N_I \left[\Psi_\theta(a) \frac{\partial N_a}{\partial \xi} + \Psi_\theta(b) \frac{\partial N_b}{\partial \xi} + \Psi_\theta(c) \frac{\partial N_c}{\partial \xi} \right] \mathrm{d}x\mathrm{d}y \right\},$$
$$\xi = x, y$$

式中：$\boldsymbol{A}^\xi = [\boldsymbol{A}_{IJ}^\xi]$ 为达西渗流速度的系数矩阵；$\boldsymbol{V}_\xi^f$ 为细尺度达西渗流速度未知项 $\boldsymbol{V}_\xi^f$ 的向量；$\boldsymbol{B}^\xi = [\boldsymbol{B}_{I\theta}^\xi]$ 为粗尺度水头未知项 $\boldsymbol{\varPhi}$ 的系数矩阵；$\boldsymbol{\varPhi}$ 为粗尺度未知项水头向量。由于达西渗流速度未知项的数量为 n_n，$\square_{ijkl}$ 有 4 个顶点，所以 $\boldsymbol{A}^\xi$ 是一个 $n_n \times n_n$ 矩阵，$\boldsymbol{B}^\xi$ 是一个 $n_n \times 4$ 矩阵。同时，$\boldsymbol{A}^\xi$ 是一个对称正定矩阵，是可逆的。由此，达西渗流速度可以被表示为

$$\boldsymbol{V}_\xi^f = \boldsymbol{A}^{\xi-1} \boldsymbol{B}^\xi \boldsymbol{\varPhi} = \boldsymbol{\alpha}_{\square_{ijkl}}^\xi \boldsymbol{\varPhi}, \xi = x, y \tag{4-41}$$

式中：$\boldsymbol{A}^{\xi-1}$ 为 $\boldsymbol{A}^\xi$ 的逆，$\boldsymbol{\alpha}_{\square_{ijkl}}^\xi = \boldsymbol{A}^{\xi-1} \boldsymbol{B}^\xi$ 为 $\square_{ijkl}$ 上关于方向 ξ 的 NFVMSFEM 速度矩阵。

4.3.4.2　新型有限体积多尺度有限单元法方程的细尺度形式

设 D_i 的上、下、左、右边界分别为 T、Bt、L、R（图 4-13）。式(4-33)中各粗网格单元内的控制体积项流量项为

$$Flux\ (t)_\mathrm{I} = \int_{L_1} v_x^f \mathrm{d}y + \int_{Bt_1} v_y^f \mathrm{d}x$$

$$Flux\ (t)_\mathrm{II} = -\int_{R_1} v_x^f \mathrm{d}y + \int_{Bt_2} v_y^f \mathrm{d}x$$

$$Flux\ (t)_\mathrm{III} = -\int_{R_2} v_x^f \mathrm{d}y - \int_{T_2} v_y^f \mathrm{d}x$$

$$Flux\ (t)_\mathrm{IV} = \int_{L_2} v_x^f \mathrm{d}y - \int_{T_1} v_y^f \mathrm{d}x \tag{4-42}$$

式中：边界 T、Bt、L、R 的下标"1"表示该边界的左侧或下侧部分，下标"2"表示该边界的右侧或上侧部分。

如前所述，D_i 边界也是与其相关的粗网格单元Ⅰ、Ⅱ、Ⅲ、Ⅳ的细尺度网格

线。$Flux(t)_{I}$、$Flux(t)_{II}$、$Flux(t)_{III}$、$Flux(t)_{IV}$ 由细尺度达西渗流速度组成，因此可以通过 NFVMSFEM 速度矩阵用粗尺度水头表示。以 $Flux(t)_{I}$ 为例，参考图 4-15，$Flux(t)_{I}$ 的细尺度形式为

$$\begin{aligned}
Flux(t)_{I} &= \int_{L_1} v_x^f \mathrm{d}y + \int_{Bt_1} v_y^f \mathrm{d}x = \sum_{L_{11},L_{12}} \int_a^c v_x^f \mathrm{d}y + \sum_{Bt_{11},Bt_{12}} \int_a^b v_y^f \mathrm{d}x \\
&= \sum_{L_{11},L_{12}} \int_a^c [v_x^f(a)N_a + v_x^f(b)N_b + v_x^f(c)N_c] \mathrm{d}y + \sum_{Bt_{11},Bt_{12}} \int_a^b [v_y^f(a)N_a + v_y^f(b)N_b + v_y^f(c)N_c] \mathrm{d}x \\
&= \sum_{L_{11},L_{12}} [v_x^f(a) + v_x^f(c)] \cdot \frac{\Delta y}{2} + \sum_{Bt_{11},Bt_{12}} [v_y^f(a) + v_y^f(b)] \cdot \frac{\Delta x}{2} \\
&= \sum_{L_{11},L_{12}} \sum_{\theta=\tau1,\tau2,\tau5,\tau4} (\alpha_{a\theta}^x|_{I} + \alpha_{c\theta}^x|_{I}) \cdot \frac{\Delta y}{2} \cdot \Phi_\theta + \sum_{Bt_{11},Bt_{12}} \sum_{\theta=\tau1,\tau2,\tau5,\tau4} (\alpha_{a\theta}^y|_{I} + \alpha_{b\theta}^y|_{I}) \cdot \frac{\Delta x}{2} \cdot \Phi_\theta \\
&= \sum_{\theta=\tau1,\tau2,\tau5,\tau4} [\sum_{L_{11},L_{12}} (\alpha_{a\theta}^x|_{I} + \alpha_{c\theta}^x|_{I}) \cdot \frac{\Delta y}{2} + \sum_{Bt_{11},Bt_{12}} (\alpha_{a\theta}^x|_{I} + \alpha_{b\theta}^x|_{I}) \cdot \frac{\Delta x}{2}] \Phi_\theta \\
&= \sum_{\theta=\tau1,\tau2,\tau5,\tau4} \beta_{i\theta}^I \Phi_\theta
\end{aligned} \tag{4-43}$$

式中：Bt_{11}、Bt_{12} 分别是 Bt_1 的左、右部分，L_{11}、L_{12} 分别是边界 L_1 的上、下部分，Δx、Δy 分别是 $\triangle_{abc}$ 的水平和垂直边界的长度，$\alpha_{a\theta}^x|_{I}$、$\alpha_{c\theta}^x|_{I}$ 是关于达西渗流速度 $v_x^f(a)$、$v_x^f(c)$ 的 Φ_θ 的系数，来源于速度矩阵 $\alpha^x|_I$，$\alpha_{a\theta}^y|_{I}$、$\alpha_{b\theta}^y|_{I}$ 是关于达西渗流速度 $v_y^f(a)$、$v_y^f(b)$ 的 Φ_θ 的系数，来源于速度矩阵 $\alpha^y|_I$。$\beta_{i\theta}^I$（$\theta=\tau1,\tau2,\tau5,\tau4$）是流量项 $Flux(t)_{I}$ 中 Φ_θ 的系数，由合并各项的 Φ_θ 系数得到。

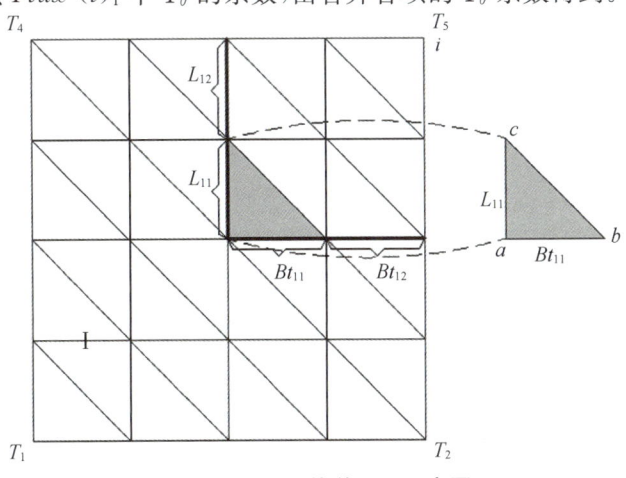

图 4-15　粗网格单元 I 示意图

类似的，$Flux(t)_{II}$、$Flux(t)_{III}$、$Flux(t)_{IV}$ 可以表示为含 Φ 的格式。由此，控制体积 D_i 的方程式(4-33)的具体细尺度形式为

$$\frac{d\Phi_i}{dt} = \frac{1}{S_{D_i}|D_i|}\Big[\sum_{\theta=1}^{9}\beta_{i\theta}\Phi_\theta + W_{D_i}\Big] \tag{4-44}$$

式中：$\beta_{i\theta} = \beta_{i\theta}^{I} + \beta_{i\theta}^{II} + \beta_{i\theta}^{III} + \beta_{i\theta}^{IV}$，$\theta = \tau_1, \tau_2, \tau_3, \cdots, \tau_9$ 是此项中关于 Φ_θ 的系数，$W_{D_i} = \iint\limits_{D_i} W \mathrm{d}x\mathrm{d}y$ 为源汇项。

类似的，可以用边界节点控制体积的式(4-33)的具体细尺度形式。将所有控制体积的方程的细尺度形式代入式(4-34)，可得到 Φ 粗尺度方程组的具体细尺度形式，求解即可得到粗尺度水头 Φ。

4.3.5 新型有限体积多尺度有限单元法的粗尺度达西渗流速度表达式

获得粗尺度水头 Φ 后，NFVMSFEM 可以利用速度矩阵立即得到连续的细尺度达西渗流速度 v_x^f、v_y^f。根据细尺度达西渗流速度，可以直接通过本节的显示表达式得到粗尺度网格线（图 4-12，粗虚线）上的粗尺度节点上的粗尺度达西渗流速度。

内部粗尺度节点，即研究区内部的粗网格单元的顶点（图 4-12，粗虚线交点），是与其相关的 4 个粗网格单元的公共顶点。因此，内部粗尺度节点均具有 4 个细尺度达西渗流速度，来源于与其相关的 4 个粗网格单元的速度矩阵，也包含了这 4 个粗网格单元的细尺度信息。因此，NFVMSFEM 将这些细尺度达西渗流速度的平均值定义为内部粗尺度节点上唯一的粗尺度达西渗流速度。例如，节点 i 是一个内部的粗尺度节点，是粗网格单元 Ⅰ、Ⅱ、Ⅲ、Ⅳ 的顶点（图 4-13）。即通过粗网格单元 Ⅰ、Ⅱ、Ⅲ、Ⅳ 的速度矩阵分获得的 $v_x^f(i)$ 值为 $v_x^{f,\mathrm{I}}(i)$、$v_x^{f,\mathrm{II}}(i)$、$v_x^{f,\mathrm{III}}(i)$、$v_x^{f,\mathrm{IV}}(i)$。由于粗网格单元 Ⅰ、Ⅱ、Ⅲ、Ⅳ 分别位于节点 i 的不同方向，则 $v_x^{f,\mathrm{I}}(i)$、$v_x^{f,\mathrm{II}}(i)$、$v_x^{f,\mathrm{III}}(i)$、$v_x^{f,\mathrm{IV}}(i)$ 为从相应方向逼近真实粗尺度达西渗流速度的极限值。记顶部和右侧为"$+$"，底部和左侧为"$-$"，则 $v_x^{f,\mathrm{I}}(i) = v_x^{f,--}(i)$、$v_x^{f,\mathrm{II}}(i) = v_x^{f,-+}(i)$、$v_x^{f,\mathrm{III}}(i) = v_x^{f,++}(i)$、$v_x^{f,\mathrm{IV}}(i) = v_x^{f,+-}(i)$。因此，粗尺度达西渗流速度 $V_x(i)$ 的表达式为

$$\begin{aligned}V_x(i) &= \frac{v_x^{f,--}(i) + v_x^{f,\mp}(i) + v_x^{f,++}(i) + v_x^{f,\pm}(i)}{4} \\ &= \frac{v_x^{f,\mathrm{I}}(i) + v_x^{f,\mathrm{II}}(i) + v_x^{f,\mathrm{III}}(i) + v_x^{f,\mathrm{IV}}(i)}{4}\end{aligned} \tag{4-45}$$

此外，粗网格单元边界上的部分细尺度节点（图 4-12，粗、细虚线交点）为相邻的

两个粗网格单元的公共节点,也具有来自两个不同的相关速度矩阵的细尺度达西渗流速度值。类似的,NFVMSFEM 将这两个细尺度达西渗流速度值平均以获得这些粗网格边界细尺度节点的唯一的细尺度达西渗流速度。例如,图 4-13 的粗网格单元边界细尺度节点 a 和 b 的表达式为

$$v_x^f(a) = \frac{v_x^{f,\text{III}}(a) + v_x^{f,\text{II}}(a)}{2}$$

$$v_x^f(b) = \frac{v_x^{f,\text{III}}(b) + v_x^{f,\text{IV}}(b)}{2} \tag{4-46}$$

研究区域边界上的粗尺度节点(图 4-14,点 i)也仅有两个相关的粗网格单元,其上的粗尺度达西渗流速度也可由式(4-46)得到。

4.3.6 应用新型有限体积多尺度有限单元法模拟地下水流和达西渗流速度问题

本节将 NFVMSFEM 与多种现有算法进行了比较,其中水头模拟部分与有限体积多尺度有限元法[117]和传统线性有限元法进行比较,达西渗流速度模拟部分与 Yeh 的伽辽金有限元模型[70]进行了比较。本节应用 3 个不同的案例来展示 NFVMSFEM 的精度和计算效率,包括参数连续变化的二维地下水稳定流问题、参数渐变的具有抽水井的二维地下水非稳定流问题和参数随机对数正态变化的二维地下水稳定流问题。

本节应用如下简写符号:水头(H); ξ 方向的粗尺度达西渗流速度(V_ξ); ξ 方向的细尺度达西渗流速度 v_ξ^f ;采用线性基函数的有限元法(LFEM);精细剖分的 LFEM(LFEM-F);新型有限体积多尺度有限单元法(NFVMSFEM);采用基函数振荡边界条件的 NFVMSFEM(NFVMSFEM-O);采用基函数线性边界条件的 NFVMSFEM(NFVMSFEM-L);有限体积多尺度有限元法(FVMSFEM);采用基函数振荡边界条件的 FVMSFEM(FVMSFEM-O);采用基函数线性边界条件的 FVMSFEM(FVMSFEM-L);FVMSFEM-L 在模拟地下水水头后,应用有限差分法计算细尺度达西渗流速度(FVMSFEM-L(plus FDM));Yeh 的伽辽金有限元模型(Method-Yeh)和精细剖分的 Method-Yeh(Method-Yeh-F)。

所有算法的程序都是用 C++ 编译的,并在相同的条件下运行。NFVMSFEM 粗网格单元为正方形。NFVMSFEM 的细网格单元、LFEM 和 LFEM-F 的单元均为等腰直角三角形。LFEM/LFEM-F 单元分别与 NFVMSFEM 粗/细网格单元大小相同,则 LFEM/LFEM-F 单元总数分别与 NFVMSFEM 粗/细网格单元总数相同。Yeh 的伽辽金模型采用有限元法模拟地下水水头,再计算达西渗流速度,故 Method-Yeh 和 Method-Yeh-F 分别继承了 LFEM 和 LFEM-F 的水头和网格。

本节应用相对欧几里得范数来作为各方法的误差度量 E_2：

$$E_2 = \left[\frac{1}{N}\sum_{i=1}^{N}\left(\frac{\xi_{simulation} - \xi_{standard}}{\xi_{standard}}\right)^2\right]^{\frac{1}{2}} \quad (4-47)$$

式中：$\xi_{simulation}$ 为数值方法得到的解，$\xi_{standard}$ 为解析解或"标准解"，N 为节点数。对于 E_2 和相对误差的计算，不考虑 $\xi_{standard} = 0$ 的节点。

4.3.6.1 具有连续变化参数的二维稳定地下水流和达西渗流速度的综合问题

二维地下水稳定流问题由式(1-15)描述。本例为无量纲算例，研究区域 $\Omega = [0,1] \times [0,1]$。考虑了三种不同的连续的渗透系数，均质介质 $K_1 = 1$；盆地型多孔介质 $K_2 = (1+x)(1+y)$，渗透系数从中间往周围递减；非均质介质 $K_3 = \dfrac{1}{2+1.99\pi\sin\left[\dfrac{3(x+y)}{2}\right]}$，$K_3$ 的最大值为 K_3 的最小值的 399 倍。本例研究区四边的水头为 0，源汇项 W 均可将解析解 $H = xy(1-x)(1-y)$ 和相关参数代入控制方程获得。

本例采用 NFVMSFEM-L、FVMSFEM-L 和 LFEM 模拟地下水水头，均采用了基函数的线性边界条件，且均将研究区 Ω 的每条边界剖分为 40 等份。因此，NFVMSFEM-L 和 FVMSFEM-L 均将研究区 Ω 分为 1 600(40×40)个正方形单元，再将每个粗网格单元分为 32(4×4×2)个三角形细网格单元。LFEM 将 Ω 分为 3 200(40×40×2)个三角形单元。

图 4-16 展示了 NFVMSFEM-L、FVMSFEM-L 和 LFEM 在渗透系数为 K_1、K_2、K_3 时解得的水头在截面 $y = 0.6$ 处的相对误差。从图中可以看出，NFVMSFEM-L 和 FVMSFEM-L 的精度都高于 LFEM；NFVMSFEM-L 和 FVMSFEM-L 的结果相似，但 NFVMSFEM-L 的结果略好。对于均质多孔介质（K_1）或盆地型多孔介质（K_2），NFVMSFEM-L 和 FVMSFEM-L 的相对误差均小于 0.1%，显示两种方法能够较有效的处理缓变的地下水渗透系数。在非均质多孔介质（K_3）中，三种方法的误差均高于 K_1 和 K_2，但 NFVMSFEM-L 和 FVMSFEM-L 增加的误差较少。同时，通过式(4-38)，NFVMSFEM-L 和 FVMSFEM-L 可直接得到 25 281 个细尺度水头，远多于 LFEM 所获水头的数量(1 521)。然而，NFVMSFEM-L 和 FVMSFEM-L 的 CPU 时间均为 16 s，仅略高于 LFEM(1 s)。这一结果显示：NFVMSFEM-L 和 FVMSFEM-L 在水头计算方面具有较高的效率；同时，在本例使用的粗网格单元的细剖分下 NFVMSFEM-L 速度矩阵的构造成本可以忽略不计。

此外，与 FVMSFEM 和 LFEM 不同，NFVMSFEM 在求解水头的同时还可以获得 x、y 方向达西渗流速度场(包含 1 681×2 个粗尺度达西渗流速度，

25 921×2个细尺度达西渗流速度)。NFVMSFEM-L 的细尺度达西渗流速度由速度矩阵方程式(4-41)得到,粗尺度达西渗流速度 V_x 和 V_y 可由 4.3.5 节的显式公式直接获得,所需的计算消耗可以忽略不计。

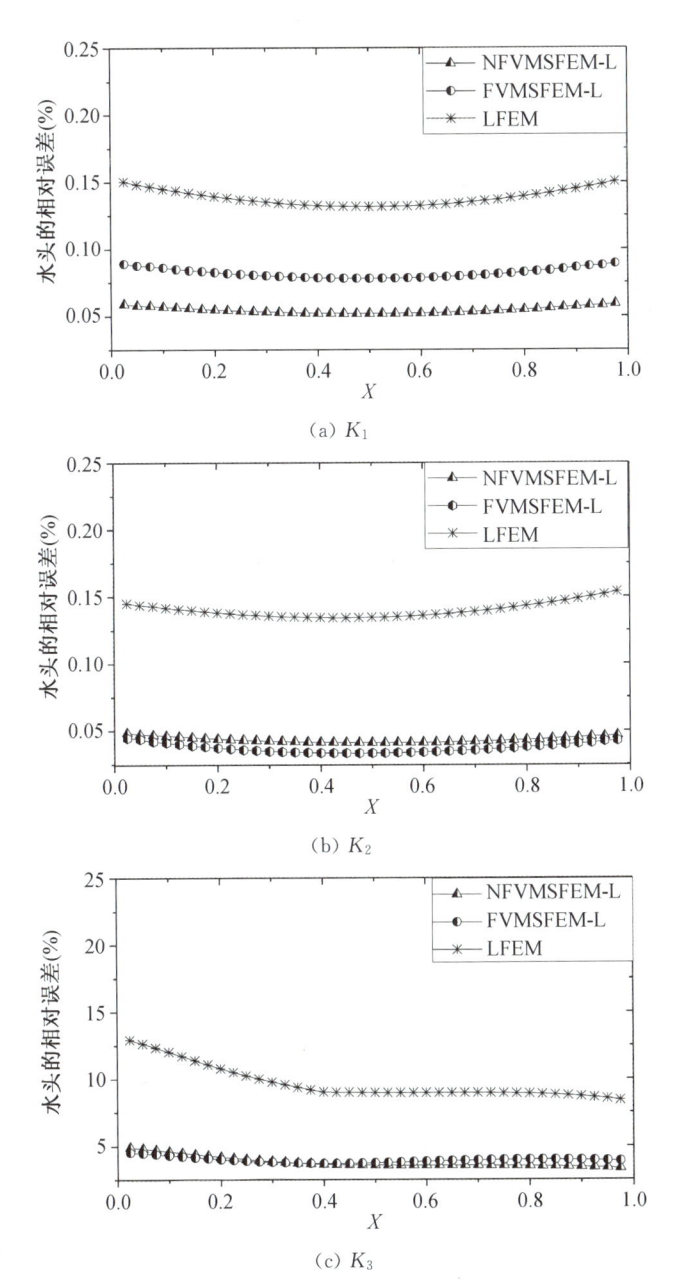

图 4-16 在渗透系数为 K_1、K_2、K_3 时各数值法在截面 $y=0.6$ 处的水头相对误差

本例将 NFVMSFEM-L 粗尺度达西渗流速度 V_x 和 V_y 与 Method-Yeh 进行了比较。其中，Method-Yeh 要求在速度计算前先对水头进行求解，而上述的 LFEM 水头计算即为 Method-Yeh 的水头模拟部分，故 Method-Yeh 使用了 LFEM 的网格和水头场。图 4-17 展示了 NFVMSFEM-L 和 Method-Yeh 在渗透系数为 K_1、K_2、K_3 时所获的粗尺度 V_x、V_y 在截面 $y=0.6$ 处的绝对误差。在图 4-17 的每个子图中，NFVMSFEM-L 的曲线均低于 Method-Yeh，显示 NFVMSFEM-L 具有更低的绝对误差。从 K_1 到 K_3，NFVMSFEM-L 曲线与 Method-Yeh 曲线之间的距离也随着渗透系数的非均质性强度的增大而增大。同时，与 Method-Yeh 相比，NFVMSFEM-L 的误差比较稳定，其曲线受渗透系数的影响较小。这一结果显示 NFVMSFEM 比 Method-Yeh 处理介质非均质性的能力更强。NFVMSFEM 所获的达西渗流速度的数量远高于 Method-Yeh-F。此外，NFVMSFEM 达西渗流速度是直接通过显示公式获得的，计算消耗可以忽略，故其 CPU 时间仍然是 16 s；Method-Yeh 求解水头需要 1 s，求解 V_x 和 V_y 各需 2 s，总共 5 s。这一结果表明，NFVMSFEM 能够获得比 Method-Yeh 具有更高的精度和更多数量的解，但 NFVMSFEM 所用的 CPU 时间仅略高于 Method-Yeh。

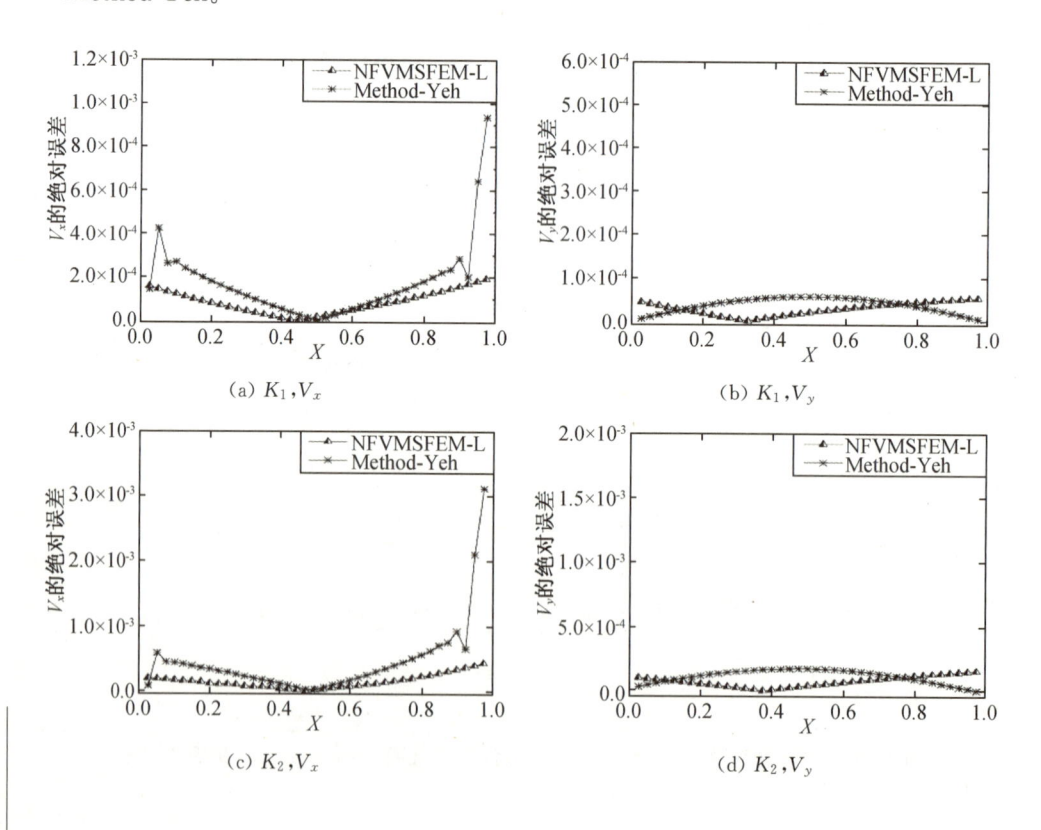

(a) K_1, V_x

(b) K_1, V_y

(c) K_2, V_x

(d) K_2, V_y

(e) K_3, V_x　　　　(f) K_3, V_y

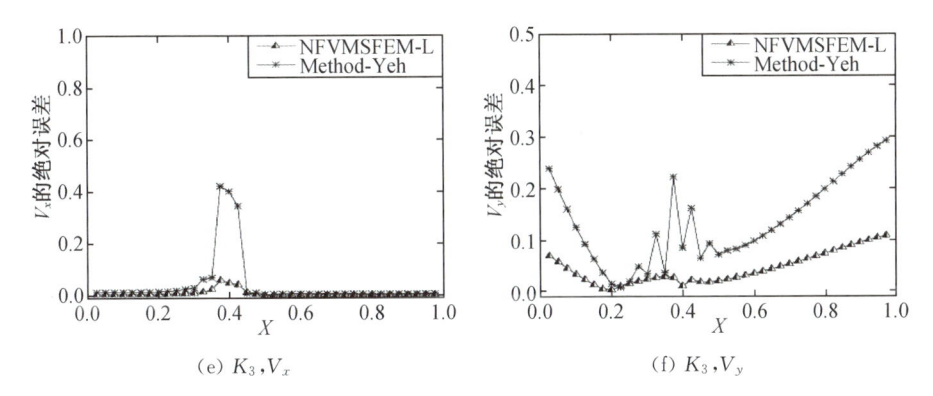

图 4-17　渗透系数为 K_1、K_2、K_3 时，NFVMSFEM-L、Method-Yeh 的
粗尺度 V_x、V_y 在截面 $y=0.6$ 处的绝对误差

为了进一步研究 NFVMSFEM-L 的计算效率和精度，NFVMSFEM-L 和 Method-Yeh 分别将 Ω 各边界剖分为 N_1 和 N_2 等份，其中 $N_1 = 40、50、60、70$，$N_2 = 40、50、60、70、80$。NFVMSFEM-L 将 Ω 划分为 $N_1 \times N_1$ 个正方形粗网格单元，再将每个粗网格单元划分为 $4 \times 4 \times 2$ 个三角形单元，Method-Yeh 将 Ω 划分为 $2 \times N_2 \times N_2$ 个三角形单元。图 4-18 展示了 NFVMSFEM-L 和 Method-Yeh 在 K_1、K_2、K_3 情况下的 CPU 时间－$E_2(V_x)$ 曲线。图中，在计算相对欧几里得范数 $E_2(V_x)$ 时各方法均未考虑解析解 $V_x = 0$ 的节点。图中所示的 NFVMSFEM-L 的 CPU 时间包括了模拟粗、细尺度水头时间和模拟 x、y 方向粗、细尺度达西渗流速度的时间，而 Method-Yeh 的 CPU 时间仅包含了模拟地下水水头的时间和 x 方向的达西渗流速度时间（Method-Yeh 仅含一个尺度）。图 4-18 显示，NFVMSFEM-L 的曲线均在 Method-Yeh 的下方。当 $N_1 = N_2$ 时，Method-Yeh 的 $E_2(V_x)$ 明显高于 NFVMSFEM-L 的 $E_2(V_x)$；当 $N_1 = N_2 - 20$ 时，NFVMSFEM-L 和 Method-Yeh 的 $E_2(V_x)$ 才会比较接近，而 NFVMSFEM-L 的 CPU 时间更少。当 $N_2 = 90$ 时，Method-Yeh 在 K_1、K_2、K_3 情况下的 $E_2(V_x)$ 分别为 2.2265×10^{-3}、2.2281×10^{-3} 和 7.280×10^{-3}，仍高于 NFVMSFEM-L 在 $N_1 = 70$ 时的 $E_2(V_x)$。上述结果表明，在 CPU 时间相近的情况下，NFVMSFEM-L 比 Method-Yeh 具有更高的精度，NFVMSFEM-L 具有更高的计算效率。此外，随着 N_1 的增加，NFVMSFEM-L 的 $E_2(V_x)$ 减小，这表明 NFVMSFEM-L 是数值收敛的。NFVMSFEM-L 曲线和 Method-Yeh 曲线均呈现先快速下降后缓慢变化的趋势，但 NFVMSFEM 曲线的斜率低于 Method-Yeh 曲线，显示 NFVMSFEM-L 在使用较粗的粗网格剖分时就能获得较精确的解。

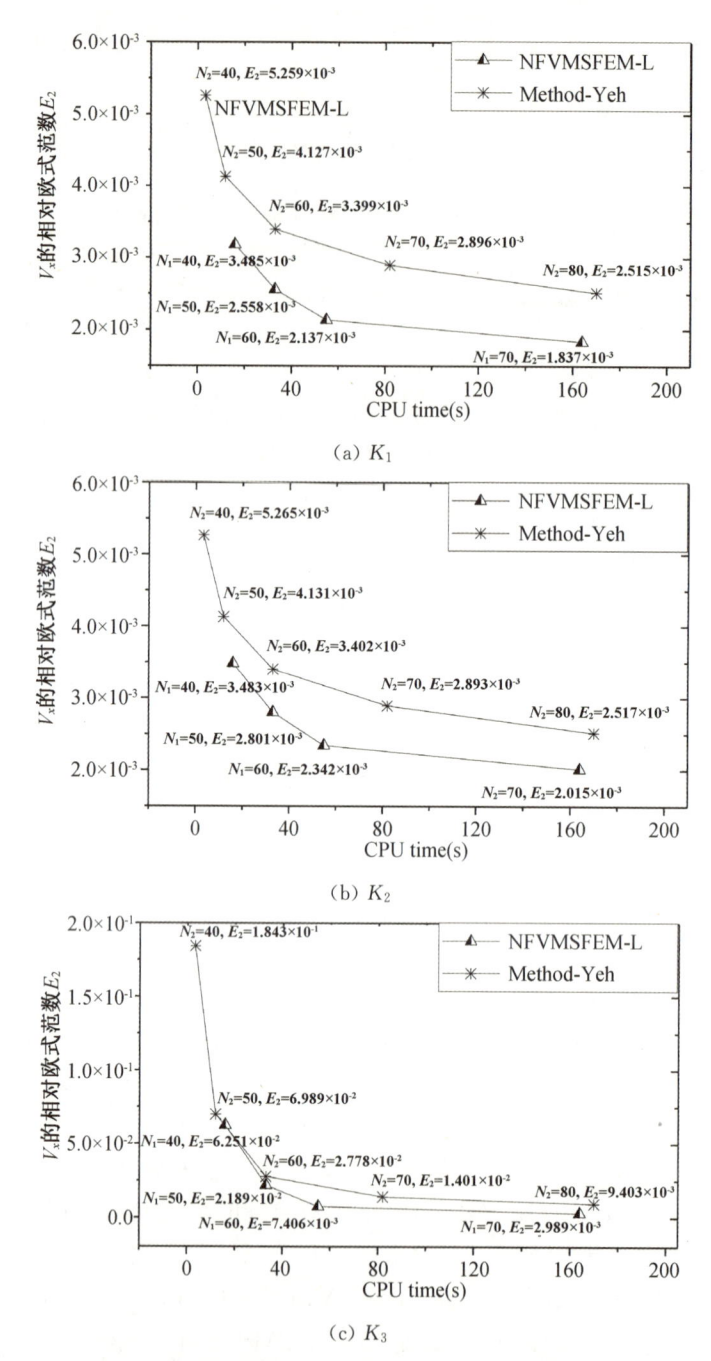

图 4-18 渗透系数为 K_1、K_2、K_3 时，NFVMSFEM-L 和 Method-Yeh 的 CPU 时间—$E_2(V_x)$ 曲线

为了说明 NFVMSFEM-L 的细尺度达西渗流速度的精度，将 NFVMSFEM-L 的细尺度达西渗流速度与 Method-Yeh-F 和 FVMSFEM-L(plus FDM)

的结果进行比较。NFVMSFEM-L 和 FVMSFEM-L 的网格不变，即 40×40 个粗网格单元，每个粗网格单元剖分为 4×4×2 个细网格单元；FVMSFEM-L (plus FDM)则使用了 FVMSFEM-L 的网格和水头；Method-Yeh-F 将 Ω 剖分为 51 200(160×160×2)个三角形单元。由于 NFVMSFEM-L 和 Method-Yeh-F 将研究区域剖分为相同数量的细网格单元，故两方法所模拟的细尺度达西渗流速度的数量也相同。

Method-Yeh-F、NFVMSFEM-L 和 FVMSFEM-L(PLUS FDM)在粗网格单元 K_e[以 (0.8,0.675) 为左下角顶点的 0.025×0.025 的正方形单元]的细尺度节点上的达西渗流速度如表 4-3 和表 4-4 所示。表 4-3 展示的是在渗透系数为 K_2 时各方法在 K_e 内部节点处的细尺度达西渗流速度 v_x^f。从表中可以看出，虽然 NFVMSFEM-L 的 v_x^f 具有较高的计算精度（相对误差均低于 2.3%），但 NFVMSFEM-L 的精度仍比 Method-Yeh-F 的精度略低。这是由于 Method-Yeh-F 的达西渗流速度是在全局网格(160×160×2)中计算的，而 NFVMSFEM-L 的 v_x^f 则是通过在局部粗网格单元(4×4×2)中构造的速度矩阵来获得的，这也导致 Method-Yeh-F 需要比 NFVMSFEM-L 更多的计算消耗。同时，NFVMSFEM-L 的 v_x^f 优于 FVMSFEM-L(plus FDM)，两个方法在 K_e 内部节点的平均相对误差（表 4-3）分别为 1.45% 和 1.54%。当介质非均质性上升时，NFVMSFEM-L 和 FVMSFEM-L 的精度差距还会进一步拉大，如当渗透系数为 K_3 时，两方法在 K_e 内部节点的平均相对误差分别为 3.67% 和 4.55%。同时，NFVMSFEM-L 的 v_x^f 还具有连续性，能够保证通过截面流量的质量守恒，而 FVMSFEM-L(PLUS FDM)在截面上的流入、流出量不相等。

表 4-3 Method-Yeh-F、NFVMSFEM-L 和 FVMSFEM-L(PLUS FDM) 在粗网格单元 K_e 内部节点处的 v_x^f

节点	解析解	Method-Yeh-F	NFVMSFEM-L	FVMSFEM-L (PLUS FDM)
(0.806 25,0.681 25)	0.403 899	0.403 865	0.412 766	0.412 437
(0.812 50,0.681 25)	0.413 568	0.413 533	0.413 404	0.413 09
(0.818 75,0.681 25)	0.423 294	0.423 258	0.414 484	0.413 495
(0.806 25,0.687 50)	0.401 098	0.401 064	0.409 960	0.409 629
(0.812 50,0.687 50)	0.410 700	0.410 665	0.410 553	0.410 015
(0.818 75,0.687 50)	0.420 358	0.420 323	0.411 164	0.410 157
(0.806 25,0.693 75)	0.398 118	0.398 085	0.406 621	0.406 536
(0.812 50,0.693 75)	0.407 649	0.407 615	0.407 668	0.407 169
(0.818 75,0.693 75)	0.417 236	0.417 200	0.408 309	0.407 558

表 4-4　Method-Yeh-F、NFVMSFEM-L 和 FVMSFEM-L(PLUS FDM)
在粗网格单元 K_e 边界节点处的达西渗流速度

节点	解析解	Method-Yeh-F	NFVMSFEM-L	FVMSFEM-L (PLUS FDM)
(0.8, 0.693 75)	0.388 644	0.388 612	0.389 127	0.406 169
(0.8, 0.687 50)	0.391 553	0.391 520	0.391 516	0.409 514
(0.8, 0.681 25)	0.394 287	0.394 254	0.393 851	0.412 054
(0.825, 0.693 75)	0.426 879	0.433 040	0.427 377	0.444 654
(0.825, 0.687 50)	0.430 074	0.430 037	0.430 027	0.448 291
(0.825, 0.681 25)	0.433 077	0.433 040	0.432 619	0.451 100
(0.818 75, 0.7)	0.413 925	0.413 890	0.406 261	0.405 949
(0.812 50, 0.7)	0.404 414	0.404 380	0.404 586	0.404 554
(0.806 25, 0.7)	0.394 959	0.394 926	0.402 857	0.403 159
(0.806 25, 0.675)	0.406 524	0.406 490	0.414 710	0.414 961
(0.812 50, 0.675)	0.416 255	0.416 220	0.416 432	0.416 397
(0.818 75, 0.675)	0.426 045	0.426 009	0.418 099	0.417 832
(0.825, 0.7)	0.423 491	0.423 455	0.423 763	0.439 929
(0.825, 0.675)	0.435 891	0.435 854	0.436 157	0.452 810
(0.8, 0.7)	0.385 560	0.385 528	0.385 806	0.401 764
(0.8, 0.675)	0.396 849	0.396 816	0.399 125	0.413 525

表 4-4 展示了在渗透系数为 K_2 时 Method-Yeh-F、NFVMSFEM-L 和 FVMSFEM-L(PLUS FDM)在粗网格单元 K_e 边界各个节点处的达西渗流速度。其中,表 4-4 上半部分(前 12 行)为 K_e 边界细尺度节点上的达西渗流速度 v_x^f,下半部分为 K_e 顶点处的粗尺度达西渗流速度 V_x。表 4-4 显示 NFVMSFEM-L 所获的达西渗流速度精度与 Method-Yeh-F 相近,且比表 4-3 中的 NFVMSFEM-L 结果更精确。这是由于 NFVMSFEM-L 粗网格单元边界上的达西渗流速度比粗网格单元内部节点上的速度包含更多的信息;粗网格边界细尺度节点的 v_x^f 包含与其相关的 2 个粗网格单元的信息,而粗网格单元顶点处的 V_x 包含与其相关的 4 个粗网格单元的信息。同时,表 4-4 中 NFVMSFEM-L 和 FVMSFEM-L(PLUS FDM)的平均相对误差分别为 0.57% 和 3.15%,显示 NFVMSFEM-L 具有比 FVMSFEM-L(PLUS FDM)更高的计算精度。

此外,案例三中 Method-Yeh-F 模拟地下水水头需要 4 927 s,模拟 x 方向速度需要 5 437 s,即共 10 364 s;而 NFVMSFEM-L 模拟地下水水头和 x、y 方向速度均仅需 16 s；FVMSFEM-L(plus FDM)虽然也仅需 16 s，但其精度较低且无法保证达西渗流速度的连续性。结合上面的表 4-3 和表 4-4 的结果可知，NFVMSFEM-L 不仅能够以极低的计算消耗获得与 Method-Yeh-F 数量相同且精度相近的 x 方向的达西渗流速度，而且能够额外获得相同数目和精度的 y 方向的达西渗流速度，具有较高的计算效率。

4.3.6.2 具有渐变参数和抽水井的二维非稳定地下水流和达西渗流速度的综合问题

本例是基于实际冲积平原的算例，控制方程为如式(1-44)所示，研究区域为 $\Omega = [0, 10 \text{ km}] \times [0, 10 \text{ km}]$。渗透系数从左往右逐渐变化，即 $K = 1 + \frac{x}{20} \text{m/d}$，这是冲积平原含水介质的典型特征。含水层厚度为 1 m，贮水率为 $S_s = 10^{-6}/\text{m}$。在点(6 000 m，6 000 m)处有一口抽水井，流量为 100 m/d，总抽水时间为 6 d，抽水时间步长为 1 d。研究区顶部和底部为隔水边界，左、右边界为定水头边界，水头值分别为 10 m 和 0 m。

本例将比较 LFEM-F、NFVMSFEM-O、NFVMSFEM-L、FVMSFEM-O、FVMSFEM-L 和 LFEM 所模拟地下水水头结果。其中，NFVMSFEM、FVMSFEM 和 LFEM 均将研究区域的每边界剖分为 40 等份，则 NFVMSFEM 和 FVMSFEM 将研究区域分为 1 600(40×40)个正方形粗网格单元，每个粗网格单元分为 32 个三角形细网格单元，LFEM 将研究区域分为 3 200(40×40×2)个三角形单元。LFEM-F 将研究区域分为 51 200(160×160×2)个三角形细网格单元，以获得与 NFVMSFEM 相同数量的细网格单元。由于本例没有解析解，故将具有 204 800(320×320×2)个三角形细网格单元的 LFEM-F 作为"标准解"进行参照。

图 4-19 展示了各数值法在截面 $y=6\ 000\ \text{m}$ 处的水头值。图中，NFVMSFEM-O、FVMSFEM-O 和 LFEM-F 的曲线很接近，均逼近标准解，显示 NFVMSFEM-O 具有较高的计算精度。同时，NFVMSFEM-O、FVMSFEM-O 的精度均高于 NFVMSFEM-L 和 FVMSFEM-L，显示振荡基函数边界条件可以有效提高 NFVMSFEM 和 FVMSFEM 处理非均质介质的能力。虽然 NFVMSFEM、FVMSFEM 和 LFEM 的研究区剖分相同，但 LFEM 的精度最低，显示了多尺度网格的优越性。同时，在井附近区域，NFVMSFEM-O 和 FVMSFEM-O 依然能够获得与 LFEM-F 相近的结果，显示 NFVMSFEM-O 具有较好地处理快速变化水流的能力。

NFVMSFEM 和 FVMSFEM 的 CPU 时间均为 98 s，显示 NFVMSFEM 速度矩阵构造时引入的额外计算消耗可以忽略。LFEM-F 和 LFEM 的 CPU 时间分别为 30 815 s 和 9s，显示 NFVMSFEM-O 仅能够使用约 0.3% 的 CPU 时间获得与 LFEM-F 数量相同(25 599)、精度相近的水头值。同时，NFVMSFEM-O 的精度远高于 LFEM，且其仅多花 89s 的 CPU 时间内就可以多获得 24 000 个水头未知数。此外，NFVMSFEM 在模拟地下水水头的同时，还可以通过速度矩阵获得 x、y 方向的粗、细尺度的达西渗流速度(1 681×2 个粗尺度和 25 921×2 个细尺度)，具有极高的计算效率。

NFVMSFEM 可以在模拟地下水水头过程中通过速度矩阵获得达西渗流速度。本例将 NFVMSFEM-O、Method-Yeh 和 Method-Yeh-F 所模拟粗尺度达西渗流速度 V_x 进行了比较，并将 NFVMSFEM-O 与 Method-Yeh-F 所模拟的细尺度达西渗流速度 v_x^f 进行了比较。其中，Method-Yeh 采用 LFEM 的网格，即 40×40×2 的网格。Method-Yeh-F 采用 LFEM-F 的网格，即 160×160×2 的网格。类似于水头，达西渗流速度"标准解"由 Method-Yeh-F 采用 320×320×2 的网格获得。

图 4-20 为"标准解"、Method-Yeh-F、NFVMSFEM-O 和 Method-Yeh 在截面 $y=6\,000$ m 处的粗尺度达西渗流速度 V_x。如图所示，NFVMSFEM-O 的精度与 Method-Yeh-F 非常相近，且远高于 Method-Yeh。在井附近，NFVMSFEM-O 的精度略低于 Method-Yeh-F，但高于 Method-Yeh，显示 NFVMSFEM-O 能够较精确地模拟井附近的达西渗流速度。

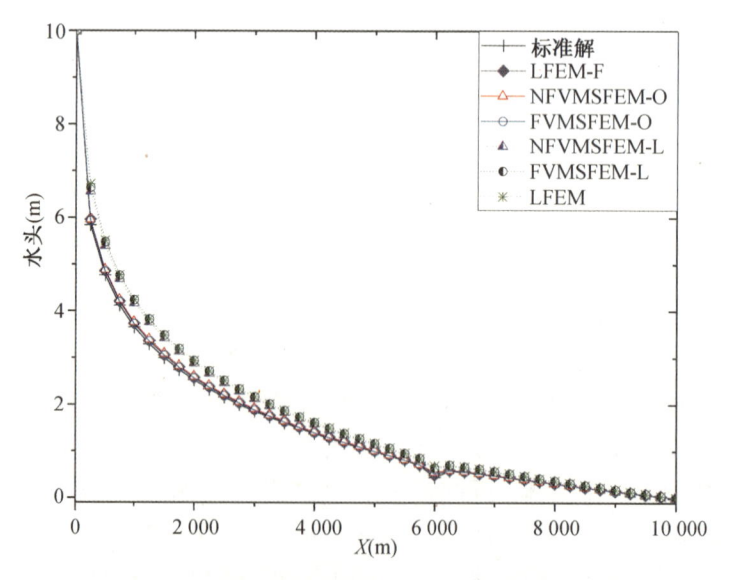

图 4-19 各数值法在截面 $y=6\,000$ m 处的水头值

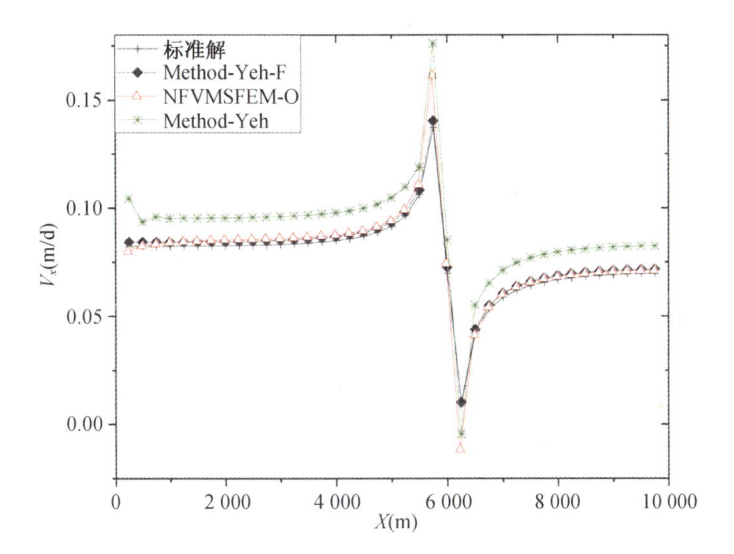

图 4-20　各数值法在截面 $y=6\,000$ m 处的粗尺度达西渗流速度 V_x

图 4-21 展示了 NFVMSFEM-O 和 Method-Yeh-F 在截面 $y=6\,125$ m 上的井附近区域的细尺度达西渗流速度 v_x^f。从图中可以看出，NFVMSFEM-O 与 Method-Yeh-F 均与标准解十分接近，Method-Yeh-F 的精度略高。然而，NFVMSFEM 的计算成本远低于 Method-Yeh-F。Method-Yeh-F 模拟地下水水头需要 30 815 s，模拟 V_x 需要 5 399 s，而 NFVMSFEM-O 仅需 98 s 就可以获得粗、细尺度的水头和 x、y 方向的粗、细尺度的达西渗流速度。与 4.3.6.1 的结果相比，NFVMSFEM 与 Method-Yeh-F 之间的 CPU 时间差距更大，显示 NFVMSFEM 在模拟非稳定地下水问题时可以节省更多的计算成本。

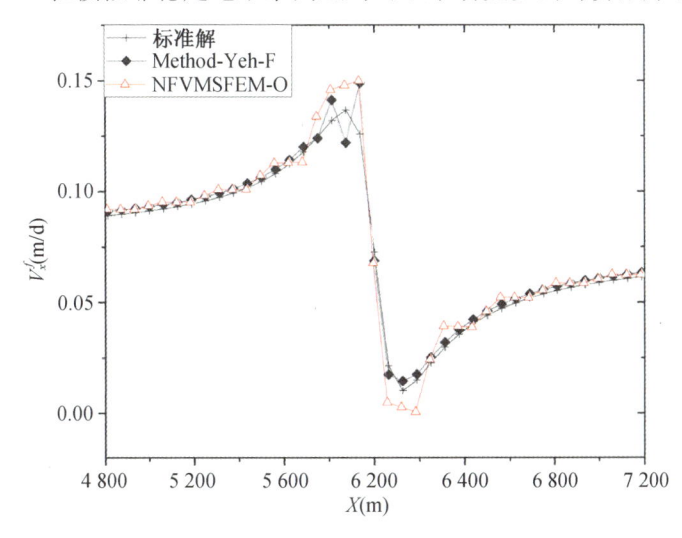

图 4-21　各数值法在截面 $y=6\,125$ m 处的细尺度达西渗流速度 V_x^f

4.3.6.3 具有随机对数正态分布参数的二维稳定地下水流和达西渗流速度的综合问题

本例为无量纲算例,控制方程如式(1-15)所示,研究区域为 $\Omega = [0, 1\,000] \times [0, 1\,000]$,源汇项 W 为无量纲算例0,研究区顶部和底部为隔水边界,左右边界为定水头边界,水头值分别为16、11。本例的渗透系数场 K 是由 GSLIb[188] 的序贯高斯分布函数在400×400网格上生成的,为随机正态分布。本例考虑 $\ln K$ 的6个不同方差: $\sigma^2 = 0.5$、1、1.5、2、2.5 和 4。其中,$\sigma^2 = 0.5$ 表示弱非均质性的多孔介质,而 $\sigma^2 \geqslant 1$ 表示中等非均质性的多孔介质。根据 Bellin 等(1992)的工作[189],本例将相关长度 $I_Y = 200$ 作为相关长度的参考值,设单元水平边界长度(l)与相关长度参考值(I_Y)的比值为 $\delta = \dfrac{l}{I_Y}$,NFVMSFEM、FVMSFEM 的粗网格单元和细网格单元的 δ 分别记为 δ_c 和 δ_f。

本例中,NFVMSFEM-O 使用了三种不同的网格,从网格1到网格3,网格大小逐渐变大。网格1: $\delta_c = 0.2$($\sigma^2 = 0.5$)或 0.05($\sigma^2 \geqslant 1$),$\delta_f = \delta_c/4$;网格2: $\delta_c = 0.2$($\sigma^2 = 0.5$)或 0.05($\sigma^2 \geqslant 1$),$\delta_f = \delta_c/2$;网格3: $\delta_c = 0.5$($\sigma^2 = 0.5$)或 0.2($\sigma^2 \geqslant 1$),$\delta_f = \delta_c/2$。网格1和网格2具有相同的研究区剖分(相同的 δ_c),网格2和网格3具有相同的粗网格单元剖分($\delta_f = \delta_c/2$)。

本例的 FVMSFEM-O 使用了 NFVMSFEM-O 的网格1剖分,即网格1对应的 NFVMSFEM-O 和 FVMSFEM-O 为组1(group 1)。基于网格2和网格3,分别生成 LFEM-F 和 LFEM 的网格,即 LFEM/LFEM-F 单元的水平边长与 NFVMSFEM 粗/细网格单元的水平边长相同,则 LFEM: $\delta = \delta_c$,LFEM-F: $\delta = \delta_f$。因此,LFEM 单元数是 NFVMSFEM 的粗网格单元的2倍,LFEM-F 单元数与 NFVMSFEM 的细网格单元相同。为方便起见,将网格2对应的 NFVMSFEM-O、LFEM-F 和 LFEM 记为组2(group 2),网格3对应的 NFVMSFEM-O、LFEM-F 和 LFEM 记为组3(group 3)。本例没有解析解,故将具有 320 000(400×400×2)个三角形细网格单元的 LFEM-F 表示为"标准解"。

NFVMSFEM-O、FVMSFEM-O、LFEM-F 和 LFEM 在截面 $y = 600$ 处的水头相对误差如图4-22所示。其中,图4-22(a)展示的是弱非均质性的多孔介质($\sigma^2 = 0.5$)的情况,此子图中各方法的网格均比图4-22(b)~(f)所用的网格更粗。如图4-22(a)所示,NFVMSFEM-O($\delta_c = 0.2$,$\delta_f = 0.05$,group 1)的结果最精确,优于 FVMSFEM-O($\delta_c = 0.2$,$\delta_f = 0.05$,group 1)和 LFEM-F($\delta = 0.1$,group 2)。在组2中,NFVMSFEM-O($\delta_c = 0.2$,$\delta_f = 0.1$,group 2)的精度略低于 LFEM-F($\delta = 0.1$,group 2),但明显优于 LFEM($\delta = 0.2$,group 2)。组3各方法的精度由高到低依次为 NFVMSFEM-O($\delta_c = 0.5$,$\delta_f = 0.25$,group 3)、

LFEM-F($\delta=0.25$,group 3)、LFEM($\delta=0.5$,group 3)。上述结果表明,在同一组中 NFVMSFEM-O 的精度与 LFEM-F($\delta=\delta_f$)相近,且优于 LFEM($\delta=\delta_c$),显示了 NFVMSFEM 网格的优越性。同时,对比组 1、组 2 和组 3 的结果,可以发现 NFVMSFEM-O 的研究区和粗网格单元的加密均能有效提高 NFVMSFEM-O 的精度。图 4-22(b)~(f)展示的是中等非均质性的多孔介质的情况,各子图具有相同的横竖坐标范围。从图 4-22(b)~(f)可以看出,当 σ^2 增大时,介质的非均质性增强会导致所有方法的误差变大,但具有更密网格的方法的曲线振荡性较小。与图 4-22(a)的结果相似,NFVMSFEM-O($\delta_c=0.05$,$\delta_f=0.0125$,group 1)获得了最精确的结果。在组 2 和组 3 中,NFVMSFEM-O 的精度均与 LFEM-F($\delta=\delta_f$)十分接近,且高于 LFEM($\delta=\delta_c$)。在图 4-22(a)~(f)中均含有 NFVMSFEM-O($\delta_c=0.2$,$\delta_f=0.1$),其在各子图中的相对误差均小于 0.7%,显示 NFVMSFEM-O 能够有效处理各种随机对数正态分布的渗透系数场。

此外,在所有子图中,NFVMSFEM-O(group 1)均取得了最高的精度,获得了最多的未知量数目,也取得了最高的计算效率。以 $\sigma^2=2$[图 4-22(d)]的结果为例,NFVMSFEM-O($\delta_c=0.05$,$\delta_f=0.0125$,group 1)不仅模拟了 9 999(99×101)个粗尺度水头和 159 999(399×401)个细尺度水头,还同时获得了 x、y 方向粗尺度达西渗流速度(10 201×2)和细尺度达西渗流速度(160 801×2),但仅消耗了 1 120 s 的 CPU 时间,并取得了图 4-22(d)中最高的水头精度。另一方面,FVMSFEM-O、LFEM-F 和 LFEM 只能得到水头场,无法获得达西渗流速度。FVMSFEM-O($\delta_c=0.05$,$\delta_f=0.0125$,group 1)运用与 NFVMSFEM-O 相同的 CPU 时间(1 120 s)获得了与其相同数目的粗、细尺度水头。LFEM-F($\delta=0.025$,group 2)消耗了更多的 CPU 时间(19 564 s)但仅获得了 39 999(199×201)个水头值,LFEM($\delta=0.05$,group 2)用时 308 s 获得了 9 999(99×101)个水头。由上述结果可知,即使仅考虑水流模拟部分的计算消耗,NFVMSFEM 也具有极高的效率。

本例将 NFVMSFEM-O 所获的粗尺度达西渗流速度 V_x 与 Method-Yeh 和 Method-Yeh-F 模拟的 V_x 进行了比较。Method-Yeh 和 Method-Yeh-F 分别应用了组 2 中 LFEM 和 LFEM-F 的网格和水头,则 Method-Yeh/Method-Yeh-F 的单元的水平边长度与 NFVMSFEM-O(网格 2)粗/细网格单元的水平边长度相同($\delta=\delta_c$)/($\delta=\delta_f$)。

图 4-23 展示了 NFVMSFEM-O、Method-Yeh-F 和 Method-Yeh 在截面 $y=600$ 处的粗尺度达西渗流速度 V_x。在图 4-23 中,NFVMSFEM-O(group 1)、NFVMSFEM-O(group 2)和 Method-Yeh-F(group 2)的精度十分相近,由高到低依次为 Method-Yeh-F(group 2)、NFVMSFEM-O(group 1)和 NFVMSFEM-O(group 2)。这是由于 Method-Yeh-F(group 2)应用了 200×200 的全局

网格来获取达西渗流速度,而 NFVMSFEM-O(group 1)和 NFVMSFEM-O(group 2)用于获取达西渗流速度的速度矩阵分别是在 4×4 和 2×2 的局部粗网格单元中构造的。在同组方法中,NFVMSFEM-O(group 2)比 Method-Yeh(group 2)的精度更高,曲线的振荡程度更小。同时,虽然图 4-23 中 NFVMS-FEM-O(group 3)的网格比其他方法的网格粗很多,但 NFVMSFEM-O(group 3)仍可以有效描述"标准解"曲线的变化趋势。类似于水头的结果,组 1、组 2 和组 3 的数值结果表明 NFVMSFEM 的研究区、粗网格剖分的加密可以有效降低数值误差。此外,对于弱非均质情况($\sigma^2=0.5$),所有方法使用较粗的网格即可获得较精确的结果。而当 $\sigma^2 \geqslant 1$ 时,NFVMSFEM-O、Method-Yeh-F 和 Method-Yeh 均需要网格细化来描述介质的非均质性。在图 4-23(b)到(f)中,σ^2 的增加导致所有方法的误差和解的振荡程度有所上升,但 NFVMSFEM-O(group 1)、NFVMSFEM-O(group 2)和 Method-Yeh-F(group 2)受影响较小,显示 NFVMSFEM 和精细剖分的网格均能有效处理介质的非均质性。

在计算消耗方面,由于 NFVMSFEM-O 的达西渗流速度是直接通过速度矩阵获得的,计算消耗可以忽略。以 $\sigma^2=2$[图 4-23(d)]的结果为例。NFVMSFEM-O($\delta_c=0.05$,$\delta_f=0.0125$,group 1)的总 CPU 时间仍然是 1 120 s,未因模拟达西渗流速度有所增加,但其 V_x 的精度仅略低于 Method-Yeh-F,且比 Method-Yeh 高得多。Method-Yeh-F($\delta=0.025$,group 2)则需要 19 564 s 来模拟 39 999 个水头,需要 19 771 s 来模拟 40 401 个 x 方向的达西渗流速度。Method-Yeh($\delta=0.025$,group 2)模拟 9 999 个水头需要 308 s,模拟 10 201 个速度(仅在 x 方向)需要 337 s。上述结果证明了 NFVMSFEM-O 模拟地下水流和达西渗流速度综合问题极高的计算效率。

(a) $\sigma^2=0.5$

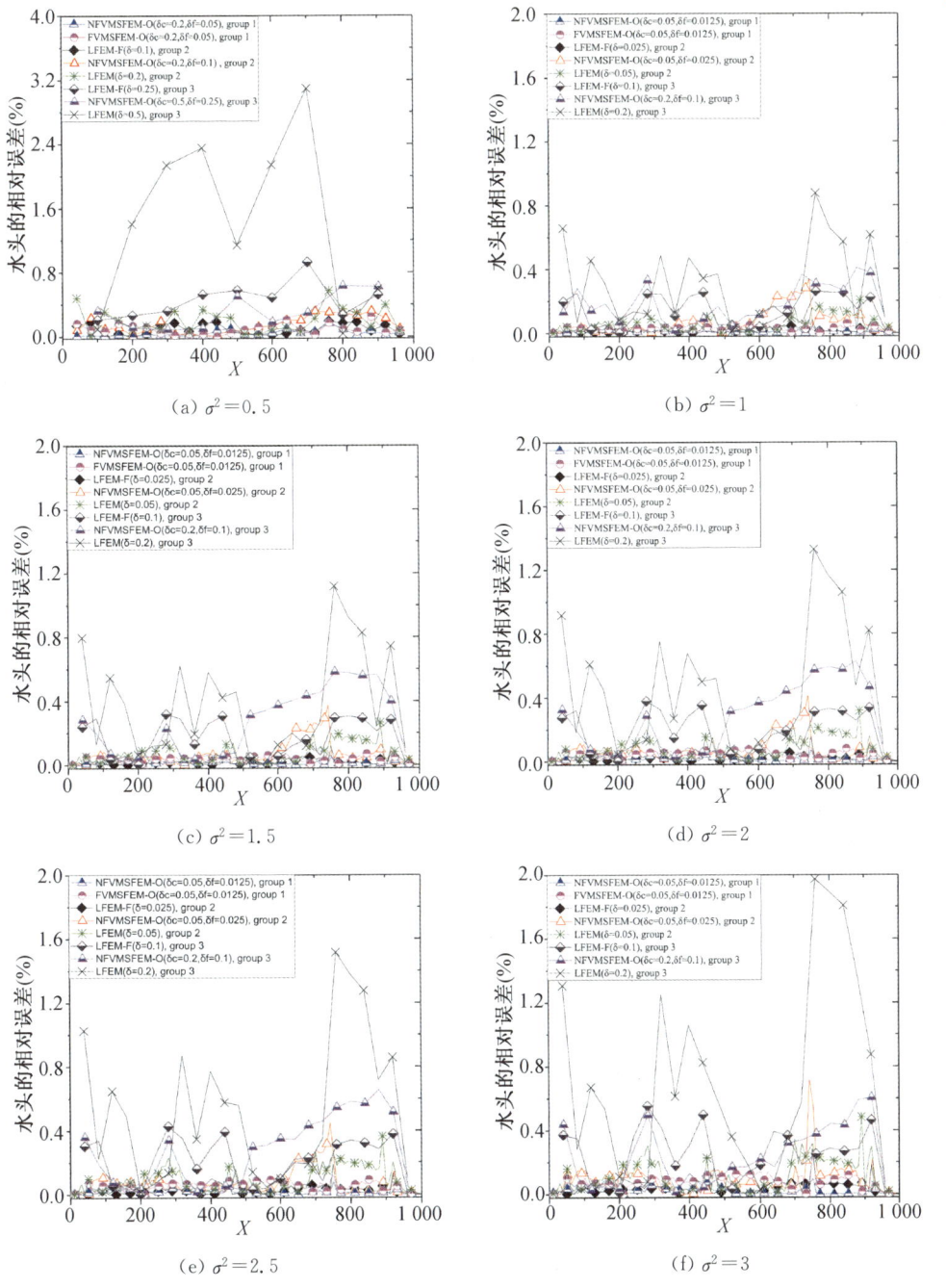

(b) $\sigma^2=1$

(c) $\sigma^2=1.5$

(d) $\sigma^2=2$

(e) $\sigma^2=2.5$

(f) $\sigma^2=3$

图 4-22 各数值法在截面 $y=600$ 处的水头相对误差

(a) $\sigma^2=0.5$

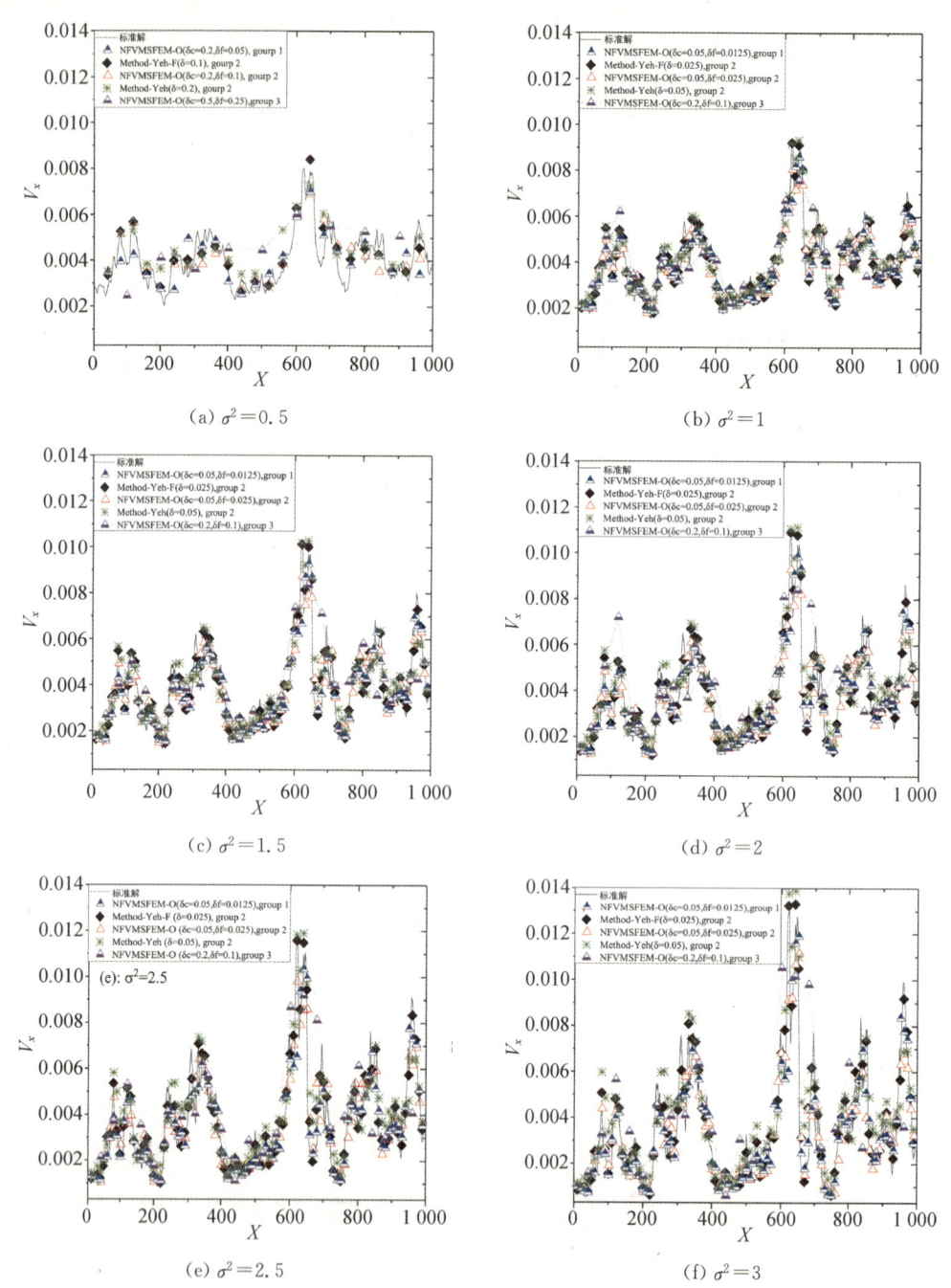

(b) $\sigma^2=1$

(c) $\sigma^2=1.5$

(d) $\sigma^2=2$

(e) $\sigma^2=2.5$

(f) $\sigma^2=3$

图 4-23　各数值法在截面 $y=600$ 处的粗尺度达西渗流速度 V_x

第 5 章

模拟地下水溶质运移问题的新型多尺度有限单元法

5.1 概述

随着经济的快速发展,地下水污染、海水入侵等问题的重要性与日俱增,地下水溶质运移问题数值模拟是分析地下水资源与环境变化趋势和防治地下水污染的重要手段。对流弥散方程被广泛应用于描述地下水溶质运移问题。对流弥散方程与描述地下水流运动的方程的主要区别在于对流弥散方程除了含有解的二阶导数项(弥散项)外还含有解的一阶导数项(对流项),而地下水流运动的方程仅包含二阶导数项。对于有限元法和有限差分法来说,对流项和弥散项的结合时会产生数值弥散和振荡[5,190,191](即对对流项应用差分近似时的截断误差而产生人工数值弥散导致的误差[5]),导致两种方法在处理对流占优的高 Pelect 数溶质运移问题时会具有较大误差。类似的,两种方法在近似时间项时也会出现类似问题,在处理高 Courant 数溶质运移问题时需要较小的时间步长来保证精度,效率较低[5]。

大多数模拟对流弥散方程的数值算法可以分为 Euler 法、Lagrange 法和 Euler-Lagrange 法三类。一般的,有限元和有限差分法等 Euler 法在处理对流占优的情况下可以通过降低网格尺度/时间步长来减少数值弥散和振荡,降低了 Pelect 数/Courant 数,但也需要较高的计算成本[5]。Lagrange 法则是在运动坐标系或变形网格中模拟溶质运移问题,可以控制坐标系令对流项不出现或很小,以避免数值弥散,但在处理弥散项和问题复杂定解条件具有困难,代表性方法为粒子追踪法[5]。Euler-Lagrange 法则是综合了 Euler 法和 Lagrange 法的优势,但在计算上不如纯 Euler 法和 Lagrange 法那么有效,也仍会遇见纯 Euler 法和 Lagrange 法的特定难点问题,代表性方法为特征线法、特征差分法等[5]。此外,和模拟地下水水流问题时相同,有限元等传统方法在模拟具有时空尺度较大、非均质性较强的溶质运移问题时,也需要大量的计算消耗。

如上文所述,MSFEM[10]能够有效处理地下水问题的大尺度、非均质特性,但直接应用于对流占优的溶质运移问题时会遇到与有限元法类似的困难[139,141]。目前,科学工作者提出了一些新型 MSFEM 算法来解决这一问题,显示了 MSFEM 类方法在模拟对流弥散方程时具有较好的计算效果[139-144]。

本章介绍的有限体积-Yeh-多尺度有限单元法(FVYMSFEM)不仅能够精确模拟对流占优的溶质运移问题,降低数值弥散和振荡,还能够同时获得浓度场和连续的弥散速度场,且在模拟大尺度问题时具有较高的计算精度和效率。

5.2 有限体积-Yeh-多尺度有限单元法

5.2.1 算法简介

FVYMSFEM 是本书 4.3 节的 NFVMSFEM[118]模拟溶质运移问题的格式,基于 FVMSFEM 的框架[117]综合了有限体积法、MSFEM、Yeh 的伽辽金有限元这三种模型的优势。首先,类似于其他有限体积-有限元(FV-FE)和多尺度有限体积-有限元方法[192-194],FVYMSFEM 在粗、细尺度上将有限体积法和 MSFEM 进行组合,能够有效降低对流项引起的数值弥散和振荡。同时,FVYMSFEM 处理时间项所用的 Crank-Nicolson 格式是一种二阶隐式、数值稳定的格式,也能有效降低对流占优的溶质运移问题的误差[195]。其次,FVYMSFEM 的 MSFEM 部分能够提高算法的计算效率,并通过 MSFEM 网格降低高 Pelect 数的影响。最后,类似于 NFVMSFEM,FVYMSFEM 通过 Yeh 的伽辽金模型以 Fick 定律构造了一种弥散速度矩阵,实现了浓度和连续的弥散速度的自由转换,能够更准确地估计体积元边界上的弥散通量,并实现了浓度场和连续的弥散速度场的同时求解。

本节将 FVYMSFEM 和其他传统方法进行了比较。结果显示,在对流占优情况下,FVYMSFEM 可以取得比 MSFEM 和有限元法更高的精度。此外,FVYMSFEM 在获得与精细剖分有限元法相同数目的浓度未知数时,还额外获得了双倍于浓度数目的 x、y 方向的连续弥散速度,但总 CPU 用时仅为精细剖分有限元法的 0.187%。

5.2.2 有限体积-Yeh-多尺度有限单元法的网格构造

5.2.2.1 控制方程

溶质运移问题由对流-弥散方程描述

$$\frac{\partial C}{\partial t} = \frac{\partial}{\partial x}\left(D_x \frac{\partial C}{\partial x}\right) + \frac{\partial}{\partial y}\left(D_y \frac{\partial C}{\partial y}\right) - u_x \frac{\partial C}{\partial x} - u_y \frac{\partial C}{\partial y} + N_w, (x,y) \in \Omega \tag{5-1}$$

式中：C 为浓度，D_x、D_y 为弥散系数，u_x、u_y 为水流速度，N_w 为源汇项，Ω 为研究区。

5.2.2.2 网格构造

FVYMSFEM 使用 MSFEM 和有限体积的两种网格进行研究区剖分（图 5-1），剖分方式与 NFVMSFEM 类似，包含如下两个部分

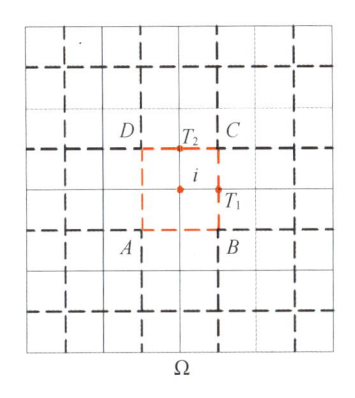

图 5-1 研究区 Ω

第一部分：MSFEM 网格

FVYMSFEM 的 MSFEM 包含两种网格：粗网格单元和细网格单元。首先，FVYMSFEM 使用与坐标轴平行的实线将研究区 Ω 划分为矩形粗网格（图 5-1，细实线）。然后，再将每个粗网格单元剖分为三角形细网格单元（图 5-2）。

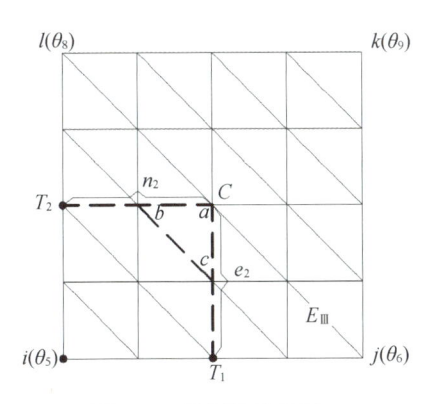

图 5-2 粗网格单元 $\square_{ijlk}$

第二部分：有限体积网格

假设节点 $i = 1, 2, \cdots, N_u$ 为粗网格单元上未知节点，连接其周围 4 个粗网格中心节点，形成 i 点对应的有限体积单元，$I_i = \left[x_i - \left(\frac{l}{2}\right), x_i + \left(\frac{l}{2}\right)\right] \times \left[y_i - \left(\frac{l}{2}\right), y_i + \left(\frac{l}{2}\right)\right]$（图 5-1 和图 5-3，$I_i = \square_{ABCD}$）。若 i 是研究区边界未知节点，则控制体积 I_i 由与 i 相关的 2 个粗网格单元的边界中点和粗网格单元的中心构成。

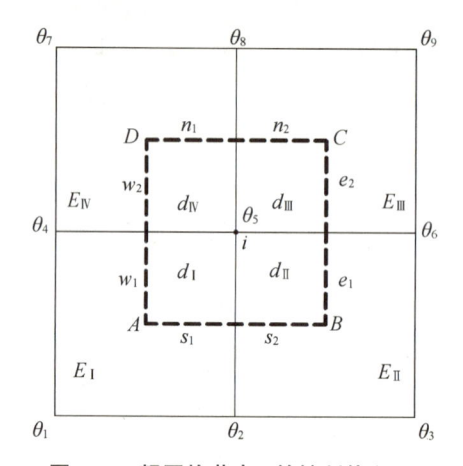

图 5-3 粗网格节点 i 的控制体积 I_i

5.2.3 构造基函数与弥散速度矩阵

5.2.3.1 构造基函数

以粗网格单元 $\square_{ijlk}$ 上基函数 Ψ_i 为例介绍基函数构造过程。与 NFVMS-FEM 不同，FVYMSFEM 的基函数 Ψ_i 是基于以下粗网格单元 $\square_{ijlk}$ 上椭圆型弥散问题而构造的

$$-\nabla \cdot D \nabla \Psi_i = 0 \tag{5-2}$$

在确定基函数的边界条件后，式(5-2)适定。对(5-2)式应用伽辽金方法，将式(1-3)代入，可以得到关于 Ψ_i 的方程组，求解即可得到 Ψ_i 的值。

5.2.3.2 构造弥散速度矩阵

弥散速度矩阵表明了粗尺度浓度未知项 Φ_c 和细尺度弥散速度未知项 $v\,df_i$ 之间的转换关系，是通过在局部粗网格单元上应用 Yeh 的有限元模型[70]而构造的。因此，FVYMSFEM 可以在一次计算中同时求解浓度和弥散速度两种未知量，且能够保证所获的 vd_h^f 具有连续性。其中，关于粗尺度浓度未知项 Φ_c 的定义为

$$\Phi_i = \frac{1}{S_{I_i}} \iint_{I_i} C \mathrm{d}x \mathrm{d}y \tag{5-3}$$

式中：$\Phi_i^c = \Phi^c(x_i, y_i, t)$ 是 i 点粗尺度浓度未知项，S_{I_i} 为 I_i 的面积。

在每个粗网格单元 $\square_{ijlk}$ 上考虑关于方向 $h, h = x, y$ 的 Fick 定律方程

$$vd_h^f = -D_h \frac{\partial C}{\partial h} \tag{5-4}$$

式中：vd_h^f 为方向 h 上的细尺度弥散速度。

在式(5-4)两端都乘以线性基函数 $N_\tau, \tau = 1, 2, \cdots, n_f$，并在 $\square_{ijlk}$ 上积分

$$\iint_{\square_{ijlk}} vd_h^f N_\tau \mathrm{d}x \mathrm{d}y = -\iint_{\square_{ijlk}} D_h \frac{\partial C}{\partial h} N_\tau \mathrm{d}x \mathrm{d}y \tag{5-5}$$

对于 $\square_{ijlk}$ 中的每个细网格单元 $\triangle_{abc}$，FVYMSFEM 可以通过线性基函数来表示弥散速度[70,118]

$$vd_h^f = vd_h^f(a)N_a + vd_h^f(b)N_b + vd_h^f(c)N_c \tag{5-6}$$

式中：$vd_h^f(a)$、$vd_h^f(b)$ 和 $vd_h^f(c)$ 分别是 vd_h^f 在节点 a、b、c 处的值。

在 $\square_{ijlk}$ 中，浓度 C 可以被基函数和粗尺度浓度未知项 Φ^c [10,117] 表示为

$$C = \Psi_i \Phi_i^c + \Psi_j \Phi_j^c + \Psi_k \Phi_k^c + \Psi_l \Phi_l^c \tag{5-7}$$

式中：$\Phi_\xi^c, \xi = i, j, k, l$ 是节点 ξ 处的 Φ^c 的值。

将式(5-6)代入式(5-5)左侧，式(5-7)和式(1-3)代入式(5-5)右侧，可以获得以下方程组

$$\alpha^h vd_h^f = \beta^h \Phi^c \tag{5-8}$$

其中，

$$\alpha_{\tau\zeta}^h = \sum \int_{\triangle_{abc}} N_\tau N_\zeta \mathrm{d}x \mathrm{d}y, \tau, \zeta = 1, 2, \cdots, n_f$$

$$\beta_{\tau\xi}^h = -\sum \left\{ \iint_{\triangle_{abc}} D_h^{\triangle_{abc}} N_\tau \left[\Psi_\xi(a) \frac{\partial N_a}{\partial h} + \Psi_\xi(b) \frac{\partial N_b}{\partial h} + \Psi_\xi(c) \frac{\partial N_c}{\partial h} \right] \mathrm{d}x \mathrm{d}y \right\}$$

式中：$\alpha^h = [\alpha_{\tau\zeta}^h]$ 和 $\beta^h = [\beta_{\tau\xi}^h]$ 分别是 vd_h^f 和 Φ^c 的系数矩阵；vd_h^f 和 Φ^c 分别是细尺度弥散速度未知项 vd_h^f 和粗尺度浓度未知项 Φ^c 的向量；$D_h^{\triangle_{abc}}$ 是细网格单元 $\triangle_{abc}$ 上的弥散系数。

由于 α^h 是对称、正定矩阵，是可逆的，FVYMSFEM 可以得到以下 vd_h^f 与 Φ^c 之间的关系

$$\boldsymbol{vd}_h^f = \boldsymbol{\alpha}^{h-1}\boldsymbol{\beta}^h\boldsymbol{\Phi}^c = \boldsymbol{\gamma}^h_{\square_{ijlk}}\boldsymbol{\Phi}^c \tag{5-9}$$

式中：$\boldsymbol{\gamma}^h_{\square_{ijlk}} = \boldsymbol{\alpha}^{h-1}\boldsymbol{\beta}^h$ 是 $\square_{ijlk}$ 上关于方向 h 弥散速度矩阵。相比整个研究区，每个粗网格仅包含少量细尺度节点，故弥散速度矩阵的构建具有较低的计算成本。在 FVYMSFEM 的有限体积公式中，弥散速度矩阵参与了控制体积边界通量的计算。控制体积边界通量继承了弥散速度的连续性，提高了 FVYMSFEM 算法求解精度。

5.2.4 有限体积-Yeh-多尺度有限单元法模拟地下水溶质运移的基本格式

与 NFVMSFEM[118] 类似，FVYMSFEM 在粗尺度上应用有限体积法离散式(5-1)以有效处理对流项并保证质量守恒，在细尺度上应用弥散速度矩阵和 MSFEM 基函数和获取细尺度信息，从而抓住解的粗尺度特征并提升计算效率。此外，FVYMSFEM 还能够应用显示公式快速地将细尺度弥散速度转换为粗尺度弥散速度。

5.2.4.1 有限体积-Yeh-多尺度有限单元法的粗尺度格式

在每个控制体 I_i 上对式(5-1)进行积分

$$\iint_{I_i}\frac{\partial C}{\partial t}dxdy = \iint_{I_i}\nabla\cdot D\nabla Cdxdy - \iint_{I_i}u_x\frac{\partial C}{\partial x}dxdy - \iint_{I_i}u_y\frac{\partial C}{\partial y}dxdy + \iint_{I_i}N_w dxdy \tag{5-10}$$

将式(5-3)代入式(5-10)并应用散度定理

$$\frac{d\Phi_i}{dt} = \frac{1}{S_{I_i}}\left[\int_{\partial I_i}\boldsymbol{n}\cdot DCd\Gamma - \iint_{I_i}u_x\frac{\partial C}{\partial x}dxdy - \iint_{I_i}u_y\frac{\partial C}{\partial y}dxdy + \iint_{I_i}N_w dxdy\right] \tag{5-11}$$

式中：$\boldsymbol{n}$ 是控制体 I_i 的外法线向量。

结合式(5-4)，式(5-11)可以被转换为带有未知数 vd_h^f 的形式

$$\frac{d\Phi_i}{dt} = \frac{1}{S_{I_i}}\left[\int_{\partial I_i}D_x\frac{\partial C}{\partial x}dy - D_y\frac{\partial C}{\partial y}dx - \iint_{I_i}u_x\frac{\partial C}{\partial x}dxdy - \iint_{I_i}u_y\frac{\partial C}{\partial y}dxdy\right.$$
$$\left. + \iint_{I_i}N_w dxdy\right]$$

$$= \frac{1}{S_{I_i}} \Big[-\int_B^C v d_x^f \mathrm{d}y + \int_A^D v d_x^f \mathrm{d}y - \int_D^C v d_y^f \mathrm{d}x + \int_A^B v d_y^f \mathrm{d}x -$$
$$\iint_{I_i} u_x \frac{\partial C}{\partial x} \mathrm{d}x\mathrm{d}y - \iint_{I_i} u_y \frac{\partial C}{\partial y} \mathrm{d}x\mathrm{d}y + \iint_{I_i} N_w \mathrm{d}x\mathrm{d}y \Big] \tag{5-12}$$

由式(5-12)可知,FVYMSFEM 在各个控制体积 I_i 上质量平衡。然后,FVYMSFEM 将式(5-12)中边界弥散通量项离散到与控制体积 I_i 相关的粗网格单元上。如,由内点 i 生成的控制体 I_i 由 4 个粗网格单元 E_I、E_II、E_III、E_IV 构成(图 5-3)。I_i 的边界条件 $BC(e)$、$AD(w)$、$DC(n)$、$AB(s)$ 由这 4 个粗网格边界的子项所组成(图 5-3),即 E_I 中的 w_1 和 s_1,E_II 中的 s_2 和 e_1,E_III 中的 e_2 和 n_2,E_IV 中的 n_1 和 w_2。因此,式(5-12)中的控制体边界弥散通量项可以写成粗网格单元 E_I、E_II、E_III、E_IV 上的弥散通量项 $F(t)_{E_\mathrm{I}}$、$F(t)_{E_\mathrm{II}}$、$F(t)_{E_\mathrm{III}}$、$F(t)_{E_\mathrm{IV}}$,则式(5-12)变为

$$\frac{\mathrm{d}\varPhi_i^c}{\mathrm{d}t} = \frac{1}{S_{I_i}} \Big[F(t)_{E_\mathrm{I}} + F(t)_{E_\mathrm{II}} + F(t)_{E_\mathrm{III}} + F(t)_{E_\mathrm{IV}} - \iint_{I_i} u_x \frac{\partial C}{\partial x} \mathrm{d}x\mathrm{d}y - \iint_{I_i} u_y \frac{\partial C}{\partial y} \mathrm{d}x\mathrm{d}y$$
$$+ \iint_{I_i} N_w \mathrm{d}x\mathrm{d}y \Big] \tag{5-13}$$

设时间步长 DT 固定不变,模拟迭代时间 $t_k = kDT$,$M_i(t_k)$ 为 t_k 时刻式(5-13)的右端项,$\varPhi_i^{c,t_k}$ 为 t_k 时刻的 $\varPhi_i^c(t)$ 的数值近似值。应用 Crank-Nicolson 格式离散式(5-13),可得

$$\varPhi_i^{c,t_{k+1}} - \varPhi_i^{c,t_k} = \frac{DT}{2}[M_i(t_{k+1}) + M_i(t_k)] \tag{5-14}$$

类似的,可以得到由边界节点 i 生成的控制体积 I_i 的相关公式。结合所有控制体 I_i 的式(5-14),可以得到 $\varPhi^c$ 的粗尺度方程组。

5.2.4.2 有限体积-Yeh-多尺度有限单元法的细尺度格式

为了获得 $\varPhi^c$ 的粗尺度方程组的具体形式,FVYMSFEM 需要得到式(5-13)中粗网格控制体边界弥散通量、对流项和源汇项的细尺度细节。首先,类似于 NFVMSFEM,FVYMSFEM 需要通过式(5-9)获得的弥散速度矩阵,将粗网格单元控制体边界通量 $F(t)_{E_k}$ 中的 vd_h^f 未知项转换为 $\varPhi^c$。以 $F(t)_{E_\mathrm{III}}$ 为例,结合式(5-6),在图 5-2 的网格剖分下,$F(t)_{E_\mathrm{III}}$ 可以被离散到细尺度网格上

$$F(t)_{E_\mathrm{III}} = -\sum_{e_2} \int_a^c v d_x^f \mathrm{d}y - \sum_{n_2} \int_a^b v d_y^f \mathrm{d}x = -\sum_{e_2} [vd_x^f(a) + vd_x^f(c)] \cdot \frac{l_{ac}}{2} -$$
$$\sum_{n_2} [vd_y^f(a) + vd_y^f(b)] \cdot \frac{l_{db}}{2} \tag{5-15}$$

需要注意的是,式(5-15)中的 a、b、c 不是指特点节点,而是代表所有相关细网格单元 $\triangle_{abc}$ 的顶点。因此,边 e_2 包含 2 个细网格单元的垂直方向的边 ac,边 n_2 包含 2 个细网格单元的水平方向的边 ab(图 5-2)。结合式(5-9)中的弥散速度矩阵 $\gamma^h{}_{E_{\text{III}}}$,式(5-15)变为

$$F(t)_{E_{\text{III}}} = \sum_{\xi=\theta_5,\theta_6,\theta_8,\theta_9} -\Big[\sum_{e_2}(Y^x_{a\xi}|_{E_{\text{III}}} + Y^x_{c\xi}|_{E_{\text{III}}})\cdot\frac{l_{ac}}{2} + \sum_{n_2}(Y^y_{a\xi}|_{E_{\text{III}}} + Y^y_{b\xi}|_{E_{\text{III}}})\cdot\frac{l_{ab}}{2}\Big]\Phi_\xi$$

$$= \sum_{\xi=\theta_5,\theta_6,\theta_8,\theta_9} A^{E_{\text{III}}}_{i\xi}\Phi^c_\xi \tag{5-16}$$

式中:$Y^h_{a\xi}|_{E_{\text{III}}}$、$Y^h_{b\xi}|_{E_{\text{III}}}$、$Y^h_{c\xi}|_{E_{\text{III}}}$ 为用于表示 $vd^\xi_h(a)$、$vd^\xi_h(b)$、$vd^\xi_h(c)$ 时弥散速度矩阵 $\gamma^h{}_{E_{\text{III}}}$ 中 Φ_ξ,$\xi=\theta_5,\theta_6,\theta_8,\theta_9$ 的系数;$A^{E_{\text{III}}}_{i\xi}$,$\xi=\theta_5,\theta_6,\theta_8,\theta_9$ 为控制体 I_i 中项 $F(t)_{E_{\text{III}}}$ 中的 Φ_ξ 的系数。

类似的,分别可以获得项 $F(t)_{E_{\text{I}}}$、$F(t)_{E_{\text{II}}}$、$F(t)_{E_{\text{IV}}}$ 中 Φ_ξ 的系数 $A^{E_{\text{I}}}_{i\xi}$、$A^{E_{\text{II}}}_{i\xi}$、$A^{E_{\text{IV}}}_{i\xi}$。FVYMSFEM 定义 $A_{i\xi} = A^{E_{\text{I}}}_{i\xi} + A^{E_{\text{II}}}_{i\xi} + A^{E_{\text{III}}}_{i\xi} + A^{E_{\text{IV}}}_{i\xi}$ 为式(5-13)中 Φ_ξ,$\xi=\theta_1,\theta_2,\theta_3,\cdots,\theta_9$ 关于控制体边界弥散通量 $F(t)_{E_{\text{I}}} + F(t)_{E_{\text{II}}} + F(t)_{E_{\text{III}}} + F(t)_{E_{\text{IV}}}$ 的总系数。

另一方面,式(5-13)中的对流项也可以被离散到与 I_i 相关的粗网格单元上

$$-\iint_{I_i} u_h\frac{\partial C}{\partial h}\mathrm{d}x\mathrm{d}y = -\sum_{k=\text{I},\text{II},\text{III},\text{IV}}\iint_{d_k} u_h\frac{\partial C}{\partial h}\mathrm{d}x\mathrm{d}y \tag{5-17}$$

式中:d_k,$k=\text{I},\text{II},\text{III},\text{IV}$ 为 I_i 在与其相关的粗网格单元 E_k,$k=\text{I},\text{II},\text{III},\text{IV}$ 上的部分。

定义 $U^h_{d_k} = -\iint_{d_{\text{III}}} u_h\frac{\partial C}{\partial h}\mathrm{d}x\mathrm{d}y$,$k=\text{I},\text{II},\text{III},\text{IV}$。由于 $d_k \subset E_k$,$k=\text{I},\text{II},\text{III},\text{IV}$,所以 $U^h_{d_k}$ 可以被离散到细网格单元上。结合式(5-7)和式(1-3),$U^h_{d_{\text{III}}}$ 可以被表示为

$$U^h_{d_{\text{III}}} = \sum_{\xi=\theta_5,\theta_6,\theta_8,\theta_9} -\iint_{d_{\text{III}}} u_h\frac{\partial \Psi_\xi}{\partial h}\Phi^c_\xi\mathrm{d}x\mathrm{d}y$$

$$= \sum_{\xi=\theta_5,\theta_6,\theta_8,\theta_9}\sum_{d_{\text{III}}} -\iint_{\triangle_{abc}} u^{\triangle_{abc}}_h\Big[\Psi_\xi(a)\frac{\partial N_a}{\partial h} + \Psi_\xi(b)\frac{\partial N_b}{\partial h} + \Psi_\xi(c)\frac{\partial N_c}{\partial h}\Big]\mathrm{d}x\mathrm{d}y\cdot\Phi_\xi$$

$$= \sum_{\xi=\theta_5,\theta_6,\theta_8,\theta_9} B^{h,E_{\text{III}}}_{i\xi}\Phi^c_\xi \tag{5-18}$$

式中:$B^{h,E_{\text{III}}}_{i\xi}$,$\xi=\theta_5,\theta_6,\theta_8,\theta_9$ 为 $U^h_{d_{\text{III}}}$ 中关于 Φ_ξ 的系数。类似的,也可以获得其他粗网格单元的 $B^{h,E_{\text{I}}}_{i\xi}$、$B^{h,E_{\text{II}}}_{i\xi}$、$B^{h,E_{\text{IV}}}_{i\xi}$。FVYMSFEM 定义 $B^h_{i\xi} = \sum_{k=\text{I},\text{II},\text{III},\text{IV}} B^{h,E_k}_{i\xi}$ 为 I_i 上 h 方向的对流项的 Φ_ξ 的总系数。

根据上面过程,可以得到式(5-13)的细尺度格式

$$\frac{\mathrm{d}\Phi_i^f}{\mathrm{d}t} = \frac{1}{S_{I_i}}\Big[\sum_{\xi=\theta_1}^{\theta_9}(A_{i\xi}+B_{i\xi}^x+B_{i\xi}^y)\Phi_\xi^f + N_{\tilde{w}}^{I_i}\Big] \quad (5\text{-}19)$$

式中:$N_{\tilde{w}}^{I_i} = \sum_{k=\mathrm{I,II,III,IV}}\sum_{d_k}\iint_{\triangle_{abc}} N_{\tilde{w}}^{\triangle_{abc}}\mathrm{d}x\mathrm{d}y$。

类似上述过程,可以得到由边界节点 i 生成的控制体积 I_i 的类似式(5-19)的公式。在各 I_i 上将式(5-19)代入式(5-14),联立可得 Φ^f 的粗尺度方程组的具体形式。

5.2.4.3　有限体积-Yeh-多尺度有限单元法的粗尺度弥散速度表达式

获得粗尺度浓度 Φ 后,FVYMSFEM 可以利用弥散速度矩阵立即得到连续的细尺度弥散速度 $vd_h^f, h=x,y$。由于 FVYMSFEM 的 MSFEM 部分网格的粗尺度网格线(图 5-1,细实线)上的各节点均与两个以上的粗网格单元相关,需要平均从这些节点的相关网格的弥散速度矩阵获得的 vd_h^f 来获得其上的弥散速度。FVYMSFEM 粗尺度网格线上的各节点可以分为两个部分。

第一部分是 MSFEM 网格粗尺度节点(图 5-1 实线相交点,即各粗网格单元的顶点)。落在研究区内部的粗尺度节点均与 4 个粗网格单元相关,则内部粗尺度节点上的粗尺度弥散速度 VD_h 为

$$VD_h(i) = \frac{1}{4}\sum_{k=\mathrm{I,II,III,IV}} vd_h^{f,E_k}(i) \quad (5\text{-}20)$$

式中:$vd_h^{f,E_k}(i)$ 为从粗网格单元 E_k 处的弥散速度矩阵 $\gamma_{E_k}^h,k=\mathrm{I,II,III,IV}$ 得到的关于节点 i 的细尺度弥散速度。而在粗尺度边界节点 i 上,VD_h 是两个 $vd_h^{f,E_k}(i)$ 的平均值。

第二部分是粗网格单元边界上非顶点节点,如图 5-1 和图 5-2 中的 τ_1 和 τ_2。这些节点均与 2 个粗网格单元相关,故其上的弥散速度为

$$vd_h^f(\tau) = \frac{1}{2}[vd_h^{f,E_{k1}}(\tau) + vd_h^{f,E_{k2}}(\tau)] \quad (5\text{-}21)$$

式中:节点 τ 是粗网格单元 $E_{k1},E_{k2},k1,k2=\mathrm{I,II,III,IV}$ 公共边界上的非顶点节点。

5.2.5　应用有限体积-Yeh-多尺度有限单元法模拟地下水溶质运移问题

本节将测试 FVYMSFEM 精度和计算效率,FVYMSFEM 的浓度模拟部分将与 MSFEM 和传统线性有限元法进行比较,弥散速度模拟部分则与 Yeh 的伽辽金有限元模型[70]进行比较,考虑了多种不同的弥散系数和水流速度的组合。

应用如下简写符号:浓度(C);h 方向的粗尺度弥散速度(VD_h);h 方向的细尺度弥散速度(vd_f^h);正方形研究区每边被剖分份数(N_c);线性基函数的有限元法(LFEM);精细剖分的 LFEM(LFEM-F);有限体积-Yeh-多尺度有限单元法(FVYMSFEM);多尺度有限单元法(MSFEM);Yeh 的伽辽金有限元模型(Method-Yeh)和精细剖分的 Method-Yeh(Method-Yeh-F)。所有算法的程序都是用 C++ 编写的,并在相同的条件下运行。

FVYMSFEM 和 MSFEM 均使用正方形粗网格单元和等腰直角三角形细网格单元,每个粗网格单元均被剖分为 32(4×4×2)个三角形细网格单元;而 LFEM 和 LFEM-F 使用等腰直角三角形单元。FVYMSFEM 的正方形粗网格单元与 LFEM 的等腰直角三角形水平边界长度相同,FVYMSFEM 细网格三角形单元与 LFEM-F 的三角形网格单元的形状完全相同。因为研究区 $\Omega = [0,1] \times [0,1]$,FVYMSFEM 和 MSFEM 粗、细网格水平边界长度分别为 $l = \dfrac{1}{N_c}$ 和 $l_{ab} = \dfrac{1}{4N_c}$。

本节应用 Pelect 数 $Pe = \dfrac{u \cdot l}{D}$ 表征对流项和弥散项的比例,Courant 数 $Cr = \dfrac{u \cdot DT}{l}$ 来表示时间步长和空间步长的关系。FVYMSFEM 和 MSFEM 基于粗网格单元尺度(l)和基于细网格单元尺度(l_{ab})的 Pelect 数分别定义为 Pe_c 和 Pe_f。根据本节的网格设置,可以获得以下关系:$Pe_c = Pe_{LFEM}$,$Pe_f = Pe_{LFEM-F}$,$Pe_f = 0.25 Pe_c$。类似的,对于粗、细网格单元尺度,FVYMSFEM 和 MSFEM 的 Courant 数分别被定义为 Cr_c 和 Cr_f,且 $Cr_f = 4 Cr_c$。

5.2.5.1 二维稳态地下水溶质运移问题

控制方程为:

$$\frac{\partial}{\partial x}\left(D_x \frac{\partial C}{\partial x}\right) + \frac{\partial}{\partial y}\left(D_y \frac{\partial C}{\partial y}\right) - u_x \frac{\partial C}{\partial x} + N_w = 0, (x,y) \in \Omega \quad (5-22)$$

式中:研究区为 $\Omega = [0,1] \times [0,1]$,弥散项 $D_x = D_y = D$,边界条件为第一类边界,$C_{\partial \Omega}(x,y) = 0$,该例有解析解 $C = xy(1-x)(1-y)$,源汇项 N_w 可以将解析解和相关参数代入控制方程获得。

本例包含六个案例,各案例的详细参数如表 5-1 所示。其中,案例 1 探讨了 LFEM-F、FVYMSFEM、MSFEM 和 LFEM 模拟一般溶质运移问题时的浓度精度。案例 2、3、4 和 5 则分别研究了网格尺度、高 Pelect 数(对流占优)、水流速度变化和弥散系数变化对各方法浓度精度的影响。案例 6 则测试了弥散占优时 FVYMSFEM 弥散速度的精度。在模拟浓度和弥散速度综合问题时,FVYMS-

FEM 仅需解式(5-22)即可获得浓度和弥散速度,其弥散速度由弥散速度矩阵获得,所需计算消耗可以不计。Method-Yeh/ Method-Yeh-F 则需要分别模拟浓度场和弥散速度场:第一步,Method-Yeh 和 Method-Yeh-F 采用 LFEM/LFEM-F 解式(5-22)来获得浓度场;第二步,Method-Yeh 和 Method-Yeh-F 需要在研究区 Ω 内考虑方向 h 的 Fick 定律来获得该方向的弥散速度场。

在案例 1 至 5 中,FVYMSFEM 与 MSFEM、LFEM-F 和 LFEM 进行了比较。FVYMSFEM、MSFEM 和 LFEM 将研究区每边划分为 N_C 等份。因此,FVYMSFEM 和 MSFEM 将研究区划分为 $N_C \times N_C$ 个正方形粗网格单元,然后将每个粗网格单元划分为 32($4 \times 4 \times 2$)个三角形细网格单元。LFEM 将研究区划分为 $N_C \times N_C \times 2$ 个三角形单元。LFEM-F 将研究区划分为 $4N_C \times 4N_C \times 2$ 个三角形单元,以获得与 FVYMSFEM 相同的细网格单元的数目。在案例六的弥散速度求解中,FVYMSFEM 与 Method-Yeh-F、Method-Yeh 进行了比较。案例六的 FVYMSFEM 的网格剖分方式和案例 1 一致,Method-Yeh-F 和 Method-Yeh 的网格剖分方式则分别和案例 1 中 LFEM-F 和 LFEM 一致。各案例的参数 N_C 已在表 5-1 给出。

表 5-1　例 5.2.5.1 的参数设置

案例	参数值
案例 1	$D = 10^{-3}, u_x = 1, N_C = 30$
案例 2	$D = 10^{-3}, u_x = 1, N_C = 20、30、40、50、60、70$
案例 3	$D = 10^{-3}、10^{-4}、10^{-5}, u_x = 1, N_C = 30$
案例 4	$D = 10^{-3}, N_C = 30, u_x = u_1 = \dfrac{0.085}{x+y+0.0001}$, $u_x = u_2 = 0.0127\exp(4x^2+4y^2)$
案例 5	$D = D_1 = 10^{-2}, D = D_2 = \dfrac{(1+x)(1+y)}{225}$, $D = D_3 = \dfrac{1}{115 \cdot [2+1.8\sin(2\pi \cdot (x+y))]}, u_x = 1, N_C = 30$
案例 6	$D = 0.1, u_x = 10^{-4}, N_C = 30$

案例 1 比较了各方法模拟一般溶质运移问题时的浓度精度。图 5-4 展示了在 $y=0.8$ 截面处的 LFEM-F、FVYMSFEM、MSFEM 和 LFEM 的浓度相对误差。LFEM-F 获得了最高的精度,FVYMSFEM、MSFEM 精度相近,LFEM 的精度最差。同时,LFEM-F、FVYMSFEM 和 MSFEM 曲线的振荡程度均比 LFEM 小得多,这表明了精细剖分的有限元网格和 MSFEM 网格都可以有效地提高精度,并降低解的振荡。此外,LFEM-F、FVYMSFEM、MSFEM 和 LFEM

的浓度场在整个研究区的平均相对误差分别为 0.026 5%、0.123%、0.138% 和 0.315%。这一结果显示 FVYMSFEM 的精度略好于 MSFEM，表明了 FVYMSFEM 基于的 FVMSFEM 框架[117]能较精确地模拟溶质运移问题。

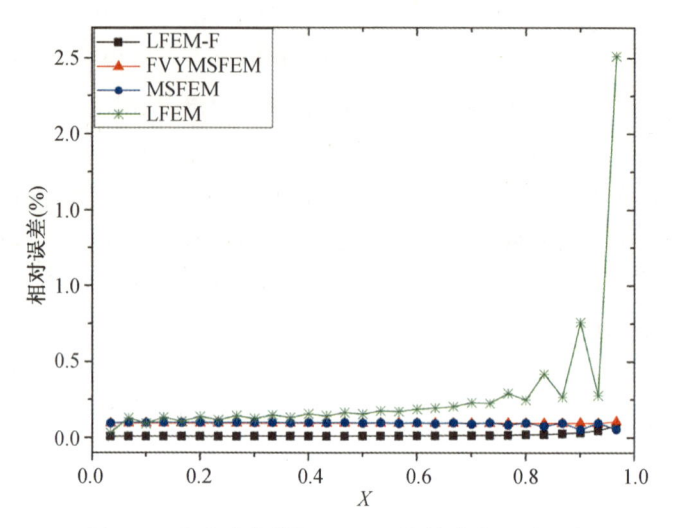

图 5-4　各方法在截面 $y=0.8$ 处的浓度相对误差

同时，FVYMSFEM、MSFEM 和 LFEM-F 可以获得细尺度浓度，而 LFEM 无法获得。FVYMSFEM、MSFEM 和 LFEM-F 获得的细尺度浓度个数均为 14 161(119×119)。表 5-2 给出了某粗网格单元 k_e 中各节点的浓度解析解以及 LFEM-F、FVYMSFEM 和 MSFEM 所获得的细尺度浓度的绝对误差。同时，表 5-2 中的 LFEM-F、FVYMSFEM 和 MSFEM 的平均相对误差分别为 0.012 6%、0.084 2% 和 0.085 2%。上述结果显示 LFEM-F 精度高于 FVYMSFEM 和 MSFEM，这是因为 LFEM-F 的浓度是在全局的 120×120×2 网格上求解的，能够直接获得细尺度信息，而 FVYMSFEM 和 MSFEM 的浓度是通过在每个粗网格单元的 4×4×2 的网格上构造的基函数以插值公式(5-7)获得的，细尺度信息是通过基函数传递的。同时，FVYMSFEM 和 MSFEM 在表中的平均相对误差均低于 0.1%，显示两种方法也具有较高的计算精度，能够适用于一般溶质运移问题。

虽然 FVYMSFEM 和 MSFEM 的精度略低于 LFEM-F，但它们所需的计算时间更少，具有更高的计算效率。本案例的 FVYMSFEM、MSFEM 和 LFEM-F 均能获得相同数目的浓度，但 FVYMSFEM 和 MSFEM 的 CPU 时间仅为 6 s，而 LFEM-F 需要 3 208 s，即 FVYMSFEM 和 MSFEM 的计算用时仅为 LFEM-F 的 0.187%。因此，在模拟地下水溶质运移问题时，LFEM-F 更适用于对于精度有极高要求，且能够负担高额计算成本的情况；而 FVYMSFEM 和 MSFEM 则适用于精度要求较高且对计算效率、硬件等消耗也具有一定要求的情况，更具

表 5-2　粗网格单元 k_e 中的浓度解析解以及 LFEM-F、
FVYMSFEM 和 MSFEM 的细尺度浓度绝对误差

节点坐标	解析解	LFEM-F 绝对误差	FVYMSFEM 绝对误差	MSFEM 绝对误差
(0.675,0.775)	0.038 25	4.50×10^{-6}	4.82×10^{-5}	4.79×10^{-5}
(0.683 3,0.775)	0.037 73	4.50×10^{-6}	6.01×10^{-5}	6.05×10^{-5}
(0.691 66,0.775)	0.037 19	4.50×10^{-6}	4.78×10^{-5}	4.89×10^{-5}
(0.675,0.783 3)	0.037 24	4.60×10^{-6}	6.25×10^{-5}	6.22×10^{-5}
(0.683 3,0.783 3)	0.036 73	4.60×10^{-6}	7.38×10^{-5}	7.43×10^{-5}
(0.691 66,0.783 3)	0.036 20	4.60×10^{-6}	6.16×10^{-5}	6.29×10^{-5}
(0.675,0.791 66)	0.036 18	4.70×10^{-6}	4.62×10^{-5}	4.60×10^{-5}
(0.683 3,0.791 66)	0.035 69	4.70×10^{-6}	5.74×10^{-5}	5.80×10^{-5}
(0.691 66,0.791 66)	0.035 17	4.70×10^{-6}	4.58×10^{-5}	4.72×10^{-5}
(0.7,0.791 66)	0.034 64	4.70×10^{-6}	1.12×10^{-5}	1.34×10^{-5}
(0.7,0.8)	0.033 60	4.80×10^{-6}	3.25×10^{-5}	3.02×10^{-5}
(0.691 66,0.8)	0.034 12	4.80×10^{-6}	4.00×10^{-7}	1.90×10^{-6}
(0.683 3,0.8)	0.034 62	4.80×10^{-6}	1.11×10^{-5}	1.18×10^{-5}
(0.675,0.8)	0.035 10	4.70×10^{-6}	4.00×10^{-7}	6.00×10^{-7}
(0.666,0.8)	0.035 56	4.70×10^{-6}	3.41×10^{-5}	3.51×10^{-5}
(0.666,0.791 66)	0.036 65	4.70×10^{-6}	1.21×10^{-5}	1.11×10^{-5}
(0.666,0.783 3)	0.037 72	4.60×10^{-6}	2.75×10^{-5}	2.65×10^{-5}
(0.666,0.775)	0.038 75	4.50×10^{-6}	1.21×10^{-5}	1.10×10^{-5}
(0.666,0.766)	0.039 75	4.40×10^{-6}	3.42×10^{-5}	3.53×10^{-5}
(0.675,0.766)	0.039 24	4.40×10^{-6}	3.40×10^{-6}	3.00×10^{-6}
(0.683 3,0.766)	0.038 71	4.40×10^{-6}	1.64×10^{-5}	1.67×10^{-5}
(0.691 66,0.766)	0.038 15	4.40×10^{-6}	4.30×10^{-6}	5.30×10^{-6}
(0.7,0.766)	0.037 57	4.40×10^{-6}	3.25×10^{-5}	3.07×10^{-5}
(0.7,0.775)	0.036 62	4.50×10^{-6}	1.12×10^{-5}	1.31×10^{-5}
(0.7,0.783 3)	0.035 64	4.60×10^{-6}	2.58×10^{-5}	2.79×10^{-5}

普适性。另一方面,LFEM 的 CPU 用时为 3 s,为 FVYMSFEM 计算用时的一半。然而,LFEM 只能获得 841 个浓度值,为 FVYMSFEM 所获浓度值数目

(14 161)的 5.94%,且精度远低于其他三种方法。因此,LFEM 更适用于未知节点数目较少,且对精度要求较低的情况。此外,在获得浓度解的同时,FVYMSFEM 可以通过弥散速度矩阵直接以显示公式获得 VD_h 与 vd_h^f,所需的计算消耗可以忽略,具有比 MSFEM 更高的效率。

案例 2 研究了不同网格尺度对各方法的影响。表 5-3 给出了 FVYMSFEM、MSFEM 和 LFEM 在不同网格剖分下的研究区浓度场的平均相对误差。随着 N_C 的增加,FVYMSFEM、MSFEM 和 LFEM 的网格尺度 l 不断降低,平均相对误差逐渐减小。同时,随着 N_C 从 20 增加到 70,FVYMSFEM 和 LFEM 的平均相对误差比值从 43.1% 下降到 35.5%,说明 FVYMSFEM 可以比 LFEM 更快的提升精度。此外,FVYMSFEM 和 MSFEM 之间的平均相对误差比例始终保持在 90% 左右,说明 FVYMSFEM 能够在各种网格尺度下均获得比 MSFEM 更精确结果。

表 5-3 FVYMSFEM、MSFEM 和 LFEM 在不同 N_C 时的浓度场的平均相对误差

N_C	l	FVYMSFEM(%)	MSFEM(%)	LFEM(%)
20	$\frac{1}{20}$	0.254 8	0.285 0	0.591 6
30	$\frac{1}{30}$	0.123 0	0.137 5	0.315 1
40	$\frac{1}{40}$	0.072 1	0.080 3	0.192 4
50	$\frac{1}{50}$	0.047 4	0.052 8	0.129 6
60	$\frac{1}{60}$	0.033 7	0.037 4	0.093 5
70	$\frac{1}{70}$	0.025 1	0.027 9	0.070 8

案例 3 研究了对流占优条件下的高 Pelect 数对各方法的影响。如表 5-1 所示,弥散系数 $D = 10^{-3}$、10^{-4}、10^{-5},则 FVYMSFEM 和 MSFEM 的 Pe_c 值分别为 3.3×10^1、3.3×10^2、3.3×10^3,且 $Pe_c = Pe_{\text{LFEM}}$,$Pe_f = 0.25 Pe_c$,$Pe_f = Pe_{\text{LFEM-F}}$。

图 5-5 为弥散系数 D 不同取值条件下的 LFEM-F、FVYMSFEM、MSFEM 和 LFEM 所获浓度在研究区上的平均相对误差。随着弥散系数 D 逐渐减小,Pelect 数升高,溶质运移问题的对流占优程度逐渐加大,各方法精度从高到低为 LFEM-F、FVYMSFEM、MSFEM 和 LFEM。从图中可以清晰地看出,LFEM-F 和 FVYMSFEM 的曲线几乎是水平直线,表明 LFEM-F 和 FVYMSFEM 在本案例中几乎不受对流占优的影响,这是由于 LFEM-F 通过精细网格降低了

Pelect 数而 FVYMSFEM 的有限体积法格式能够有效处理对流占优的情况。同时，随着 D 的减小，MSFEM 和 LFEM 的平均相对误差逐渐增大，MSFEM 受到的影响远低于 LFEM，显示 MSFEM 网格也能够降低对流占优的影响。

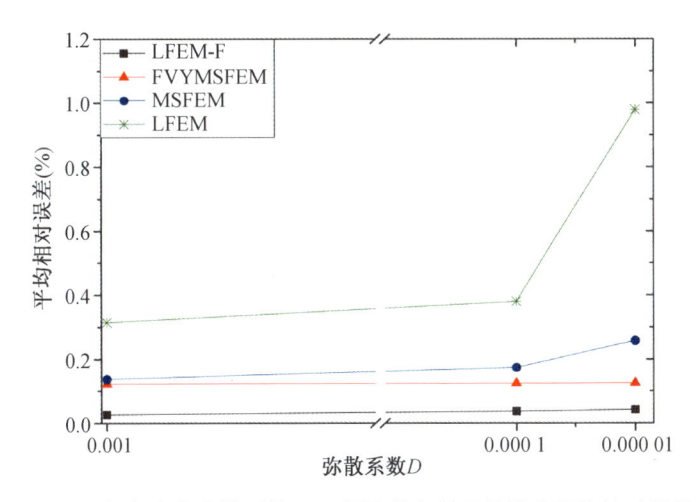

图 5-5　各方法在弥散系数 D 不同取值条件下的浓度平均相对误差

图 5-6 展示了弥散系数 D 不同取值条件下的 LFEM-F、FVYMSFEM、MSFEM 和 LFEM 的浓度全局相对误差。图 5-6 的 1、2、3 列分别对应于 D 取 10^{-3}、10^{-4}、10^{-5} 时的情况，每列中 LFEM-F、FVYMSFEM 和 MSFEM 的子图的垂直坐标刻度均相同，由 MSFEM 最大相对误差值决定。图 5-6 是三维图，各方法的节点的相对误差大小由曲面各点的高低反映，各方法的解的振荡性强弱由曲面形状反映。与图 5-5 结果相似，LFEM-F 和 FVYMSFEM 的解误差最低，且仅出现了小幅振荡。同时，从各列子图的垂直坐标刻度可以看出，随着 D 取值的减小，垂直坐标刻度逐渐增高，表明 MSFEM 振荡程度加剧。FVYMSFEM 的结果始终优于 MSFEM。在第 1 列中，图 5-6(b) 中 FVYMSFEM 的平均相对误差为 0.12%，图 5-6(c) 中 MSFEM 的平均相对误差为 0.14%。在另外两列中，尽管 MSFEM 的平均相对误差随 D 取值的减小而增大，但 FVYMSFEM 的平均相对误差却几乎和图 5-6(b) 的误差完全相同。LFEM 的精度最低，且受到 Pelect 数增大（D 减小）的影响最大，解具有强烈的振荡性。从第 1 列到第 3 列，由 LFEM 的垂直刻度可知，LFEM 最大相对误差从 16.8% 增大到 60.9%，显示该方法在对流占优时具有较高的数值弥散和振荡。

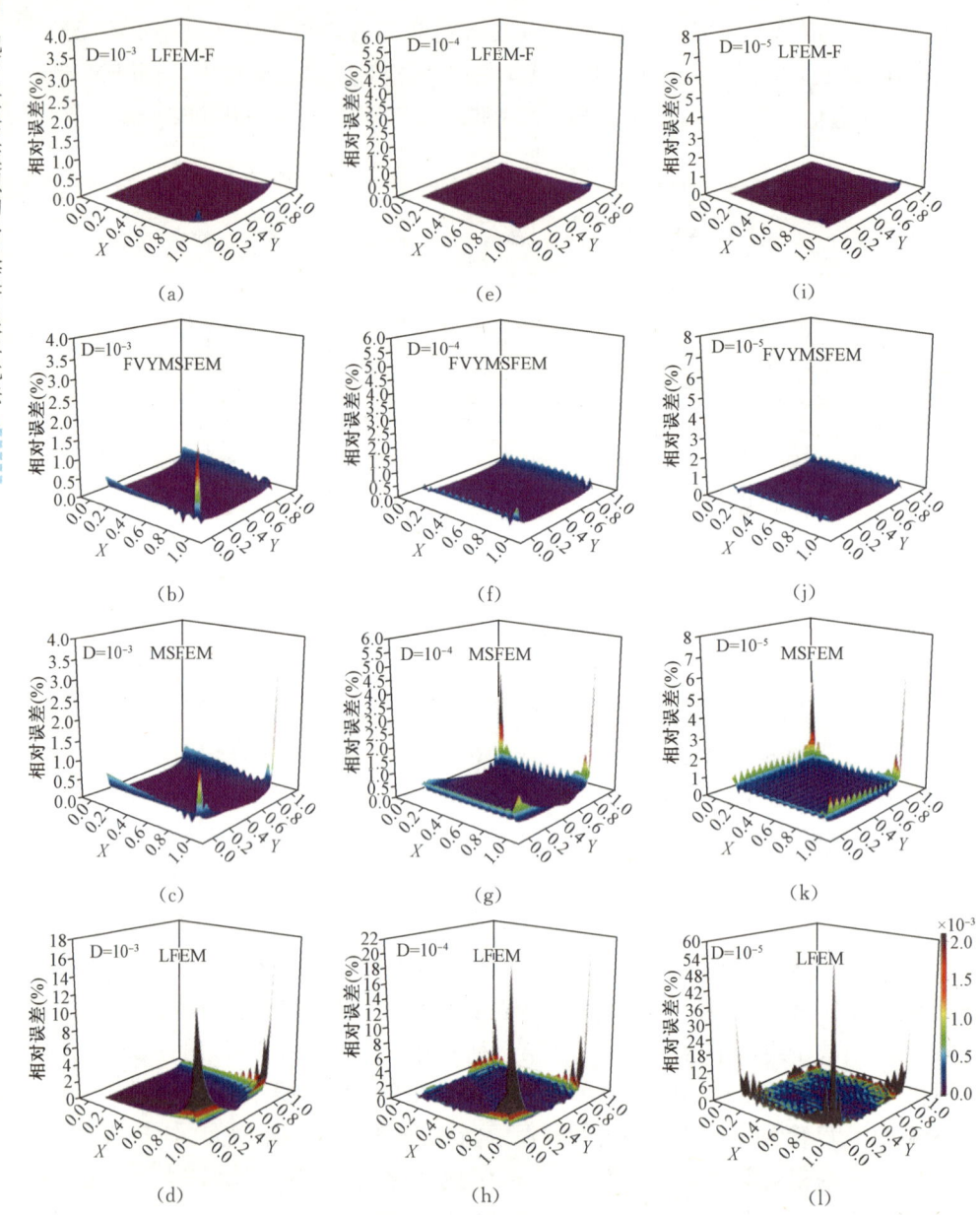

图 5-6 各方法在弥散系数 D 不同取值条件下的浓度全局相对误差

为了进一步研究 LFEM-F、FVYMSFEM、MSFEM 和 LFEM 解的振荡程度，图 5-7 展示了弥散系数 D 取值 10^{-3}、10^{-4}、10^{-5} 时各方法在 $y=0.8$ 截面处的节点的浓度误差（$C_{\text{Numerical}} - C_{\text{Analytical}}$）。在 a、b、c 三个子图中，仅有 FVYMSFEM 和 LFEM-F 的曲线形状几乎不变，显示两种方法受数值弥散和振荡的影响很小。这一结果表明，LFEM-F 的精细剖分的有限元网格以及 FVYMSFEM

(a) $D=10^{-3}$

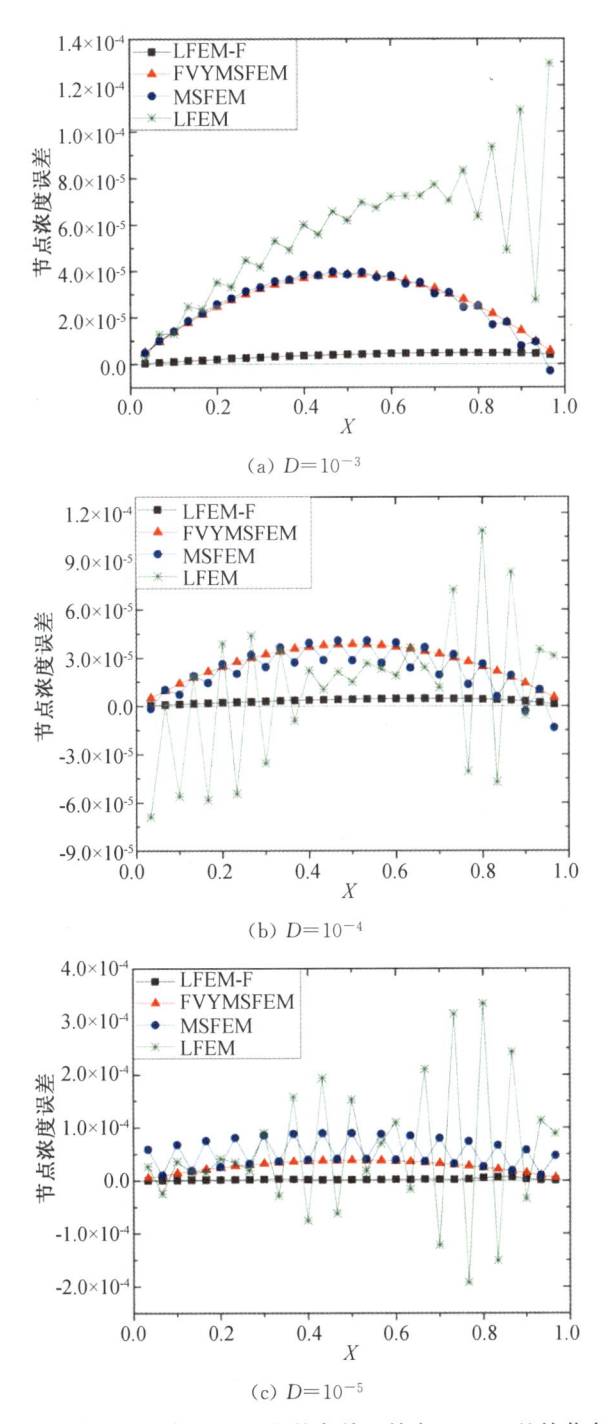

(b) $D=10^{-4}$

(c) $D=10^{-5}$

图 5-7　各方法在弥散系数 D 不同取值条件下的在 $y=0.8$ 处的节点浓度误差

的算法框架都有助于减少高 Pelect 数引发的数值弥散和振荡。虽然 MSFEM 具有和 FVYMSFEM 相同的 MSFEM 网格,但仍然受到了 Pelect 数增加(D 减小)的影响,其曲线具有一定的振荡性。在不同条件下,MSFEM 的结果均优于 LFEM,这表明 MSFEM 网格有助于降低高 Pelect 数的影响。四种方法中,LFEM 曲线振荡性最明显,且具有很大的误差,显示 LFEM 难以处理对流占优引起的数值弥散和振荡。此外,在所有图中,只有 FVYMSFEM 和 LFEM-F 曲线均大于 0,显示两种方法的解均比较稳定;而 MSFEM 和 LFEM 曲线具有正值和负值,显示 MSFEM 和 LFEM 曲线反复与解析解相交。

总之,本案例的结果表明 FVYMSFEM 具有处理高 Pelect 数的优点,因此它比 MSFEM 和 LFEM 更适合对流占优的问题。与案例 1 结果相似,FVYMSFEM 的 CPU 计算用时比 LFEM-F 短得多,而它们的精度和振荡程度相近,这显示了 FVYMSFEM 具有更高的计算效率。因此,除非对精度具有极高的要求,FVYMSFEM 在一定程度上能够替代 LFEM-F 进行地下水溶质运移问题的模拟,可以在较短的时间内获得较为精确的数值结果。

案例 4 测试了水流速度变化对各方法数值结果的影响。为了令对流占优程度相近,本案例所用的水流速度 u_1 和 u_2 的平均值相同,均为 1.0。图 5-8 显示了 LFEM-F、FVYMSFEM、MSFEM 和 LFEM 在 u_x 的不同取值时的全局浓度相对误差。同时,图 5-6 第 1 列($D=10^{-3}$,$u_x=1$)展示了水流速度为常数的情况。图 5-8 第 1、2 列子图分别对应于 u_x 为 u_1 和 u_2 的情况,每列中 LFEM-F、FVYMSFEM、MSFEM 的子图的垂直刻度相同,而 LFEM 子图的垂直刻度最大,显示 LFEM-F、FVYMSFEM 和 MSFEM 的精度均远高于 LFEM。与之前案例的结果相似,LFEM-F 取得了最优的结果,FVYMSFEM 的结果略优于 MSFEM。在第 1 列中,图 5-8(b) 中 FVYMSFEM 的平均相对误差为 0.106%,图 5-8(c) 中 MSFEM 的平均相对误差为 0.109%,两种方法比较接近。然而,在第 2 列中,由于 u_x 的变化率的增强,MSFEM 误差的增量远远大于 FVYMSFEM。结合图 5-6 第 1 列和图 5-8,可知流速变化对 LFEM-F 和 FVYMSFEM 影响最小,对 MSFEM 影响其次,对 LFEM 影响最大。由此,可以推断 LFEM-F 的精细剖分网格和 MSFEM 网格均可以有效降低流速场变化对浓度精度的影响。同时,在所有情况下 FVYMSFEM 精度都好于 MSFEM,并且 FVYMSFEM 解的振荡性远低于 MSFEM,这表明 FVYMSFEM 的框架比 MSFEM 能够更好地处理流速变化。此外,与之前情况相似,和 MSFEM 和 LFEM-F 相比,FVYMSFEM 获得相同数量未知数所需的计算 CPU 用时要少得多,在四种方法中具有最高的计算效率。

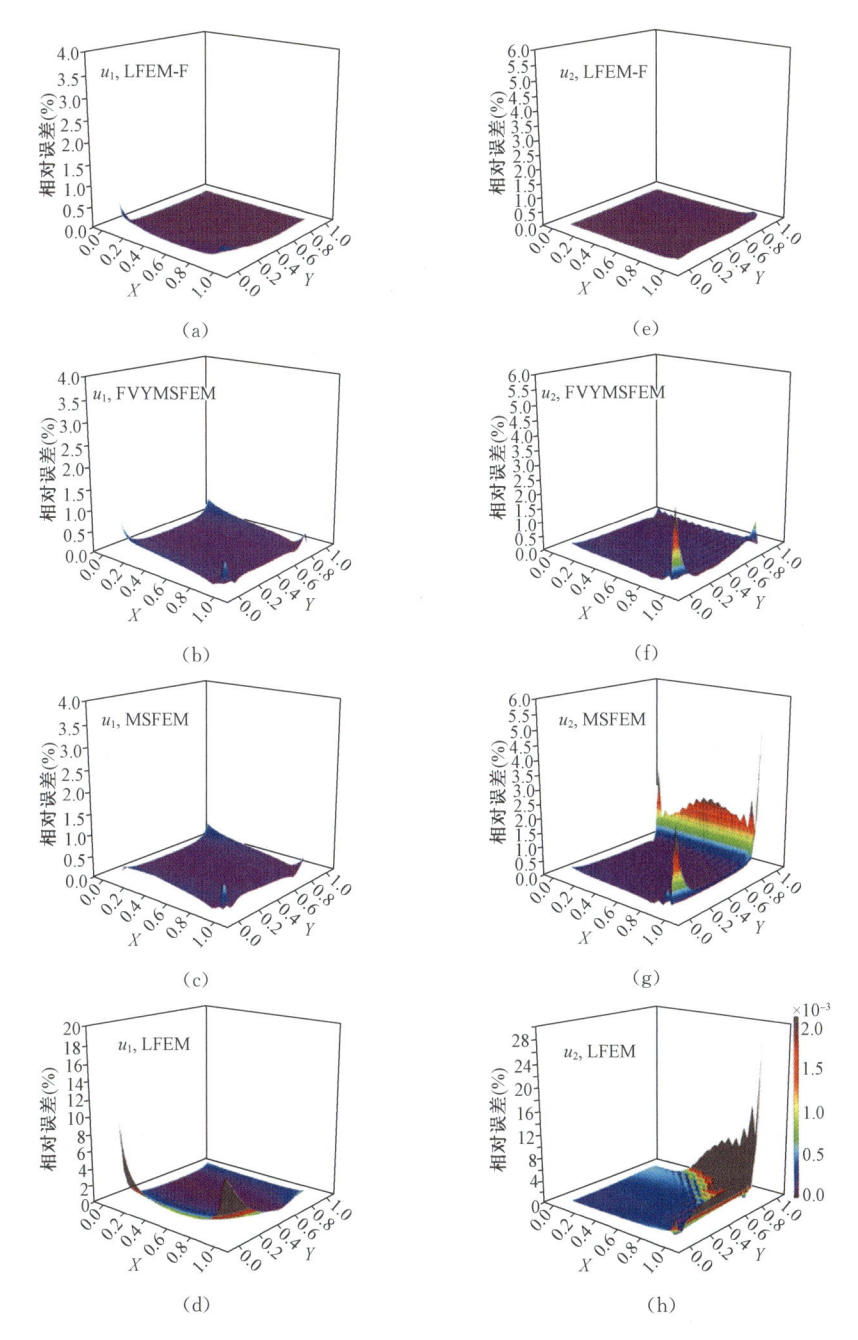

图 5-8　各方法在水流速度为 u_1 和 u_2 时的全局浓度相对误差

案例 5 探寻了弥散系数变化对各方法数值结果的影响。为了令对流占优程度相同，本案例所用的弥散系数取值 D_1、D_2、D_3 的平均值相同，均为 0.01。图 5-9 给出了 LFEM-F、FVYMSFEM、MSFEM 和 LFEM 在不同 D 取值的情况下

143

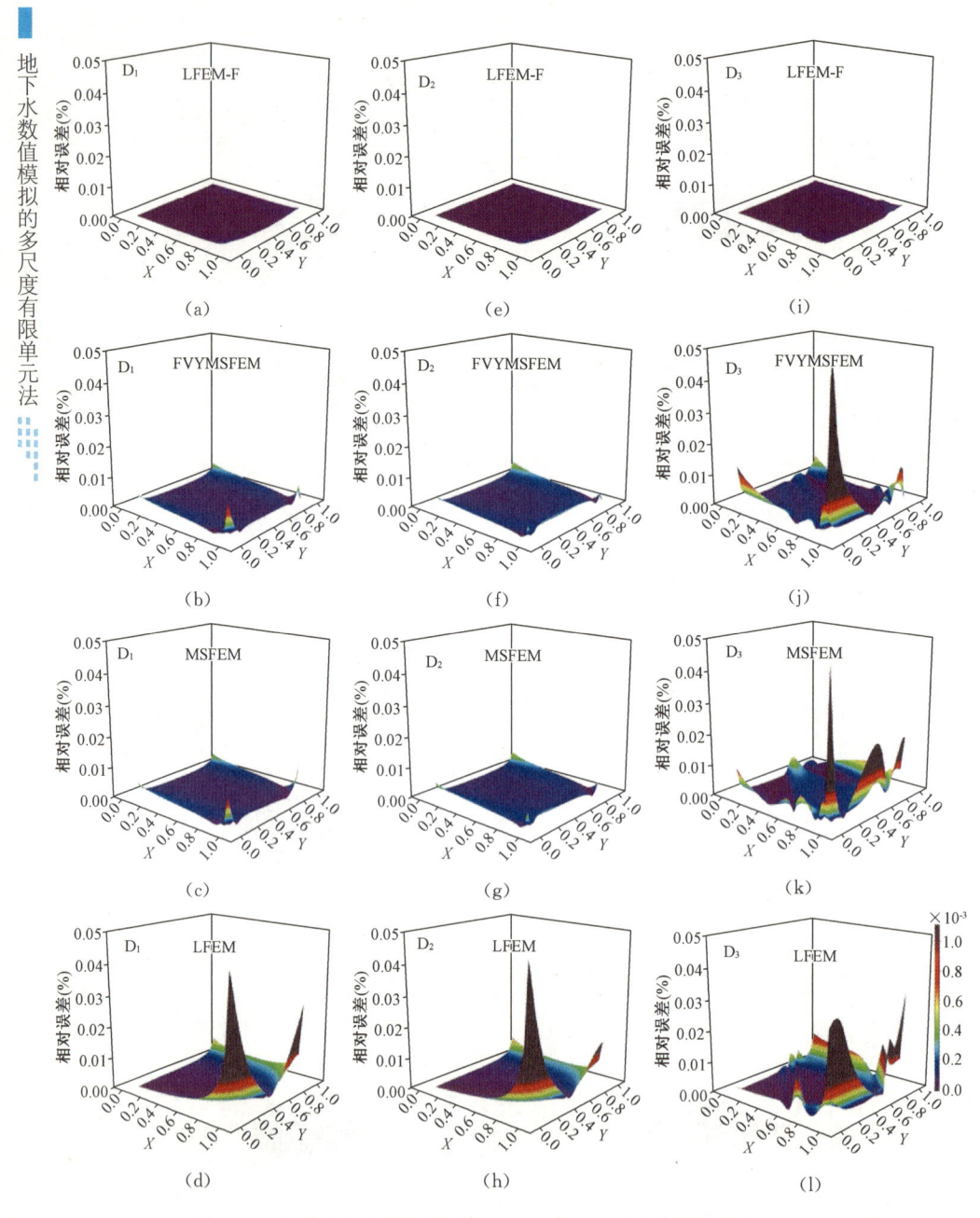

图 5-9 各方法在弥散系数为 D_1、D_2 和 D_3 时的全局浓度相对误差

浓度相对误差。图 5-9 的 1、2、3 列分别对应 D 取值为 D_1、D_2、D_3 三种情况。在这图 5-9 的三列子图中，LFEM-F、FVYMSFEM 和 MSFEM 的结果都比 LFEM 更准确。LFEM-F 取得了最优的结果，FVYMSFEM 的精度优于 MS-FEM。当 $D=D_3$ 时，LFEM-F、FVYMSFEM、MSFEM 和 LFEM 在研究区上

的平均相对误差分别为 0.016%、0.144%、0.2%和 0.22%,显示 LFEM-F 的精细网格和 MSFEM 网格都可以降低弥散系数变化对解的精度的影响,LFEM-F 精细网格更优。同时,在所有情况下,FVYMSFEM 结果均优于 MSFEM,显示了 FVYMSFEM 算法框架的优越性。同时,FVYMSFEM 的浓度曲面的振荡程度小于 MSFEM,进一步验证了 FVYMSFEM 在处理不同的弥散系数时具有更强的能力。这一结果与 FVMSFEM、NFVMSFEM[117-118] 处理水流方程中渗透系数变化的结果类似,表明 FVYMSFEM 能够有效处理对流弥散方程中二阶导数项的系数。此外,与案例 1~4 类似,FVYMSFEM 和 MSFEM 能够获得与 LFEM-F 相同数量未知数,但所需的计算 CPU 用时更少,具有更高的计算效率。

案例 6 将 FVYMSFEM 所获的弥散速度和 Method-Yeh、Method-Yeh-F 进行了比较。Method-Yeh-F、FVYMSFEM 和 Method-Yeh 均需要先解浓度方程组来获得浓度,其中 Method-Yeh-F、Method-Yeh 采用了 LFEM-F 和 LFEM 进行了浓度求解。Method-Yeh-F、FVYMSFEM 和 Method-Yeh 的浓度平均相对误差分别为 0.003 3%、0.079 4%和 0.131 3%。FVYMSFEM 计算浓度的 CPU 用时为 6 s,比 Method-Yeh-F 的 3 208 s 要少得多,显示 FVYMSFEM 具有极高的计算效率。

图 5-10 展示了 Method-Yeh-F、FVYMSFEM 和 Method-Yeh 所计算粗网格弥散速度 VD_x 的绝对误差。由图中结果可知,Method-Yeh-F 和 FVYMSFEM 的误差大小和解的振荡程度比 Method-Yeh 要小得多,Method-Yeh-F 的结果略优于 FVYMSFEM,显示 FVYMSFEM 的弥散速度具有较高的计算精度。同时,FVYMSFEM 不需要额外的计算成本去求解弥散速度,在通过弥散速度矩阵获取弥散速度后其 CPU 时间依然保持在 6 s。然而,Method-Yeh-F 需要额外 7 879s 的 CPU 用时来计算弥散速度。在模拟本案例时,Method-Yeh-F 总计使用了 11 087 s 来获得 14 161 个浓度 C 和 14 641 个细尺度弥散速度 vd_x^f,Method-Yeh 使用了 5 s 来获得 841 个浓度 C 和 961 个粗尺度弥散速度 VD_x。FVYMSFEM 仅使用 6 s 即可获得 14 161 个 C,961×2(31×31×2)个 VD_h 和 14 641×2 个 vd_h^f。FVYMSFEM 不仅获得了与 Method-Yeh-F 相同的浓度解数目、相同的 x 方向的弥散速度解数目,还额外获得了 y 方向的弥散速度解。同时,FVYMSFEM 的 CPU 时间与使用粗剖分的 Method-Yeh 十分接近,但取得了更高的计算精度。实际上,案例 1~5 的结果显示,若仅考虑浓度的计算过程,FVYMSFEM 已经比其他方法具有更高的计算效率。因此,当考虑浓度和弥散速度的综合问题时,FVYMSFEM 的计算效率会进一步提高。

表 5-4 给出了某粗网格单元各细尺度节点上的解析解 vd_x^f 和 Method-Yeh-F、FVYMSFEM 的数值解 vd_x^f 的绝对误差。由表中结果可知,Method-Yeh-F

和 FVYMSFEM 均获得了较高的精度。虽然 FVYMSFEM 的 vd_x^f 的精度低于 Method-Yeh-F，但已经足以满足实际工作中的需求。产生这一现象的原因是，FVYMSFEM 的 vd_x^f 是通过在 $4\times4\times2$ 个局部网格中构造的弥散速度矩阵直接获得的，而 Method-Yeh-F 的 vd_x^f 是在 $120\times120\times2$ 的全局网格中求解的，所获取的信息量不同。然而，如前所述，FVYMSFEM 计算弥散速度的成本可以忽略不计，而 Method-Yeh-F 则需要大量的计算消耗，故 FVYMSFEM 具有更高的计算效率。表 5-4 中的 FVYMSFEM 的细尺度弥散速度可以分为三个部分，即内节点弥散速度，粗网格单元边界细尺度节点弥散速度和粗网格单元顶点弥散速度，它们分别对应表格上部、中部和下部区域。这三部分的 FVYMSFEM 的平均相对误差分别为 2.93%，1.47% 和 0.16%。这是因为，这三个部分的弥散速度包含不同的数量信息。内部节点的弥散速度仅包含一个粗网格单元信息，粗网格单元边界细尺度节点弥散速度则包含两个粗网格单元的信息，而粗网格单元顶点处的弥散速度（即粗尺度弥散速度）包含四个粗网格单元信息，具有最高的精度。

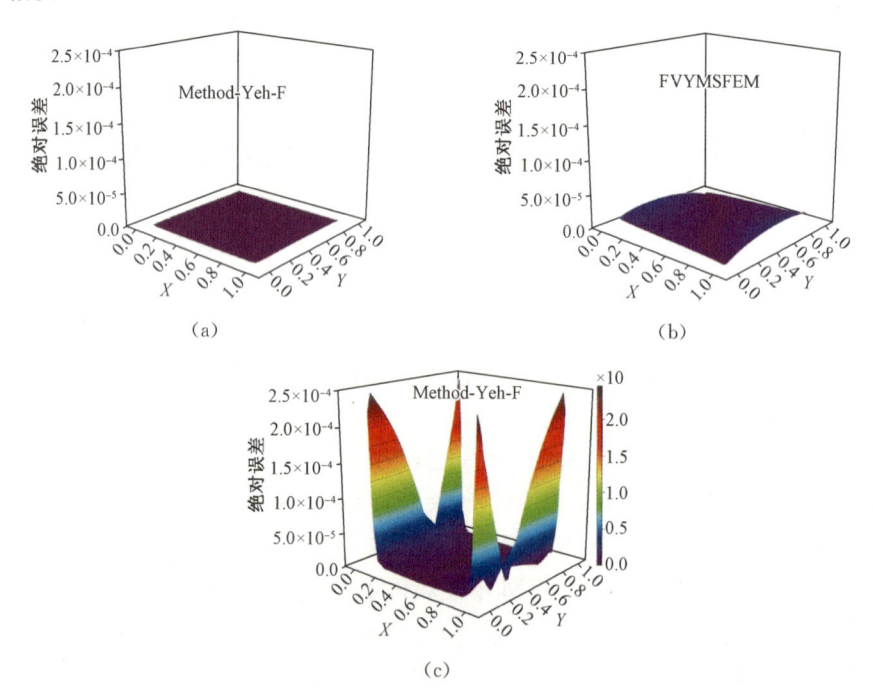

图 5-10　各方法的粗尺度弥散速度 VD_x 的绝对误差

表 5-4 解析解 vd_x^f 和 Method-Yeh-F、FVYMSFEM 的数值解 vd_x^f 的绝对误差

节点坐标	解析解	Method-Yeh-F 绝对误差	FVYMSFEM 绝对误差
(0.675,0.775)	0.006 103	5.00×10^{-9}	2.76×10^{-4}
(0.683 3,0.775)	0.006 394	1.63×10^{-9}	3.18×10^{-6}
(0.691 66,0.775)	0.006 684	2.66×10^{-8}	2.82×10^{-4}
(0.675,0.783 3)	0.005 940	1.44×10^{-8}	2.63×10^{-4}
(0.683 3,0.783 3)	0.006 223	1.38×10^{-8}	6.40×10^{-6}
(0.691 66,0.783 3)	0.006 506	3.71×10^{-8}	2.76×10^{-4}
(0.675,0.791 66)	0.005 773	2.64×10^{-9}	2.58×10^{-4}
(0.6833,0.791 66)	0.006 047	4.42×10^{-9}	4.52×10^{-6}
(0.691 66,0.791 66)	0.006 322	2.15×10^{-8}	2.68×10^{-4}
(0.691 66,0.8)	0.006 133	3.40×10^{-8}	2.50×10^{-4}
(0.683 3,0.8)	0.005 867	6.00×10^{-9}	4.03×10^{-6}
(0.675,0.8)	0.005 600	1.00×10^{-8}	2.55×10^{-4}
(0.666,0.791 66)	0.005 498	9.70×10^{-9}	1.98×10^{-6}
(0.666,0.783 3)	0.005 657	2.50×10^{-8}	1.44×10^{-6}
(0.666,0.775)	0.005 813	1.16×10^{-8}	1.48×10^{-7}
(0.666,0.766)	0.006 261	4.89×10^{-9}	2.89×10^{-4}
(0.675,0.766)	0.006 559	9.19×10^{-9}	4.48×10^{-6}
0.691 66,0.766)	0.006 857	2.25×10^{-8}	2.82×10^{-4}
(0.7,0.775)	0.006 975	2.00×10^{-8}	6.30×10^{-7}
(0.7,0.783 3)	0.006 789	2.64×10^{-8}	2.50×10^{-4}
(0.7,0.791 66)	0.006 597	1.44×10^{-8}	1.57×10^{-6}
(0.7,0.8)	0.006 400	2.00×10^{-8}	1.05×10^{-5}
(0.7,0.766)	0.007 156	1.84×10^{-8}	1.05×10^{-5}
(0.666,0.8)	0.005 333	1.40×10^{-8}	9.59×10^{-6}
(0.666,0.766)	0.005 963	8.96×10^{-9}	9.40×10^{-6}

5.2.5.2 二维非稳态地下水溶质运移问题

本例为无量纲算例,控制方程为式(5-1),研究区 $\Omega = [0,1] \times [0,1]$,$u_x = 1, u_y = 0, D_x = D_y = D$。时间步长 DT,总时间步数为 NDT,总模拟迭代

时间 $T_s = DT \cdot NDT$,模拟迭代时间 $t_k = k \times DT, k = 1, 2\cdots, NDT$。研究区四边的边界条件为第一类边界条件,$C_{\partial\Omega}(x,y,t) = 0$。初始浓度分布为 $C_0 = xy(1-x)(1-y)$,解析解为 $C = xy(1-x)(1-y)$,源汇项 N_w 可由解析解和相关参数代入式(5-1)而确定。本例包含三个案例,分别研究了 Pelect 数和 Courant 数的综合影响、高 Courant 数的影响和模拟迭代时间 t_k 的影响,详细参数如表 5-5 所示。

表 5-5 例 5.2.5.2 的参数设置

案例	参数值
案例 1	$D = 2\times 10^{-2}, 2\times 10^{-3}, 2\times 10^{-4}, 2\times 10^{-5}, u_x = 1, N_C = 30, T_s = 0.2$;. LFEM-F:$NDT = 24, DT = \frac{1}{120}$,其他方法:$NDT = 6, DT = \frac{1}{30}$
案例 2	$D = 2\times 10^{-2}, u_x = 1, N_C = 40, T_s = 0.2, NDT = 2、12、16、25、32、40$
案例 3	$D = 2\times 10^{-2}, u_x = 1, N_C = 20, T_s = 3, DT = 0.1, NDT = 30; k = 1, 2, \cdots, 30; t_k = 0.1, 0.2, \cdots, 3$

案例 1 研究了非稳态溶质运移问题中 Pelect 数和 Courant 数对精度的综合影响。对于 $D = 2\times 10^{-3}$、2×10^{-3}、2×10^{-4}、2×10^{-5},$Pe_c = Pe_{\text{LFEM}}$ 的值分别为 1.6、1.6×10^1、1.6×10^2、1.6×10^3。本例中将 $NDT = 24$, $DT = 1/120$ 的 LFEM-F 定义为 LFEM-F(a),将 $NDT = 6, DT = 1/30$ 的 LFEM-F 定义为 LFEM-F(b)。因此,本例的 $Cr_c = Cr_{\text{LFEM}} = Cr_{\text{LFEM}(a)} = 1$,$Cr_f = Cr_{\text{LFEM}(b)} = 4$。

图 5-11 展示了 LFEM-F(a)、LFEM-F(b)、FVYMSFEM、MSFEM 和 LFEM 在 D 的不同取值下的浓度平均相对误差。其中,FVYMSFEM 和 LFEM-F(a)具有最高的浓度精度,且精度非常接近,显示 FVYMSFEM 真实 Courant 数接近于 LFEM-F(a),即 Cr_c。同时,D 的不同取值引起的 Pelect 数的变化对 FVYMSFEM 曲线的影响低于 LFEM-F(b)、MSFEM 和 LFEM。MSFEM 获得了第三高的精度,但在本例中 MSFEM 不再像例 5.2.5.1 中一样可以获得与 FVYMSFEM 相近的结果,显示 FVYMSFEM 在处理高 Pelect 数时受 Courant 数的影响很小。同时,MSFEM 精度介于 LFEM-F(a)和 LFEM-F(b)之间但更接近 LFEM-F(b),显示 MSFEM 真实 Courant 数介于 Cr_c 和 Cr_f 之间但更接近于 Cr_f。MSFEM 精度好于 LFEM,这表明 MSFEM 在受到高 Courant 数的影响下仍可以克服高 Pelect 数的影响。由于受到高 Pelect 数的影响,LFEM 的精度最差。随着 D 的减小,LFEM 的误差逐渐升高,且误差变化范围高于其他方法。综合上述结果,图 5-11 表明在非稳态溶质运移高 Pelect 数问题中,FVYMSFEM 比 MSFEM 和 LFEM 具有更高的适应性,在较粗的时间步

长下即可获得与具有较密时间步长和精细网格的 LFEM-F(a) 相近的结果。

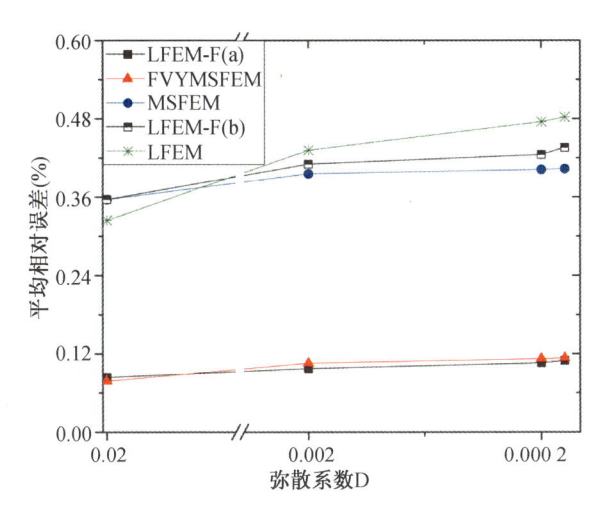

图 5-11 各方法在 D 的不同取值下的浓度平均相对误差

类似于例 5.2.5.1，FVYMSFEM 的计算效率远高于其他方法。例如，FVYMSFEM 和 MSFEM 在 $D=0.02$，$NDT=6$ 时的 CPU 用时均为 27 s，但可以获得与 LFEM-F(a) 和 LFEM-F(b) 相同数量的细尺度浓度值。同时，由于 LFEM-F(a) 需要 24 个时间步长来将 Courant 数减少到 1，故其所用的 CPU 时间（72 905 s）很高，约为 FVYMSFEM 的 2 700 倍。虽然 LFEM-F(b) 和 FVYMSFEM 均使用了 6 个时间步长，但 LFEM-F(b) 精细剖分网格令其消耗了 18 676 s 的 CPU 时间，并且 LFEM-F(b) 的精度远低于 FVYMSFEM。LFEM 虽然只需要 21 s，但其所获的浓度未知数数目（841）仅约为 LFEM-F（14 161）的 5.94%，并且精度较低。然而，在本案例中，FVYMSFEM 不仅获得了 841 个粗尺度浓度和 14 161 个细尺度浓度，还额外获得了 x 方向和 y 方向的 961×2 粗尺度弥散速度和 $14\,641\times 2$ 个细尺度弥散速度。因此，在模拟非稳态溶质运移问题时，FVYMSFEM 能够较好地降低 Pelect 数和 Courant 数的综合影响，取得较高的精度，并具有极高的计算效率。

案例 2 将探索高 Courant 数对各方法的浓度精度的影响。在 NDT 为 2、12、16、25、32 和 40 时，$Cr_c = Cr_{LFEM}$ 值分别为 4、0.66、0.5、0.32、0.25 和 0.2。同时，$Cr_f = 4\,Cr_c$，$Pe_c = Pe_{LFEM} = 1.25$，$Pe_f = 0.25\,Pe_c$。

图 5-12 展现了 $T_s = 0.2$ 时刻 FVYMSFEM、MSFEM 和 LFEM 在不同 Courant 数时的浓度平均相对误差。从左到右，Courant 数从 0.2 增加到 4，而 NDT 从 40 减小到 2。图中，FVYMSFEM 精度最高，其曲线几乎平行于坐标轴，表明 FVYMSFEM 的精度几乎不受 Courant 数的影响。MSFEM 精度低于 FVYMSFEM，且其受到 Courant 数的影响很大。当 Courant 数较低时，MS-

FEM 网格有助于 MSFEM 保持较高的精度；但当 Courant 数很高时，MSFEM 难以降低高 Courant 数引起的误差。LFEM 精度最低，且 Courant 数对该方法也有巨大的影响，其精度随着 Courant 数的增大而显降低。

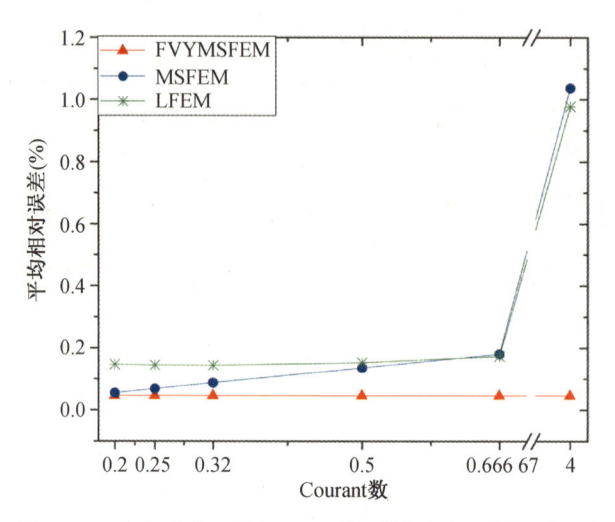

图 5-12　各方法在不同 Courant 数时的浓度平均相对误差

虽然在高 NDT 时 Courant 数较低，各方法均能获得较高的精度，但高 NDT 也意味着更多的时间步长和更多 CPU 用时。图 5-13 讨论了 FVYMSFEM、MSFEM 和 LFEM 的浓度平均相对误差与 CPU 用时之间的关系。从图 5-13 左侧到右侧，NDT 逐渐增加，CPU 用时逐渐增加，Courant 数逐渐减小。

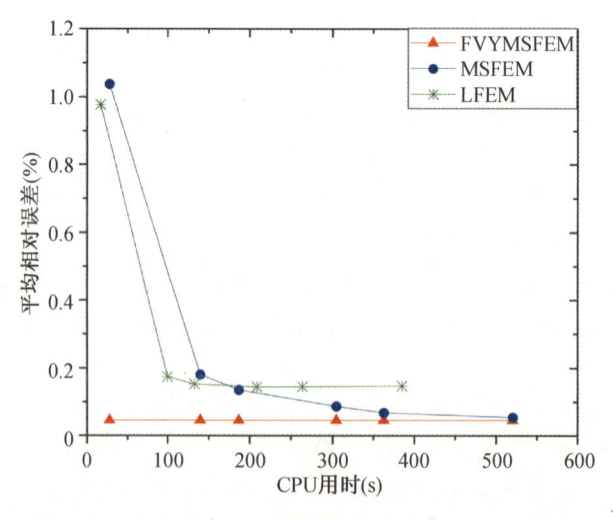

图 5-13　各方法在不同 CPU 用时的浓度平均相对误差

从图中可以看出,FVYMSFEM 在 $NDT=2$,$Cr_c=4$ 时即可获得最高的精度,故其无需使用较大的 NDT 来减小 Courant 数以提高计算精度。因此,FVYMSFEM 具有较好地处理高 Courant 数引起的误差的能力,能够以较大的时间步长取得较高的计算精度。同时,FVYMSFEM 和 MSFEM 在最后两个节点处获得相近的结果,并且它们的曲线在 LFEM 之下,显示了多尺度方法在模拟非稳态溶质运移问题时具有较高的计算效率。

案例 3 研究了模拟迭代时间 t_k 对浓度精度的影响。本案例中 $Pe_c = Pe_{\text{LFEM}} = 2.5$,$Pe_f = 0.25 Pe_c$,$Cr_c = Cr_{\text{LFEM}} = 2$。图 5-14 展示了 FVYMSFEM、MSFEM 和 LFEM 在不同模拟迭代时间 t_k 时节点(0.8,0.8)处的浓度值。当 t_k 增加时,FVYMSFEM、MSFEM、LFEM 和解析解曲线均逐渐减小,并趋近于 0。FVYMSFEM 与解析解曲线几乎吻合,这表明 FVYMSFEM 可以在不同的 t_k 取值下实现高精度。MSFEM 精确度次之,LFEM 精确度最低。该结果表明,FVYMSFEM 受 t_k 取值的影响远低于 MSFEM 和 LFEM,能够有效处理具有多个时间步长的非稳态溶质运移问题。

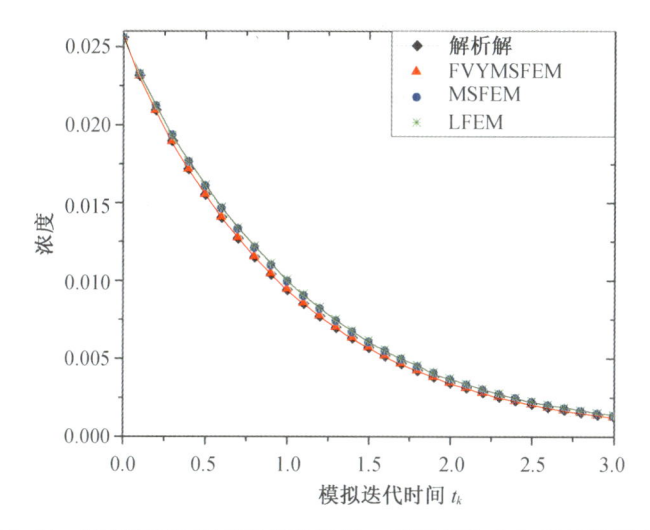

图 5-14 各方法在不同模拟迭代时间 t_k 时节点(0.8,0.8)处的浓度值

参考文献

[1] 王浩,陆垂裕,秦大庸,等. 地下水数值计算与应用研究进展综述[J]. 地学前缘,2010,17(6):1-12.

[2] 王许兵,周书葵,吴学峰. 地下水数学模拟方法综述[J]. 市政技术,2009, 27(4):371-373.

[3] 薛禹群. 中国地下水数值模拟的现状与展望[J]. 高校地质学报,2010,16(1):1-6.

[4] 魏林宏,束龙仓,郝振纯. 地下水流数值模拟的研究现状和发展趋势[J]. 重庆大学学报:自然科学版,2000(z1):50-52.

[5] 薛禹群,谢春红. 地下水数值模拟[M]. 北京:科学出版社,2007.

[6] Xue Y,Zhang Y,Ye S,et al. Land subsidence in China[J]. Environmental Geology,2005,48(6):713-720.

[7] Ortiz-Zamora D,Ortega-Guerrero A. Evolution of long-term land subsidence near Mexico City:Review,field investigations,and predictive simulations[J]. Water Resources Research,2010,46(1),W01513.

[8] Kundu M C,Mandal B. Nitrate enrichment in groundwater from long-term intensive agriculture:its mechanistic pathways and prediction through modeling[J]. Environmental Science & Technology,2009,43(15):5837-5843.

[9] Theodossiou N P. Application of non-linear simulation and optimisation models in groundwater aquifer management[J]. Water Resources Management,2004,18(2):125-141.

[10] Hou T Y,Wu X. A Multiscale finite element method for elliptic problems in composite materials and porous media[J]. Journal of Computational Physics,1997,134(1):169-189.

[11] Harbaugh A W,Mcdonald M G. Programmer's documentation for Modflow,an update to the U.S. Geological Survey Modular Finite-Difference Ground water Flow Model[R]. USGS,open-file report,1996:96-486.

[12] Harbaugh A W,Banta E R,Hill M C,et al. MODFLOW-2000,The U.S. geological survey modular ground-water model-user guide to modularization concepts and the ground-water flow process[J]. center for integrated data analytics wisconsin science center,2000.

[13] Pan J, Han C, Kang R, et al. Application of Visual MODFLOW to numerical simulation of multi-level groundwater[J]. Advanced Materials Research, 2012, 518-523: 4150-4154.

[14] 祝晓彬. 地下水模拟系统(GMS)软件[J]. 水文地质工程地质, 2003(5): 53-55.

[15] 任印国, 柳华武, 李明良, 等. 石家庄市东部平原FEFLOW地下水数值模拟与研究[J]. 水文, 2009, 29(5): 59-62.

[16] 张宏仁, 李俊亭. 有限差分法与有限单元法在渗流问题中的对比[J]. 水文地质工程地质, 1979(2): 50-55.

[17] 张宏仁. 解地下水渗流问题的有限差分法(一)[J]. 水文地质工程地质, 1980(1): 53-57.

[18] 张宏仁. 解地下水渗流问题的有限差分法(二)[J]. 水文地质工程地质, 1980(2): 54-57.

[19] 张宏仁. 解地下水渗流问题的有限差分法(三)[J]. 水文地质工程地质, 1980(3): 59-62.

[20] 张宏仁. 解地下水渗流问题的有限差分法(四)[J]. 水文地质工程地质, 1980(4): 56-61.

[21] 张宏仁. 不对称六边形网格及三向叠代解法[J]. 水文地质工程地质, 1990(3): 15-19.

[22] 张宏仁. 偏微分方程数值解法在地学应用中的对比分析[J]. 地质学报, 1993(3): 266-275.

[23] 吴旭光. 不规则网格的差分方法[J]. 数值计算与计算机应用, 1988(1): 47-58.

[24] 韦绍英. 解水文地质逆问题的不规则网格隐式差分方法[J]. 工程勘察, 1988(4): 38-41.

[25] 郑健, 杨小凯, 张如盛. 用不规格网格有限差分法评价余粮堡灌区——木里图镇、唐家乡地下水资源[J]. 内蒙古水利科技, 1989(1): 34-39.

[26] 张恒堂. 预报地下水位、泉水量和蒸发量的多输入多输出数值模型[J]. 地下水, 1992(4): 206-207.

[27] 任理. 求解地下水流问题的混合拉普拉斯变换有限差分法[J]. 武汉水利电力大学学报, 1993(5): 547-554.

[28] 何亚丹, 李波, 毛桂云. 用三角有限差分法模拟和预报石佛寺地区地下水水量[J]. 水利水电技术, 1997(4): 17-20.

[29] 王旭升. 自流井有限差分模拟的校正模型[J]. 地球科学(中国地质大学学报), 2008(1): 112-116.

[30] 李晓明,余跃玉,胡兵. 时间分数阶对流—扩散方程的有限差分法[J]. 四川大学学报(自然科学版),2013,50(2):225-229.

[31] 豆海涛. 基于渗漏水的隧道渗流场有限差分法分析[J]. 铁道勘察,2014,40(1):36-38.

[32] Juan C S, Kolm K E. Conceptualization, characterization and numerical modeling of the Jackson Hole alluvial aquifer using ARC/INFO and MODFLOW[J]. Engineering Geology,1996,42(2-3):119-137.

[33] Prommer H, Barry D A, Zheng C. MODFLOW/MT3DMS based reactive multi-component transport modeling. Ground Water, 41, 347-257[J]. Ground Water,2003,41(2):247-257.

[34] 周念清,朱蓉,朱学愚. MODFLOW 在宿迁市地下水资源评价中的应用[J]. 水文地质工程地质,2000(6):9-13.

[35] 庞国兴,李金轩,杨强,等. Visual Modflow 在甘肃某矿区地下水数值模拟中的应用[J]. 东华理工大学学报(自然科学版),2009,32(4):307-312.

[36] Wang H, Gao J, Zhang S, et al. Modeling the impact of soil and water conservation on surface and ground water based on the SCS and Visual Modflow[J]. Plos One,2013,8(11):e79103.

[37] Rajamanickam R, Nagan S. Groundwaterquality modeling of amaravathi river basin of karur district, Tamil Nadu, using Visual Modflow[J]. International Journal of Environmental Sciences,2010,5(7):21-27.

[38] Guymon G L, Scott V H, Herrmann L R. A General numerical solution of the two-dimensional diffusion-convection equation by the finite element method [J]. Water Resources Research,1970,6(6).

[39] Zienkiewicz O C, Taylor R L. The finite element method[M]. London: McGraw-hill,1989.

[40] Diersch H J. Finite element modelling of recirculating density-driven saltwater intrusion processes in groundwater[J]. Advances in Water Resources,1988,11(1):25-43.

[41] Chen Z, Ewing R E. From single-phase to compositional flow: applicability of mixed finite elements[J]. Transport in Porous Media,1997,27(2):225-242.

[42] Neuman S P, Witherspoon P A. Variationalprinciples for confined and unconfined flow of ground water[J]. Water Resources Research,1970,6.

[43] Neuman S P, Witherspoon P A. Finiteelement method of analyzing

steady seepage with a free surface[J]. Water Resources Research,1970, 6(3):889-897.

[44] Guymon G L. A finite element solution of the one-dimensional diffusion-convection equation[J]. Water Resources Research,1970,6(1):204-210.

[45] Neuman S P,Narasimhan T N,Witherspoon P A. Application of mixed explicit-implicit finite element method to nonlinear diffusion-type problems[C]//Proc of the Int Conf on Finite Elem in Water Resour, 1st. 1977.

[46] 谢春红,叶兴才,刘嘉炘,等.反映井附近为对数流态的新的有限元插值方法[J].勘察技术,1979(5):24-34.

[47] 薛禹群,谢春红,戴水汉,等.三维流问题的里兹有限元解在矿山疏干中的应用[J].水文地质工程地质,1981(3):21-25.

[48] 薛禹群,张幼宽,林家勇.双重介质渗流模型及其里兹有限元解在矿坑涌水量预测中的应用[J].水文地质工程地质,1984(2):33-39.

[49] 吴毅强.用有限单元法评价大同盆地地下水资源[J].工程勘察,1987(5):36-40.

[50] 王媛,速宝玉,徐志英.三维裂隙岩体渗流耦合模型及其有限元模拟[J].水文地质工程地质,1995(3):1-5.

[51] 吴吉春,薛禹群,谢春红,等.改进特征有限元法求解高度非线性的海水入侵问题[J].计算物理,1996(2):201-206.

[52] 魏加华,崔亚莉,邵景力,等.济宁市地下水与地面沉降三维有限元模拟[J].长春科技大学学报,2000(4):376-380.

[53] 李存法,马自芬,刘秀婷.地下水非稳定渗流分析的显式有限单元法[J].地下水,2003(3):150-151.

[54] 李存法,刘秀婷,马自芬.地下水渗流分析问题的一种数值解法及其应用[J].水文地质工程地质,2004(5):72-73.

[55] 娄一青,郑东健,岑黛蓉.降雨条件下边坡地下水渗流有限元分析[J].水利与建筑工程学报,2007(1):5-7.

[56] 董建华,朱彦鹏.兰州某深基坑三维有限元分析[J].岩土工程学报,2012, 34(S1):93-97.

[57] 刘昌军,赵华,张顺福,等.台兰河地下水库辐射井抽水过程的非稳定渗流场的有限元分析[J].吉林大学学报(地球科学版),2013,43(3):922-930.

[58] 贺国平,邵景力,崔亚莉,等.FEFLOW在地下水流模拟方面的应用[J]. 成都理工大学学报(自然科学版),2003(4):356-361.

[59] 廖小青,刘贯群,袁瑞强,等.黄河农场地区地下水入海量FEFLOW软件数值模拟[J].海洋科学进展,2005(04):446-451.

[60] Ma L,Wei X,Bao A, et al. Simulation of groundwater table dynamics based on Feflow in the Minqin Basin,China[J]. Journal of Arid Land,2012,4(2): 123-131.

[61] Soupios P,Nektarios K,Zoi D, et al. Modeling saltwater intrusion at an agricultural coastal area using geophysical methods and the FEFLOW model[M]. Springer International Publishing,2015.

[62] Awan U K,Tischbein B,Martius C. Simulating groundwater dynamics using FEFLOW-3D groundwater model under complex irrigation and drainage network of dryland ecosystems of central Asia [J]. Irrigation and Drainage,2015,64(2) : 283-296.

[63] Putti M,Yeh W,Mulder W A 著;刘承范 译.用三角形有限体积法高密迎风格式求解地下水运移方程[J].世界地质,1992(2):157-172.

[64] Zhao D,Shen H,Tabios G Q, et al. Finite-volume two-dimensional unsteady-flow model for river basins[J]. Journal of Hydraulic Engineering,1994,120(7):863-883.

[65] Mingham C G,Causon D M. High-resolution finite-volume method for shallow water flows[J]. Journal of Hydraulic Engineering, 1998, 124(6):605-613.

[66] Sleigh P A,Gaskell P H,Berzins M, et al. An unstructured finite-volume algorithm for predicting flow in rivers and estuaries[J]. Computers & Fluids,1998,27(4):479-508.

[67] 韩华,杨天行.双重介质裂隙承压水流数学模型的有限体积法及应用[J].工程勘察,1999(3):34-36.

[68] 韩华,程凌鹏,孙维志.基岩地下水流模型的摄动待定系数随机有限体积法及应用[J].工程勘察,2001(4):24-27.

[69] 王蕾,田富强,胡和平.基于不规则三角形网格和有限体积法的物理性流域水文模型[J].水科学进展,2010,21(6):733-741.

[70] Yeh G T. On the computation of Darcy velocity and mass balance in finite elements modeling of groundwater flow[J]. Water Resources Research,1981,17(5):1529-1534.

[71] Batu,V. A finite element dual mesh method to calculatenodal Darcy velocities in nonhomogeneous and anisotropic aquifers[J]. Water Resources Research,1984,20(11):1705-1717.

[72] Zhang Z,Xue Y,Wu J. A cubic-spline technique to calculate nodal Darcian velocities in aquifers[J]. Water Resources Research,1994,30(4):975-982.

[73] Indelman P,Dagan G. Upscaling of permeability of anisotropic heterogeneous formations:2. General structure and small perturbation analysis[J]. Water Resources Research,1993,29(4):925-933.

[74] Indelman P. Upscaling of permeability of anisotropic heterogeneous formations. 3. Applications[J]. Water Resources Research,1993,29(4):935-944.

[75] Wen X,Gómez-Hernández J J. Upscaling hydraulic conductivities in cross-bedded formations[J]. Mathematical Geology,1998.

[76] Holden L,Nielsen B F. Globalupscaling of permeability in heterogeneous reservoirs:the output least squares (ols) method[J]. Transport in Porous Media,1998,40(2).

[77] 胡良军,张晓萍,杨勤科,等. 黄土高原区域水土流失评价数据库的建立[J]. 水利学报,2002(1):81-85.

[78] Severino G,Santini A. On the effective hydraulic conductivity in mean vertical unsaturated steady flows[J]. Advances in Water Resources,2005,28(9):964-974.

[79] 董立新,吴炳方,孟立霞,等. 结合UPSCALING技术与对象多特征的土地利用/覆盖信息提取研究[J]. 国土资源遥感,2008(4):75-80.

[80] Zhou H,Li L,Gomez-Hernandez J J. Three-dimensional hydraulic conductivity upscaling in groundwater modeling[J]. Computers & Geosciences,2010,36(10):1224-1235.

[81] Fiori A,Dagan G,Jankovic I. Upscaling ofsteady flow in three-dimensional highly heterogeneous formations[J]. Siam Journal on Multiscale Modeling & Simulation,2011,9(3):1162-1180.

[82] Liao Q Z,Lei G,Wei Z J,et al. Efficient analytical upscaling method for elliptic equations in three-dimensional heterogeneous anisotropic media[J]. Journal of Hydrology,2020,583.

[83] 王佩. 区域分解预处理器研究及其在地下水数值计算中的应用[D]. 南京:南京大学,2012.

[84] Kuznetsov Y A. Domain decomposition methods for unsteady convection-diffusion problems [C]//Proceedings of the Ninth International Conference in Computing Methods in Applied Sciences and Engineering.

1990：211-227.

[85] 储德林,胡显承. 非重迭型区域分解预处理共轭梯度法[J]. 计算数学, 1993(1)：58-68.

[86] Willien F, Faille I, Schneider F. Domain decomposition methods applied to sedimentary basin modeling[C]//Ninth international conference on domain decomposition methods. 1998：736-744.

[87] 王浩然,朱国荣,江思珉,等. 基于区域分解法的地下水有限元并行数值模拟[J]. 南京大学学报(自然科学版),2005(3)：245-252.

[88] Golas A, Narain R, Sewall J, et al. Large-scale fluid simulation using velocity-vorticity domain decomposition[J]. ACM Transactions on Graphics (TOG),2012,31(6)：148.

[89] Skogestad J O, Keilegavlen E, Nordbotten J M. Domain decomposition strategies for nonlinear flow problems in porous media[J]. Journal of Computational Physics,2013：234.

[90] 王佩,朱国荣,江思珉,等. 区域分解预处理器研究及其在地下水模拟中的应用[J]. 南京大学学报(自然科学版),2012,48(6)：753-760.

[91] Dolean V, Jolivet P, Nataf F, et al. Two-level domain decomposition methods for highly heterogeneous darcy equations. Connections with multiscale methods[J]. Oil & Gas Science & Technology,2014,69(4)：731-752.

[92] Li L, Zhou Z. A mass-conserved domain decomposition method for the unsaturated soil flow water problem[J]. Advances in Difference Equations,2019,(1)：272.

[93] Smith S S, Allen M B, Puckett J, et al. The finite layer method for groundwater flow models[J]. Water Resources Research,1992,28(6)：1715-1722.

[94] 诸宏博,王旭东,宰金珉. 承压含水层非稳定流有限层分析[J]. 工程勘察, 2008(8)：21-25.

[95] Wang X, Yin Z, Zai J, et al. Finite layer method for numerical simulation of unsteady groundwater flow in cylindrical coordinate system[J]. Chinese Journal of Geotechnical Engineering,2009,31(1)：15-20.

[96] 刘运航,王旭东,诸宏博,等. 承压含水层非稳定流拉普拉斯变换有限层分析[J]. 水利学报,2010,41(6)：748-753.

[97] Xu J, Wang X, Liu Y. Finite layer analysis of three-dimensional groundwater flow to horizontal well[J]. Rock and Soil Mechanics,2011,32(3)：

922-926.

[98] 王少伟,徐进,杨伟涛. 地下水流并行有限层方法及同伦反演研究[J]. 计算力学学报,2020,37(6):756-762.

[99] Hou T Y,Wu X,Cai Z. Convergence of a multiscale finite element method for elliptic problems with rapidly oscillating coefficients[J]. Mathematics of Computation,1999,68(227):913-943.

[100] Efendiev Y,Ginting V,Hou T Y,et al. Accurate multiscale finite element methods for two-phase flow simulations[J]. Journal of Computational Physics,2006,220(1):155-174.

[101] Xie Y,Wu J,Xue Y,et al. Modified multiscale finite-element method for solving groundwater flow problem in heterogeneous porous media[J]. Journal of Hydrologic Engineering,2014,19(8):04014004.

[102] Babuska I,Szymczak W G. An error analysis for the finite element method applied to convection diffusion problems[J]. Computer Methods in Applied Mechanics and Engineering,1982,31(1):19-42.

[103] Babuska I,Osborn J E. Generalized finite element methods:Their performance and their relation to mixed methods[J]. SIAM Journal on Numerical Analysis,1983,20(3):510-536.

[104] BabusKa I,Caloz G,Osborn J E. Special finite element methods for a class of second order elliptic problems with rough coefficients[J]. Siam Journal on Numerical Analysis,1994,31(4):945-981.

[105] 范颖,王磊,章青. 多尺度有限元法及其应用研究进展[J]. 水利水电科技进展,2012,32(3):90-94.

[106] Efendiev Y,Galvis J,Li G,et al. Generalized multiscale finite element methods. oversampling strategies[J]. International Journal for Multiscale Computational Engineering,2013,12(6).

[107] Zhang N,Yao J,Huang Z,et al. Accurate multiscale finite element method for numerical simulation of two-phase flow in fractured media using discrete-fracture model[J]. Journal of Computational Physics, 2013,242:420-438.

[108] Chen Z,Hou T Y. A mixed multiscale finite element method for elliptic problems with oscillating coefficients[J]. Mathematics of Computation, 2003,72(242).

[109] Zhang N,Yao J,Xue S,et al. Multiscale mixed finite element,discrete fracture-vug model for fluid flow in fractured vuggy porous media [J].

International Journal of Heat & Mass Transfer,2016,96(May):396-405.

[110] Zhang Q, Huang Z, Yao J, et al. A multiscale mixed finite element method with oversampling for modeling flow in fractured reservoirs using discrete fracture model[J]. Journal of Computational & Applied Mathematics,2017,323:95-110.

[111] Jenny P, Lee S H, Tchelepi H A. Multi-scale finite-volume method for elliptic problems in subsurface flow simulation[J]. Journal of Computational Physics,2003,187(1):47-67.

[112] Hajibeygi H, Bonfigli G, Hesse M A, et al. Iterative multiscale finite-volume method[J]. Journal of Computational Physics,2008,227(19):8604-8621.

[113] Wang Y, Hajibeygi H, Tchelepi H A. Algebraic multiscale solver for flow in heterogeneous porous media[J]. Journal of Computational Physics,2014,259:284-303.

[114] Hajibeygi H, Karvounis D, Jenny P. A hierarchical fracture model for the iterative multiscale finite volume method[J]. Journal of Computational Physics,2011,230(24):8729-8743.

[115] Shah S, Møyner O, Tene M, et al. The multiscale restriction smoothed basis method for fractured porous media (F-MsRSB)[J]. Journal of Computational Physics,2016,318:36-57.

[116] Tene M, Kobaisi M A, Hajibeygi H. Algebraic multiscale method for flow in heterogeneous porous media with embedded discrete fractures (F-AMS)[J]. Journal of Computational Physics,2016,321:819-845.

[117] He X, Ren L. Finite volume multiscale finite element method for solving the groundwater flow problems in heterogeneous porous media[J]. Water Resources Research,2005,41(10):10417.

[118] Xie Y, Lu C, Xue Y, et al. New finite volume multiscale finite element model for simultaneously solving groundwater flow and darcian velocity fields in porous media[J]. Journal of Hydrology,2019,573:592-606.

[119] Xie Y, Xie Z, Wu J, et al. New finite volume-multiscale finite-element model for solving solute transport problems in porous media[J]. Journal of Hydrologic Engineering,2021,26(3):04021002.

[120] Christie M A, Blunt M J. Tenth SPEcomparative solution project: a comparison of upscaling techniques[J]. Spe Reservoir Evaluation & En-

gineering,2001,4(4):308-317.

[121] Efendiev Y,Galvis J,Hou T Y. Generalized multiscale finite element methods (GMsFEM)[J]. Journal of Computational Physics,2013,251: 116-135.

[122] Ghommem M,Presho M,Calo V M, et al. Mode decomposition methods for flows in high-contrast porous media. A global approach[J]. Journal of Computational Physics,2013: 226-238.

[123] Gao K,Chung E T,Gibson R L, et al. A numerical homogenization method for heterogeneous,anisotropic elastic media based on multiscale theory[J]. Geophysics,2015,80(4):D385-D401.

[124] Gao K,Fu S,Gibson R L, et al. Generalized multiscale finite-element method (GMsFEM) for elastic wave propagation in heterogeneous, anisotropic media[J]. Journal of Computational Physics, 2015, 295: 161-188.

[125] He X,Li Q,Jiang L. A reduced generalized multiscale basis method for parametrized groundwater flow problems in heterogeneous porous media [J]. Water Resources Research,2019,55(3):2390-2406.

[126] Chung E T,Efendiev Y,Li G. An adaptive GMsFEM for high-contrast flow problems[J]. Journal of Computational Physics,2014,273:54-76.

[127] Chung E,Efendiev Y,Hou T Y. Adaptive multiscale model reduction withgeneralized multiscale finite element methods[J]. Journal of Computational Physics,2016,320:69-95.

[128] Chung E T,Efendiev Y,Lee C S. Mixed generalized multiscale finite element methods and applications[J]. SIAM Journal on Multiscale Modeling and Simulation,2014,13(1): 338-366.

[129] Chung E,Efendiev Y,Leung W T,et al. Sparse generalized multiscale finite element methods and their applications[J]. International Journal for Multiscale Computational Engineering,2016,14(1):1-23.

[130] Xie Y,Wu J,Xue Y, et al. Efficient triple-grid multiscale finite element method for solving groundwater flow problems in heterogeneous porous media [J]. Transport in Porous Media,2016,112(2):361-380.

[131] Xie Y,Wu J,Nan T, et al. Efficient triple-grid multiscale finite element method for 3D groundwater flow simulation in heterogeneous porous media[J]. Journal of Hydrology,2017,546:503-514.

[132] Xie Y,Wu J,Xue Y, et al. Combination of multiscale finite-element

method and yeh's finite-element model for solving nodal darcian velocities and fluxes in porous media[J]. Journal of Hydrology,2016,21(12): 04016048-1-10.

[133] Xie Y, Wu J, Xie C. Cubic-spline multiscale finite element method for solving nodal darcian velocities in porous media[J]. Journal of Hydrologic Engineering,2015,20(11): 04015030-1-10.

[134] Wu J, Shi X, Ye S, et al. Numerical simulation of land subsidence induced by groundwater overexploitation in Su-Xi-Chang area, China[J]. Environmental Geology,2009,57(6):1409-1421.

[135] Shi X, Wu J, Ye S, et al. Regional land subsidence simulation in Su-Xi-Chang area and Shanghai City, China[J]. Engineering Geology, 2008, 100(1-2):27-42.

[136] Shi X, Xue Y, Wu J, et al. Characterization of regional land subsidence in Yangtze Delta, China: the example of Su-Xi-Chang area and the city of Shanghai[J]. Hydrogeology Journal,2008,16(3):593-607.

[137] Shi X, F Rui, Wu J, et al. Sustainable development and utilization of groundwater resources considering land subsidence in Suzhou, China[J]. Engineering Geology,2012,124(4):77-89.

[138] Shi L, Zeng L, Zhang D, et al. Multiscale-finite-element-based ensemble Kalman filter for large-scale groundwater flow[J]. Journal of Hydrology,2012,468-469:22-34.

[139] Hou T Y, Liang D. Multiscale analysis for convection dominated transport equations[J]. Discrete and Continuous Dynamical Systems,2008,23 (1&2):281-298.

[140] Künze R, Lunati I. An adaptive multiscale method for density-driven instabilities[J]. Journal of Computational Physics, 2012, 231(17):5557-5570.

[141] Calo V M, Chung E T, Efendiev Y, et al. Multiscale stabilization for convection-dominated diffusion in heterogeneous media[J]. Computer Methods in Applied Mechanics and Engineering,2016,304(Jun. 1):359-377.

[142] Degond P, Lozinski A, Muljadi B P, et al. Crouzeix-Raviart MsFEM with bubble functions for diffusion and advection-diffusion in perforated media[J]. Communications in Computational Physics,2013,17(4):887-907.

[143] Bris C L, Legoll F, Madiot F. Multiscale finite element methods for advection-dominated problems in perforated domains[J]. SIAM Journal on Multiscale Modeling and Simulation, 2017, 17(2).

[144] Bris C L, F Legoll, Madiot F. A numerical comparison of some multiscale finite element approaches for convection-dominated problems in heterogeneous media[J]. Mathematics, 2017, 51(3): 851-888.

[145] Abdulle A. Multiscale methods for advection-diffusion problems[J]. Discrete & Continuous Dynamical Systems, 2005, 2005(Special): 11-21.

[146] Abdulle A, Huber M. Discontinuous Galerkin finite element heterogeneous multiscale method for advection-diffusion problems with multiple scales[J]. Numerische Mathematik, 2014, 126(4): 589-633.

[147] Hughes T J R, Feijóo G R, Mazzei L, et al. The variational multiscale method-a paradigm for computational mechanics.[J]. Computer Methods in Applied Mechanics & Engineering, 1998, 166(1-2): 3-24.

[148] Hughes T J R, Sangalli G. Variational multiscale analysis: the fine-scale green's function, projection, optimization, localization, and stabilized methods[J]. SIAM Journal on Numerical Analysis, 2007, 45(2): 539-557.

[149] 叶淑君. 区域地面沉降模型的研究与应用[D]. 南京: 南京大学, 2004.

[150] 施小清. 苏锡常地区和上海地区的地面沉降及其数值模拟[D]. 南京: 南京大学, 2006.

[151] 于军, 吴吉春, 叶淑君, 等. 苏锡常地区非线性地面沉降耦合模型研究[J]. 水文地质工程地质, 2007(5): 17-22.

[152] 罗跃, 叶淑君, 吴吉春. 多尺度有限单元法在围海造陆区工后地下水流模拟中的应用[J]. 工程勘察, 2014, 42(8): 35-38, 48.

[153] Ye S, Xue Y, Xie C. Application of the multiscale finite element method to flow in heterogeneous porous media[J]. Water Resources Research, 2004, 55(9): 337-348.

[154] 谢一凡, 吴吉春, 薛禹群, 等. 一种模拟节点达西渗透流速的三次样条多尺度有限单元法[J]. 岩土工程学报, 2015, 37(9): 1727-1732.

[155] 赵文凤, 谢一凡, 吴吉春. 一种模拟节点达西渗透流速的双重网格多尺度有限单元法[J]. 岩土工程学报, 2020, 42(8): 1474-1481.

[156] 贺新光, 任理. 求解非均质多孔介质中非饱和水流问题的一种自适应多尺度有限元方法——Ⅰ. 数值格式[J]. 水利学报, 2009, 40(1): 38-45.

[157] 贺新光, 任理. 求解非均质多孔介质中非饱和水流问题的一种自适应多尺

度有限元方法——Ⅱ.数值结果[J].水利学报,2009,40(2):138-144.

[158] 黄梦杰,贺新光.求解非均质多孔介质中随机水流问题的多尺度有限元降基方法[J].水资源与水工程学报,2019,30(6):86-95.

[159] 张娜,姚军,黄朝琴,等.基于离散缝洞网络模型的缝洞型油藏混合多尺度有限元数值模拟[J].计算力学学报,2015,000(004):473-478.

[160] 张庆福,姚军,黄朝琴,等.裂缝性介质多尺度深度学习模型[J].计算物理,2019,36(6):665-672.

[161] 张娜,姚军.可压缩流体流动多尺度混合有限元数值方法研究[J].计算力学学报,2017(2)

[162] 姚军,张娜,黄朝琴,等.非均质油藏多尺度混合有限元数值模拟方法[J].石油学报,2012(3):442-447.

[163] 林琳,杨金忠,史良胜,等.区域饱和—非饱和地下水流运动数值模拟[J].武汉大学学报(工学版),2005(6):53-57.

[164] 王利业,欧阳洁.应用于地下水模拟的多尺度有限体积元方法[J].计算机仿真,2007(9):95-99.

[165] 李霄琳.非均质材料的光滑多尺度有限元法研究[D].长春:吉林大学,2015.

[166] Bear J. Dynamics of fluids in porous media[M]. American Elsevier Pub. Co.,1972.

[167] Bear J. Hydraulics of ground water[M]. New York:McGraw-Hill.

[168] 林成森.数值计算方法.上册[M].北京:科学出版社,2005.

[169] 林成森.数值计算方法.下册[M].北京:科学出版社,1998.

[170] Deng W,Yun X,Xie C. Convergence analysis of the multiscale method for a class of convection-diffusion equations with highly oscillating coefficients[J]. Applied Numerical Mathematics,2009,59(7):1549-1567.

[171] Quarteroni A,Valli A. Domain decomposition methods for partial differential equations. Oxford University Press,1999.

[172] Pang Z,Yuan L,Huang T,et al. Impacts of Human Activities on the Occurrence of Groundwater Nitrate in an Alluvial Plain:A Multiple Isotopic Tracers Approach[J]. Journal of Earth Science,2013,24(1):111-124.

[173] Arbogast T. An overview of subgrid upscaling for elliptic problems in mixed form [J]. Contemporary Mathematics,2003,329:21-32.

[174] Owhadi H,Zhang L. Localizedbases for finite-dimensional homogenization approximations with nonseparated scales and high contrast[J]. Multiscale Modeling & Simulation,2011,9(4):1373-1398.

[175] Cainelli O, Bellin, Putti M. On the accuracy of classic numerical schemes for modeling flow in saturated heterogeneous formations-ScienceDirect [J]. Advances in Water Resources, 2012, 47(10): 43-55.

[176] Xie Y, Wu J, Xie C. Cubic-spline multiscale finite element method for solving nodal darcian velocities in porous media[J]. Journal of Hydrologic Engineering, 2015, 20(11): 04015030.

[177] Xie Y, Wu J, Xue Y, et al. Combination of multiscale finite-element method and yeh's finite-element model for solving nodal darcian velocities and fluxes in porous media[J]. Journal of Hydrologic Engineering, 2016, 21(12): 04016048.

[178] Srinivas C, Ramaswamy B, Wheeler M F. Mixed finite element methods for flow through unsaturated porous media[C]//Numerical Methods in Water Resources, Proc., 9th Int. Conf. on Computational Methods in Water Resource, 1992, Vol. 2, Elsevier, New York, 239-246.

[179] Ervin V J. Approximation of axisymmetric darcy flow using mixed finite element methods[J]. SIAM Journal on Numerical Analysis, 2013, 51(3).

[180] D'Angelo C, Scotti A. A mixed finite element method for Darcy flow in fractured porous media with non-matching grids[J]. ESAIM Mathematical Modelling and Numerical Analysis, 2012, 46(2): 465-489.

[181] Greville T. Theory and applications of spline functions[M]. Academic Press, 1969.

[182] Karim S A A, Rosli M A M, Mustafa M I M. Cubic Spline Interpolation for Petroleum Engineering Data[J]. Applied Mathematical Sciences, 2014, 8(102): 5083-5098.

[183] 王省富. 样条函数及其应用[M]. 西安: 西北工业大学出版社, 1989.

[184] Massoudieh A. Inference of long-term groundwater flow transience using environmental tracers: A theoretical approach[J]. Water Resources Research, 2013, 49(12): n/a-n/a.

[185] Chaudhuri S, Ale S. Long term (1960—2010) trends in groundwater contamination and salinization in the Ogallala aquifer in Texas[J]. Journal of Hydrology, 2014.

[186] Luo Y, Ye S, Wu J, et al. A modified inverse procedure for calibrating parameters in a land subsidence model and its field application in Shanghai, China[J]. Hydrogeology Journal, 2016, 24(3): 711-725.

[187] Zhou Q, Bensabat J, Bear J. Accurate calculation of specific discharge in heterogeneous porous media[J]. Water Resources Research, 2001, 37(12):3057-3069.

[188] Deutsch C V, Journel A G. GSLIB: geostatistical software library and user's guide[M]. New York: Oxford University Press, 1998.

[189] Bellin A, Salandin P, Rinaldo A. Simulation of dispersion in heterogeneous porous formations: statistics, first-order theories, convergence of computations[J]. Water Resources Research, 1992, 28(9):2211-2227.

[190] Bear J, Bachmat Y. Introduction tomodeling of transport phenomena in porous media [J]. Theory & Applications of Transport in Porous Media, 1990.

[191] Neuman S P. Adaptive Eulerian-Lagrangian finite element method for advection-dispersion[J]. International Journal for Numerical Methods in Engineering, 1984.

[192] Feistauer M, Felcman J, Lukácová-Medvidová M, et al. Error estimates for a combined finite volume-finite element method for nonlinear convection—diffusion problems[J]. SIAM Journal on Numerical Analysis, 1999.

[193] Bochev P, Peterson K, Perego M. A multiscale control volume finite element method for advection-diffusion equations[J]. International Journal for Numerical Methods in Fluids, 2015, 77(11):641-667.

[194] Yu T, Ouyang P, Cao H. Errorestimates for the heterogeneous multiscale finite volume method of convection-diffusion-reaction problem[J]. Complexity, 2018.

[195] Lee B, Kang M, Kim S. An essentially non-oscillatory Crank-Nicolson procedure for the simulation of convection-dominated flows[J]. Journal of Scientific Computing, 2017, 71(2):875-895.